江西农田杂草
原色图谱

黄向阳　舒宽义　主编

中国农业出版社
北　京

内容提要

  《江西农田杂草原色图谱》是对江西省农田杂草发生情况调查结果的系统梳理和总结、提炼。该书分为两部分：一是概要介绍江西省自然条件、作物布局和各种农田中杂草种类数量及其在植物分类学科一级的分布，根据杂草发生频率对杂草发生情况进行的分类，根据危害指数对江西农田杂草危害性作出的评估，根据一年中不同时间的发生频率绘出的4个季节主要杂草发生动态图，主要作物田杂草发生特点分析；二是采用图片和文字对照的形式，描述江西省各类农田中的各种杂草形态特征，并介绍分布、发生频率。书末附有杂草中文名称索引和杂草拉丁学名索引，方便读者寻检查阅。

编写委员会

主　编　黄向阳　舒宽义

副主编　陈前武　潘战胜　伍　琦　王修慧　王　希

　　　　　郭年梅　曾竹生

编　委　（按姓氏笔画排序）

王全荣　王剑龙　韦赵海　邓　强　占　强　华　斌

刘　翔　刘绍愈　江　武　江　烨　许思学　李文君

杨小玲　杨廷广　肖　慧　肖冬芽　肖明徽　肖瑜红

邱高辉　邱慧芳　何兴财　况虹敏　汪锐辉　汪黎华

宋建辉　张　群　张晓阳　陈　杰　陈振华　罗志娟

周君花　官友金　钟　玲　饶　喜　徐小明　徐荣仔

徐雪平　徐善忠　郭跃华　郭镁镁　黄文安　黄凌洪

章富忠　淦　城　赖伍生　雷良辉　廖为财　熊春林

魏小渊

前　言

FOREWORD

　　江西省地处长江中下游南岸，土壤类型、耕作方式、农作物种类多样，农田杂草种类繁多。进入21世纪以来，随着耕作制度变化、种植结构调整和除草剂的长期使用，农田杂草种群结构和分布规律发生了很大变化，发生程度加重，防控难度增加。据统计，全省农田杂草年发生面积200余万公顷，危害所造成的经济损失占病虫草鼠危害总损失的10%以上。

　　为提高农田杂草防控水平，江西省植保植检局组织有关专家在2011—2012年开展为期2年的农田杂草发生情况调查，在全省50个县的水稻、棉花、柑橘、梨、茶和油菜等6种主要农作物种植区选择代表性地块，按照春夏秋冬不同时期，调查记录每种杂草的发生情况，并现场拍摄图片，分析不同地域每种作物田杂草的优势种类和发生频次，明确其发生分布规律，目的是增强防控的针对性和有效性。

　　《江西农田杂草原色图谱》是对江西省农田杂草发生情况调查结果的系统梳理和总结、提炼。图谱分为两部分，一是简要介绍江西省主要农作物种植及农田杂草发生分布概况。二是采用彩色图片和文字对照的形式，描述杂草的生长周期、生境和繁殖方式；杂草的根、茎、叶、花、果实等形态特征；在江西省的分布情况、发生频率，一般每种杂草配2幅彩色图片。文后附有杂草中文名称索引和拉丁学名索引，方便广大读者寻检查阅。

　　在本书出版之际，衷心感谢相关市、县植保系统的大力支持，安排相关的技术人员参与调查，安排当地的调查活动；感谢杂草行业的专家提供部分杂草图片；感谢山东农业大学王金信教授和江苏省农业科学院李永丰研究员热情、真诚地向出版社推荐。

由于调查范围所限，加之编写时间仓促以及编者水平有限，错误和疏漏之处在所难免，欢迎广大读者批评指正。

作　者

2021年10月23日

目 录
CONTENTS

1

3

第三节　棉油作物田主要杂草

第一章 江西农田杂草发生概况

第一节 江西农作物分布及农田杂草发生概况

江西省位于长江中下游，版图呈南北长、东西窄的形状，总面积为16.69万km²。全省下辖11个设区市、27个市辖区、12个县级市、61个县，合计100个县级区划。习惯上将江西北部的九江市、宜春市的东部以及上饶市的西部合称为赣北地区；将位于江西西北部的萍乡市和宜春市西部合称为赣西北地区；将位于江西东北部的上饶东部县市合称为赣东北地区；将位于江西中部的吉安市和抚州市合称为赣中地区；将位于江西南部的赣州市称为赣南地区。

江西地处亚热带中部，湿润季风气候，雨量充沛，光照充足，四季分明，耕地资源、水资源、农作物种类丰富，是全国粮食、油料、果树、蔬菜、茶叶、棉花等作物主产区之一。常年农作物种植面积约为533.33万hm²。其中水稻为双季稻，全省各地都有种植，以赣北的鄱阳湖平原、赣中的赣抚平原和吉泰平原为主产区，种植面积约333.33万hm²；油料作物以油菜为主，以赣北的九江市、赣西北的萍乡市和宜春市、赣中的吉安市和抚州市为主产区，种植面积约53.33万hm²；果树以柑橘类和梨、桃为主，柑橘类果树包括蜜橘、脐橙和柚子等几大类，主产区为赣中吉安市和抚州市、赣南赣州市，种植面积约33.33万hm²；梨树主产地在九江市和贵溪、金溪、高安、鄱阳、上饶、峡江、永新、广丰、定南、赣县等县，种植面积约2.66万hm²；蔬菜在全省均有种植，主要有赣北蔬菜产区九江市、赣东北蔬菜产区上饶市和乐平市、赣西北蔬菜产区萍乡市和宜春市、赣中蔬菜产区吉安市和抚州市、赣南蔬菜产区赣州市，种植面积约60万hm²。茶叶在全省都有种植，主要有赣东北茶区、赣西北茶区、赣中茶区和赣南茶区等4个茶区，种植面积约8.67万hm²；棉花种植主要集中在赣北九江市、赣中高安、丰城、渝水区及赣东临川区，种植面积约6.67万hm²。

根据2011年和2012年在江西50个县（区）稻（*Oryza sativa* L.）田、茶 [*Camellia sinensis* (L.) O. Ktze.] 园、橘（*Citrus reticulata* Blanco）园、梨（*Pyrus* sp.）园、棉（*Gossypium* sp.）田和油菜（*Brassica campestris*）田系统调查，江西省农田杂草共有636种，隶属108科，种类较多的为：禾本科（Gramineae）87种，菊科（Compositae）68种，蝶形花科（Papilionaceae）37种，莎草科（Cyperaceae）30种，蓼科（Polygonaceae）27种，唇形科（Lamiaceae）22种，蔷薇科（Rosaceae）19种，玄参科（Scrophulariaceae）18种。按作物类型分，杂草种类以橘园杂草种类最多，达479种，依次为：茶园358种，梨园271种，稻田262种，棉田247种，油菜田172种。按生境类型分，杂草种类以旱地最多，达576种（其中纯旱地374种，水旱两栖202种）。水田杂草262种（其中纯水田60种，水旱两栖202种）。

本书用农田杂草发生频率、平均发生频率反映杂草在农田的发生程度。农田杂草发生频率是指某种杂草出现的田块数占总调查田块数之比。根据各类作物的调查田块数和各种杂草在某类作物田出现的田块数，分别计算出各种杂草在各类作物田的发生频率。即：

某种杂草在某类作物田的发生频率＝某种杂草在某种作物田发生田块数/调查总田块数；

平均发生频率是指某种杂草在各种作物田的发生频率的加权平均值，即：

平均发生频率＝某种杂草在各种作物田的发生频率之和/调查的作物种类数。

2011—2012年共调查水稻、棉花、油菜、柑橘、梨、茶6种作物田块，其中稻田61块、棉田35块、油菜田28块、橘园50个、茶园22个、梨园14个。根据上述公式，计算出各种杂草的发生频率和平均发生频率。发生频率居前10位的是：小蓬草0.752，纤毛马唐0.719，狗牙根0.629，稗0.614，大狼把草0.6，碎米莎草0.557，空心莲子草和通泉草0.533，母草0.51和假柳叶菜0.481。

根据发生频率，将农田杂草划分为3类：一是普遍发生的杂草，发生频率 0.4 以上，有小蓬草、纤毛马唐、狗牙根、稗等21种。二是常见发生的杂草，发生频率0.05 ~ 0.4，有双穗雀稗、叶下珠、铁苋菜、鸡眼草等220种。三是偶见发生的杂草，发生频率0.05 以下，有棒头草、甜茅、风轮菜、救荒野豌豆等395种。

第二节　江西农田杂草危害性评估

根据农田杂草的发生频率、发生密度和单株鲜重，计算危害指数，即：

危害指数 = 发生频率 × 单株鲜重 × 发生密度。

根据稻田、棉田主要杂草的危害指数及对水稻、棉花生长和产量的影响程度，将杂草分为3类。

1. 恶性杂草：该类杂草具有分布广、危害重和不易清除等特点，稻田危害指数在1.0以上的杂草有水竹叶、鸭舌草、双穗雀稗和通泉草等4种；棉田危害指数在2.0以上的杂草有小蓬草、牛筋草、纤毛马唐、千金子和稗等5种。马松子和欧洲油菜往往在丘陵山区棉田造成严重危害，牛筋草、小蓬草、碎米莎草、马齿苋、通泉草和苦苣菜往往在平原棉田造成严重危害。

2. 危害一般的杂草：指分布广，危害一般或只在局部田块造成危害的杂草，稻田危害指数在0.1 ~ 0.99的杂草有稗、千金子、假稻、异型莎草、水虱草和节节菜等17种；棉田危害指数在0.1 ~ 1.99的杂草有碎米莎草、鳢肠、苦苣菜、积雪草和马齿苋等25种。

3. 危害轻的杂草：这类杂草在农田只是偶尔发现，目前也未发现其造成危害，危害指数在0.1以下的杂草，稻田有看麦娘、合萌、蕨和矮慈姑等96种；棉田有千金藤、菝葜、萹蓄、珠芽景天、短叶水蜈蚣和犁头草等224种。

第三节　江西农田主要杂草发生动态

对江西农田发生频率高的20种主要杂草，根据4—12月每月的发生频率，分析其季节性发生动态。结果表明：农田主要杂草发生频率的季节性动态明显，据此可划分为冬春季高峰型、夏秋季高峰型、夏季高峰型和秋季高峰型杂草。见图1-1至图1-4。

1. 冬春季高峰型杂草

多年生杂草小蓬草、狗牙根、空心莲子草、通泉草和酢浆草在早春具有很强的生长优势，发生频率往往也较高，但随着夏季的到来，大量1年生杂草不断萌发，并且与之竞争，其发生频率呈现下滑趋势。到了晚秋季

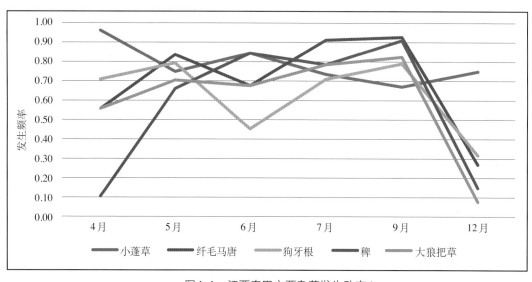

图1-1　江西农田主要杂草发生动态1

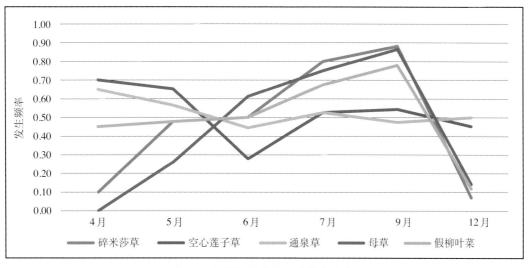

图1-2 江西农田主要杂草发生动态2

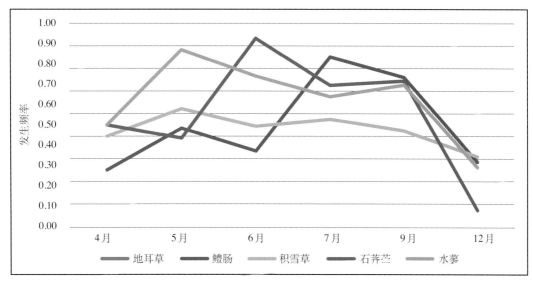

图1-3 江西农田主要杂草发生动态3

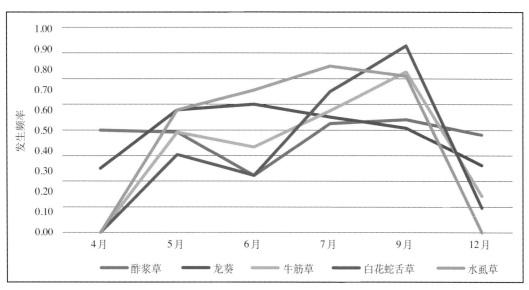

图1-4 江西农田主要杂草发生动态4

节，随着温度的降低，大量1年生杂草枯萎死亡，这些多年生杂草的抗寒优势又得到充分的发挥，成为冬季农田杂草优势种。

2．夏季高峰型杂草

以石荠苎、鳢肠为代表，其发生频率在6—7月最高。

3．夏秋季高峰型杂草

以纤毛马唐、稗为代表，其中纤毛马唐发生频率在5月和9月最高，稗的发生频率在6月和9月最高。

4．秋季高峰型杂草

以大狼把草、假柳叶菜、母草为代表，其发生频率在9月最高。对发生频率高的20种主要杂草在江西50个县（区）的发生频率进行分析，结果表明：农田主要杂草发生频率的地域性差异明显，按照赣北（北纬28°以上）、赣中（北纬26.5°～28°）和赣南（北纬26.5°以下）划分，发生频率最高的小蓬草在全省50个县（区）有19个县发生频率达到1，分别是彭泽、湖口、修水、庐山、进贤、宜丰、铜鼓、金溪、南城、浮梁、万年、弋阳、渝水、分宜、湘东、遂川、安福、吉水和兴国，其中有10个县位于赣北，7个县位于赣中，2个县在赣南，因此，小蓬草在江西省属于偏北型杂草。此外，发生偏北的杂草还有假柳叶菜、水蓼、龙葵和水苋草，发生偏南的杂草有纤毛马唐、碎米莎草、母草和牛筋草。

第二章 江西主要作物田杂草发生特点

第一节 稻田杂草发生特点

江西稻田共有杂草262种，隶属66科，普遍发生的杂草有37种，常见发生的杂草有107种，偶见发生的杂草有118种。其中发生频率高的有：水虱草和双穗雀稗0.93，稗0.9，假柳叶菜和假稻0.89，鸭舌草0.82，水蓼0.80，母草和浮萍0.77，大狼把草和纤毛马唐0.75。

1. 季节性发生特点

早稻田发生杂草158种，隶属46科，普遍发生的杂草有31种，其中发生频率高的有：双穗雀稗1，稗0.91，水虱草、假稻和鸭舌草0.87，假柳叶菜、水蓼和纤毛马唐0.83，浮萍和千金子0.74。

中稻田发生杂草159种，隶属53科，普遍发生的杂草有43种，常见发生的杂草有107种，偶见发生的杂草有9种。其中发生频率高的有：水虱草、假稻和水蓼均为0.93，双穗雀稗、鸭舌草、假柳叶菜、大狼把草、节节菜和石荠苎0.86，稗、水竹叶、母草、禹毛茛和牛毛毡0.79。

晚稻田发生杂草178种，隶属55科，普遍发生的杂草有40种，常见发生的杂草有84种，偶见发生的杂草有54种。其中发生频率高的有：水虱草1，假柳叶菜、稗和碎米莎草0.96，双穗雀稗、母草和白花蛇舌草0.92，假稻和浮萍0.88，节节菜、纤毛马唐、千金子和莲子草0.83。

一季发生的杂草有118种，隶属`45科；两季发生的杂草有53种，隶属31科；三季均发生的杂草有91种，隶属35科。

部分杂草季节性发生特点明显，空心莲子草和半边莲在早稻田发生频率高，鸭舌草和水蓼在早稻田和中稻田发生频率高，稗、浮萍、纤毛马唐和千金子在早稻田和晚稻田发生频率高，大狼把草和石荠苎在中稻田发生频率高，节节菜在中稻田和晚稻田发生频率高，母草、碎米莎草、白花蛇舌草和莲子草在晚稻田发生频率高。

2. 区域性发生特点

赣北稻田发生杂草224种，隶属61科，普遍发生的杂草有37种，常见发生的杂草有114种，偶见发生的杂草有73种。其中发生频率高的有：大狼把草0.97，水虱草和双穗雀稗0.93，假柳叶菜和水竹叶0.9，稗、假稻和合萌0.86，鸭舌草和水蓼0.83。

赣中稻田发生杂草132种，隶属45科，普遍发生的杂草有33种，其中发生频率高的有：双穗雀稗1，假柳叶菜和稗0.95，水虱草、假稻和浮萍0.89，鸭舌草0.84，水蓼、母草和半边莲0.74。

赣南稻田发生杂草137种，隶属46科，普遍发生的杂草有36种，其中发生频率高的有：水虱草1，稗、假稻、浮萍、母草和碎米莎草0.92，双穗雀稗、水蓼、纤毛马唐、千金子、鳢肠、狗牙根和短叶水蜈蚣0.85。

部分杂草区域性发生特点明显，大狼把草、陌上菜和异型莎草在赣北稻田发生频率高，水竹叶、合萌、石荠苎和通泉草在赣中、赣北稻田发生频率高，泥花草在赣中稻田发生频率高，浮萍、碎米莎草、空心莲子草和半边莲在赣中南稻田发生频率高，鳢肠、短叶水蜈蚣和石胡荽在赣南稻田发生频率高。

3. 发生生境特点

山区稻田发生杂草161种，隶属57科，普遍发生的杂草有48种，其中发生频率高的有：假柳叶菜、水虱草和水蓼0.93，假稻、双穗雀稗和母草0.87，稗和石荠苎0.80，节节菜、碎米莎草、合萌、狗牙根和马兰0.73。

丘陵稻田发生杂草219种，隶属58科，普遍发生的杂草有35种，常见发生的杂草有115种，偶见发生的杂草有69种。其中发生频率高的有：水虱草、双穗雀稗和稗0.97，鸭舌草0.89，假柳叶菜和假稻0.87，浮萍0.82，水蓼和纤毛马唐0.79。

平原稻田发生杂草117种，隶属39科，普遍发生的杂草有29种，其中发生频率高的有：假稻和纤毛马唐1，双穗雀稗、假柳叶菜和大狼把草0.88，水虱草、稗、鸭舌草、浮萍、千金子、节节菜、水竹叶、碎米莎草、空心莲子草、鳢肠和陌上菜0.75。

部分杂草生境特点明显，石荠苎、狗牙根、异型莎草、马兰、牛毛毡、禺毛茛、莨草和叶下珠在山区稻田发生频率高，半边莲在丘陵稻田发生频率高，纤毛马唐、白花蛇舌草和千金子在丘陵和平原稻田发生频率高，鳢肠、陌上菜、地耳草和两歧飘拂草在平原稻田发生频率高。

第二节　棉田杂草发生特点

江西棉田共有253种杂草，隶属62科，普遍发生的杂草有44种，常见发生的杂草有136种，偶见发生的杂草有73种。其中发生频率高的有：小蓬草达到1，纤毛马唐0.97，碎米莎草0.94，铁苋菜0.89，鳢肠0.86，白花蛇舌草、稗、假柳叶菜和牛筋草0.83。

1.区域性发生特点

江西棉花集中在赣北、赣中种植，为了统计方便，将鄱阳棉田划归赣北棉田，高安棉田划归赣中棉田。

赣北棉田发生杂草233种，隶属61科，普遍发生的杂草有42种，常见发生的杂草有121种，偶见发生的杂草有70种。其中发生频率高的有：小蓬草1，纤毛马唐0.96，碎米莎草0.92，铁苋菜和牛筋草0.88，鳢肠、稗、狗尾草、龙葵和合萌0.85，白花蛇舌草、假柳叶菜和千金子0.81。

赣中棉田发生杂草153种，隶属49科，普遍发生的杂草有45种，其中发生频率高的有：小蓬草、纤毛马唐和碎米莎草1，铁苋菜、鳢肠、白花蛇舌草、假柳叶菜、大狼把草、狗牙根、马齿苋、空心莲子草和水虱草0.89，稗和千金子0.78。

部分杂草区域性发生特点明显，牛筋草、狗尾草、龙葵和合萌在赣北棉田发生频率高，大狼把草、狗牙根、马齿苋、空心莲子草和水虱草在赣中棉田发生频率高。

2.发生生境特点

丘陵棉田发生杂草236种，隶属60科，普遍发生的杂草有50种，其中发生频率高的有：小蓬草1，纤毛马唐、碎米莎草和大狼把草0.94，狗牙根0.89，鳢肠和斑地锦0.83，白花蛇舌草、稗、假柳叶菜、狗尾草、马齿苋和母草0.78。

平原棉田发生杂草134种，隶属46科，普遍发生的杂草有38种，其中发生频率高的有：小蓬草、纤毛马唐和牛筋草1，碎米莎草、铁苋菜、龙葵和翅果菊0.94，鳢肠、白花蛇舌草、稗、假柳叶菜、千金子、合萌和通泉草0.88。

部分杂草发生生境特点明显，狗尾草、马齿苋、狗牙根、大狼把草、母草和斑地锦在丘陵棉田发生频率高，牛筋草、千金子、龙葵、合萌、通泉草和翅果菊在平原棉田发生频率高。

第三节　橘园杂草发生特点

江西橘园共有479种杂草，隶属84科，普遍发生的杂草51种，常见发生的杂草217种，偶见发生的杂草211种。其中发生频率高的有：小蓬草0.84，酢浆草0.78，藿香蓟、积雪草和纤毛马唐0.72，龙葵0.7，杠板归、狗牙根、白檀、茅莓、牛筋草和叶下珠0.68。

1.区域性发生特点

赣北橘园发生杂草275种，隶属70科，普遍发生的杂草有90种，其中发生频率高的有：细风轮菜1，地耳草、车前和蓬蘽0.86，小蓬草、酢浆草、牛筋草、海金沙、长萼堇菜、芒萁、马兰、鹅肠菜、破铜钱、菝葜、豚草、千里光、三脉紫菀、山麦冬和球柱草0.71。

赣中橘园发生杂草355种，隶属79科，普遍发生的杂草有56种，常见发生的杂草有174种，偶见发生的杂草有125种。其中发生频率高的有：小蓬草0.91，龙葵0.87，纤毛马唐、叶下珠、雀舌草、茅莓和截叶铁扫帚0.78，酢浆草、牛筋草、海金沙和狗牙根0.74，杠板归、金毛耳草和柔枝莠竹0.70。

赣南橘园发生杂草301种，隶属70科，普遍发生的杂草有50种，常见发生的杂草有251种，其中发生频率高的有：酢浆草和积雪草0.85，小蓬草和白檀0.8，纤毛马唐、龙葵、茅莓、杠板归、白背黄花稔、鼠尾粟和鬼针草0.7，狗牙根、皱果苋和芒萁0.65。

部分杂草区域性发生特点明显，长萼堇菜、地耳草、细风轮菜、马兰、鹅肠菜、车前、破铜钱、菝葜和豚草在赣北橘园发生频率高，牛筋草和海金沙在赣中、赣北橘园发生频率高，叶下珠在赣中橘园发生频率高，纤毛马唐、龙葵、茅莓、杠板归和狗牙根在赣中、赣南橘园发生频率高，积雪草、白檀、白背黄花稔、皱果苋、鼠尾粟和鬼针草在赣南橘园发生频率高。

2. 发生生境特点

山区橘园发生杂草291种，隶属73科，普遍发生的杂草有103种，其中发生频率高的有：地耳草、海金沙、细风轮菜、小蓬草和长萼堇菜均为1，菝葜、车前、地菍、杠板归、狗牙根、纤毛马唐、牛筋草、蓬蘽、千里光、铁苋菜、星宿菜和酢浆草均为0.86。

丘陵橘园发生杂草405种，隶属78科，普遍发生的杂草有50种，常见发生的杂草有222种，偶见发生的杂草有133种。其中发生频率高的有：酢浆草0.84，小蓬草0.81，积雪草和白檀0.76，纤毛马唐、龙葵、茅莓和藿香蓟0.73，白背黄花稔0.70，狗牙根0.68，杠板归、叶下珠和白茅0.65，海金沙、牛筋草和皱果苋0.62，长萼堇菜0.59。

平原橘园发生杂草167种，隶属59科，普遍发生的杂草有44种。其中发生频率高的有：藿香蓟1，小蓬草、叶下珠、牛筋草、匙叶合冠鼠曲草和细风轮菜0.83，龙葵、杠板归、鸡眼草、苍耳、野艾蒿、蓝花参、破铜钱、马齿苋、葎草、酸模、鳢肠和繁缕0.67。

部分杂草发生生境特点明显，地耳草、铁苋菜、星宿菜、车前、菝葜和地菍在山区橘园发生频率高，酢浆草、纤毛马唐、狗牙根、海金沙和长萼堇菜在山区和丘陵橘园发生频率高，积雪草、茅莓、白檀、白背黄花稔、皱果苋和白茅在丘陵橘园发生频率高，藿香蓟、龙葵和叶下珠在丘陵和平原橘园发生频率高，鸡眼草、苍耳、匙叶合冠鼠曲草、野艾蒿、蓝花参、破铜钱、马齿苋、葎草和鳢肠在平原橘园发生频率高。

第四节　茶园杂草发生特点

江西茶园共有杂草358种，隶属79科，普遍发生的杂草有40种。其中发生频率高的有：小蓬草0.95，长萼堇菜0.86，山莓和星宿菜0.82，菝葜和土茯苓0.77，白茅和金毛耳草0.73，蓬蘽0.68，翅果菊、纤毛马唐、细风轮菜和野茼蒿0.64。

1. 区域性发生特点

赣北茶园发生杂草312种，隶属75科，普遍发生的杂草有43种。其中发生频率高的有：小蓬草1，长萼堇菜、山莓、星宿菜和金毛耳草0.93，土茯苓和白茅0.86，菝葜和蓬蘽0.79，地菍、芒萁、积雪草和蕨0.71。

赣中南茶园发生杂草249种，隶属69科，普遍发生的杂草有32种。其中发生频率高的有：小蓬草、翅果菊和细风轮菜0.88，长萼堇菜、菝葜和龙葵0.75，山莓、星宿菜、土茯苓、纤毛马唐、野茼蒿、茅莓和鹅肠菜0.63。

部分杂草区域性发生特点明显，白茅、金毛耳草、蓬蘽、地菍、芒萁、积雪草和蕨在赣北发生频率高，翅果菊、细风轮菜、纤毛马唐、野茼蒿和龙葵在赣中南发生频率高。

2. 发生生境特点

山区茶园发生杂草314种，隶属75科，普遍发生的杂草有41种。其中发生频率高的有：小蓬草和土茯苓0.93，长萼堇菜、山莓、星宿菜和菝葜0.86，白茅、金毛耳草、蓬蘽和细风轮菜0.71。

丘陵茶园发生杂草229种，隶属68科，普遍发生的杂草有44种。其中发生频率高的有：小蓬草1，长萼堇菜0.88，山莓、星宿菜、白茅、金毛耳草、纤毛马唐、车前、鸭跖草和蚕茧草0.75。

部分杂草发生生境特点明显，土茯苓、菝葜、蓬蘽和细风轮菜在山区茶园发生频率高，纤毛马唐、车前、鸭跖草和蚕茧草在丘陵茶园发生频率高。

第五节　梨园杂草发生特点

江西梨园共有杂草271种，隶属70科，普遍发生的杂草有44种。其中发生频率高的有：白檀0.93，金毛耳草、山莓、小蓬草和星宿菜0.86，菝葜、酢浆草、大狼把草、鸡眼草、纤毛马唐和土茯苓0.79。

赣北梨园发生杂草200种，隶属61科，普遍发生的杂草有46种，其中发生频率高的有：白茅1，酢浆草、菝葜、土茯苓、金毛耳草、小蓬草、星宿菜和白檀0.89，长萼堇菜、杠板归、芒萁和山莓0.78。

赣中南梨园发生杂草182种，隶属57科。其中发生频率高的有：白檀、山莓、大狼把草、鸡眼草、纤毛马唐和地耳草1，金毛耳草、小蓬草、星宿菜、海金沙、垂序商陆和积雪草0.8。

部分杂草区域性发生特点明显，酢浆草、菝葜、土茯苓、杠板归、芒萁、白茅和长萼堇菜在赣北梨园发生频率高，大狼把草、鸡眼草、纤毛马唐、海金沙、垂序商陆、积雪草和地耳草在赣中南梨园发生频率高。

第六节　油菜田杂草发生特点

江西油菜田杂草共有172种，隶属47科，普遍发生的杂草有27种，常见发生的杂草有94种，偶见发生的杂草有51种。其中发生频率高的有：看麦娘和小蓬草0.93，早熟禾0.79，雀舌草0.75，禺毛茛和通泉草0.71，猪殃殃0.68，稻槎菜、空心莲子草、鼠曲草、羊蹄、裸柱菊和球序卷耳0.64。

1. 区域性发生特点

赣北油菜田发生杂草147种，隶属42科，普遍发生的杂草有29种。其中发生频率高的有：看麦娘和小蓬草0.95，早熟禾、禺毛茛和猪殃殃0.79，通泉草和球序卷耳0.74，雀舌草、空心莲子草、鼠曲草、碎米荠和荔枝草0.68。

赣中南油菜田发生杂草118种，隶属38科，普遍发生的杂草有29种。其中发生频率高的有：看麦娘、小蓬草和雀舌草0.89，其他依次为，早熟禾、羊蹄和破铜钱0.78，通泉草、稻槎菜、裸柱菊和狗牙根0.67。

部分杂草区域性发生特点明显，禺毛茛、猪殃殃、空心莲子草、鼠曲草、球序卷耳、碎米荠和荔枝草在赣北油菜田发生频率高，羊蹄、稻槎菜、裸柱菊、狗牙根和破铜钱在赣中南油菜田发生频率高。

2. 发生生境特点

山区油菜田发生杂草90种，隶属35科，普遍发生的杂草有34种。其中发生频率高的有：看麦娘、小蓬草、雀舌草、禺毛茛和通泉草均为1，鼠曲草、羊蹄、碎米荠、马兰、泥胡菜、假稻、剪刀股和牛鞭草0.75。

丘陵油菜田发生杂草154种，隶属46科，普遍发生的杂草有33种。其中发生频率高的有：看麦娘0.95，小蓬草0.9，早熟禾0.8，禺毛茛和空心莲子草0.75，雀舌草、通泉草、猪殃殃、稻槎菜、球序卷耳和狗牙根0.7，裸柱菊0.65。

平原油菜田发生杂草79种，隶属30科，普遍发生的杂草有31种。其中发生频率高的有：小蓬草和早熟禾均为1，看麦娘、雀舌草、猪殃殃、球序卷耳、裸柱菊、鼠曲草、羊蹄、碎米荠、积雪草、酢浆草、薤白和长萼堇菜0.75。

部分杂草发生生境特点明显，马兰、泥胡菜、假稻、剪刀股和牛鞭草在山区油菜田发生频率高，通泉草和禺毛茛在山区和丘陵油菜田发生频率高，空心莲子草、稻槎菜和狗牙根在丘陵油菜田发生频率高，早熟禾、猪殃殃、球序卷耳和裸柱菊在丘陵和平原油菜田发生频率高，积雪草、酢浆草、薤白和长萼堇菜在平原油菜田发生频率高。

3. 轮作发生特点

旱地油菜田发生杂草130种，隶属42科，普遍发生的杂草有32种。其中发生频率高的有：小蓬草和早熟禾均为1，看麦娘、猪殃殃和裸柱菊0.85，鼠曲草和球序卷耳0.77，通泉草、空心莲子草和薤白0.69。

前作为水稻的油菜田发生杂草138种，隶属43科，普遍发生的杂草有36种。其中发生频率高的有：看麦娘1，小蓬草、雀舌草和禺毛茛0.87，通泉草0.73，稻槎菜、羊蹄和碎米荠0.67，早熟禾、空心莲子草、狗牙根、荔枝草和破铜钱0.60。

部分杂草受前作水旱地影响较大，猪殃殃、鼠曲草、球序卷耳、裸柱菊和薤白在旱地油菜田发生频率高，雀舌草、禺毛茛、稻槎菜、羊蹄、碎米荠、狗牙根、荔枝草和破铜钱在前作为水稻的油菜田发生频率高。

第三章　江西农田杂草

第一节　稻田主要杂草

1　**双穗雀稗**　*Paspalum distichum* L.

【分类地位】禾本科

【形态特征】多年生草本。匍匐茎横走、粗壮，向上直立部分高20～40cm，节生柔毛。叶鞘短于节间，背部具脊，边缘或上部被柔毛；叶舌无毛；叶片披针形，长5～15cm，宽3～7mm，无毛。总状花序2枚对生；小穗倒卵状长圆形，顶端尖，疏生微柔毛；第一颖退化或微小，第二颖贴生柔毛，具明显的中脉；第一外稃具3～5脉，通常无毛，顶端尖，第二外稃草质，等长于小穗，黄绿色，顶端尖，被毛。谷粒椭圆形，灰色。花果期5—9月。

【生境与发生频率】多生于田边路旁及田埂。发生频率：稻田0.93，油菜田0.25，棉田0.23，茶园0.18，橘园0.14。

2　水虱草　*Fimbristylis littoralis* Grandich

【分类地位】莎草科

【形态特征】1年生草本。秆丛生，高10～60cm，扁四棱形，具纵槽长3.5～9cm。叶长于或短于秆或与秆等长，宽1.5～2mm。苞片2～4枚，刚毛状，基部宽，具锈色、膜质的边，较花序短；长侧枝聚伞花序复出或多次复出，很少简单，有许多小穗；辐射枝3～6个，细而粗糙，长0.8～5cm；小穗单生于辐射枝顶端，球形或近球形，顶端极钝，长1.5～5mm，宽1.5～2mm；雄蕊2，花药长圆形，顶端钝，长0.75mm，为花丝长的1/2；花柱三棱形，基部稍膨大，无缘毛，柱头3，为花柱长的1/2。小坚果倒卵形或宽倒卵形，钝三棱形，长1mm，麦秆黄色，具疣状突起和横长圆形网纹。

【生境与发生频率】生长于溪边、沼泽地、水田及潮湿的山坡、路旁和荒地。为稻田主要杂草，发生频率：稻田0.93，棉田0.71，橘园0.10，茶园0.09。

3　稗　*Echinochloa crusgalli* (L.) Beauv.

【分类地位】禾本科

【形态特征】秆基部倾斜或膝曲，光滑无毛，高30～130cm。叶鞘疏松裹茎，平滑无毛；叶片线形，长8～40cm，宽5～20mm，无毛，边缘粗糙。圆锥花序直立，近尖塔形，长6～20cm；主轴具棱，粗糙或具疣基长刺毛；分枝斜上举或贴向主轴，有时再分小枝；穗轴粗糙或生疣基长刺毛；小穗卵形，长3～4mm，脉上密被疣基刺毛，具短柄或近无柄，密集在穗轴的一侧；第一颖三角形，长为小穗的1/3～1/2，具3～5脉，脉上具疣基毛，基部包卷小穗，先端尖；第二颖与小穗等长，先端渐尖或具小尖头，具5脉，脉上具疣基毛；第一小花通常中性，其外稃草质，上部具7脉，脉上具疣基刺毛，顶端延伸成一粗壮的芒，芒长0.5～1.5cm，内稃薄膜质，狭窄，具2脊；第二外稃椭圆形，平滑，光亮，成熟后变硬，顶端具小尖头，尖头上有一圈细毛，边缘内卷，包着同质的内稃，但内稃顶端露出。花果期夏秋季。

【生境与发生频率】多生于沼泽地、沟边及水稻田中。发生频率：稻田0.9，棉田0.83，梨园0.57，橘园0.52，茶园0.32，油菜田0.14。

4	假稻	*Leersia japonica* (Makino) Honda

【分类地位】 禾本科

【形态特征】 多年生草本。秆下部伏卧地面，节生多分枝的须根，上部向上斜升，高60～80cm，节密生倒毛。叶鞘短于节间，微粗糙；叶舌长1～3mm，基部两侧下延与叶鞘联合；叶片长6～15cm，宽4～8mm，粗糙或下面平滑。圆锥花序长9～12cm，分枝平滑，直立或斜升，有角棱，稍压扁；小穗长5～6mm，带紫色；外稃具5脉，脊具刺毛；内稃具3脉，中脉生刺毛；雄蕊6枚，花药长3mm。花果期夏秋季。

【生境与发生频率】 生于池塘、水田、溪沟旁水湿地。发生频率：稻田0.89，油菜田0.36，棉田0.09。

5	假柳叶菜	*Ludwigia epilobioides* Maxim.

【分类地位】 柳叶菜科

【形态特征】 1年生粗壮直立草本。茎高30～150cm，粗3～12mm，四棱形，带紫红色，多分枝，无毛或被微柔毛。叶狭椭圆形至狭披针形，长2～10cm，宽0.5～2cm，先端渐尖，基部狭楔形，侧脉每侧8～13条，两面隆起，在近边缘彼此环结，但不明显，脉上疏被微柔毛；叶柄长4～13mm；托叶很小，卵状三角形。萼片4～6，三角状卵形，先端渐尖，被微柔毛。花瓣黄色，倒卵形，先端圆形，基部楔形；雄蕊与萼片同数；花药宽长圆状；花柱粗短，柱头球状，顶端微凹；花盘无毛。蒴果近无梗，初时具4～5棱，表面瘤状隆起，熟时淡褐色，内果皮增厚变硬成木栓质，表面变平滑，使果成圆柱状，每室有1或2列稀疏嵌埋于内果皮的种子；果皮薄，熟时不规则开裂。种子狭卵球状，稍歪斜，顶端具钝突尖头，基部偏斜，淡褐色，表面具红褐色纵条纹，其间有横向的细网纹；种脊不明显。花期8—10月，果期9—11月。

【生境与发生频率】 生于湖、塘、稻田、溪边等湿润处。发生频率：稻田0.89，棉田0.83，橘园0.26，梨园0.21，茶园0.09。

6 | **鸭舌草** | *Monochoria vaginalis* (Burm.f.) C.Presl

【分类地位】雨久花科

【形态特征】1年生水生草本。全株无毛。根状茎极短，具柔软须根。茎直立或斜上，高（6～）12～25（～50）cm。叶基生和茎生，心状宽卵形、长卵形或披针形，长2～7cm，先端短突尖或渐尖，基部圆或浅心形，全缘，具弧状脉；叶柄长10～20cm，基部扩大成开裂的鞘，鞘长2～4cm，顶端有舌状体，长0.7～1cm。总状花序从叶柄中部抽出，叶柄扩大成鞘状；花序梗长1～1.5cm，基部有1披针形苞片；花序花期直立，果期下弯。花通常3～5（稀10余朵），蓝色；花被片卵状披针形或长圆形，长1～1.5cm；花梗长不及1cm；雄蕊6，其中1枚较大，花药长圆形，其余5枚较小，花丝丝状。蒴果卵圆形或长圆形，长约1cm。种子多数，椭圆形，长约1mm，灰褐色，具8～12纵条纹。花期8—9月，果期9—10月。

【生境与发生频率】生于湿地、浅水池塘。发生频率：稻田0.82。

7 | **水蓼** | *Polygonum hydropiper* Linn.

【分类地位】蓼科

【形态特征】1年生草本。株高40～70cm。茎直立，多分枝，无毛，节部膨大。叶披针形或椭圆状披针形，长4～8cm，宽0.5～2.5cm，顶端渐尖，基部楔形，边缘全缘，具缘毛，两面无毛，被褐色小点，有时沿中脉具短硬伏毛，具辛辣味，叶腋具闭花受精花；叶柄长4～8mm；托叶鞘筒状，膜质，褐色，疏生短硬伏毛，顶端截形，具短缘毛，通常托叶鞘内藏有花簇。顶生或腋生总状花序呈穗状，长3～8cm，通常下垂，花稀疏，下部间断；苞片漏斗状，绿色，边缘膜质，疏生短缘毛，每苞内具3～5花；花梗比苞片长；花被5深裂，稀4裂，绿色，上部白色或淡红色，被黄褐色透明腺点，花被片椭圆形；雄蕊6，稀8，比花被短；花柱2～3，柱头头状。瘦果卵形，双凸镜状或具3棱，密被小点，黑褐色，无光泽，包于宿存花被内。花期5—9月，果期6—10月。

【生境与发生频率】生河滩、水沟、山谷湿地。发生频率：稻田0.452。

8　浮萍　*Lemna minor* L.

【分类地位】浮萍科

【形态特征】漂浮小草本。叶状体呈宽倒卵形或椭圆形，长 2 ～ 5mm，宽 2 ～ 4mm，两侧对称，两面均绿色，常具不明的 5 脉；下面中部生 1 条根，根冠端钝。繁殖时以叶状体侧边出芽，形成新个体。花果未见。

【生境与发生频率】生于水田、池沼或其他静水水域，常与紫萍混生，为稻田常见杂草。发生频率：稻田 0.77。

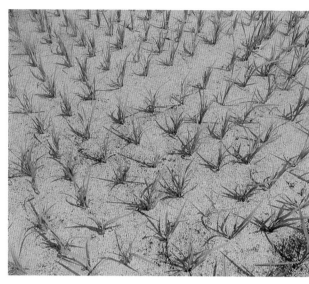

9　母草　*Lindernia crustacea* (Linn.) F. Muell

【分类地位】玄参科

【形态特征】1 年生草本。植株高 10 ～ 20cm，常铺散成密丛，多分枝，枝弯曲上升，微方形有深沟纹，无毛。叶柄长 1 ～ 8mm；叶片三角状卵形或宽卵形，长 10 ～ 20mm，宽 5 ～ 11mm，顶端钝或短尖，基部宽楔形或近圆形，边缘有浅钝锯齿，上面近于无毛，下面沿叶脉有稀疏柔毛或近于无毛。花单生于叶腋或在茎枝之顶成极短的总状花序，花梗细弱，长 5 ～ 22mm，有沟纹，近于无毛；花萼坛状，长 3 ～ 5mm，腹面较深，侧、背均开裂较浅的 5 齿，齿三角状卵形，中肋明显，外面有稀疏粗毛；花冠紫色，长 5 ～ 8mm，管略长于萼，上唇直立，卵形，钝头，有时 2 浅裂，下唇 3 裂，中间裂片较大，仅稍长于上唇；雄蕊 4，全育，2 强；花柱常早落。蒴果椭圆形，与宿萼近等长；种子近球形，浅黄褐色，有明显的蜂窝状瘤突。花果期全年。

【生境与发生频率】生于田边、草地、路边等低湿处，是江西农田主要杂草。发生频率：稻田 0.77，棉田 0.63，橘园 0.44，梨园 0.43，茶园 0.32，油菜田 0.11。

10 　　节节菜　　*Rotala indica* (Willd.) Koehne

【分类地位】千屈菜科

【形态特征】1年生草本。茎分枝多，节上生根，常略具4棱，基部匍匐，上部直立或稍披散。叶对生，无柄或近无柄，倒卵状椭圆形或长圆状倒卵形，长0.4～1.7cm，宽3～8mm，侧枝之叶长约5mm，先端近圆或钝而有小尖头，基部楔形或渐窄，下面叶脉明显，边缘软骨质。花长不及3mm，组成腋生的穗状花序，稀单生；苞片叶状，长圆状倒卵形，小苞片2枚，线状披针形；萼筒钟形，膜质，半透明，裂片4，披针状三角形；花瓣4，淡红色，极小，倒卵形，长不及萼裂片之半，宿存；雄蕊4；子房椭圆形，顶端窄，花柱丝状。蒴果椭圆形，稍有棱，成熟时常2瓣裂。花期9—10月，果期10月至翌年4月。

【生境与发生频率】生于稻田中或湿地上。发生频率：稻田0.72，油菜田0.04。

11 　　碎米莎草　　*Cyperus iria* Linn.

【分类地位】莎草科

【形态特征】1年生草本。秆丛生，细弱或稍粗壮，高8～85cm，扁三棱形，基部具少数叶，叶短于秆，宽2～5mm，平张或折合，叶鞘红棕色或棕紫色。叶状苞片3～5枚，下面的2～3枚常较花序长；长侧枝聚伞花序复出，具4～9个辐射枝，辐射枝最长达12cm，每个辐射枝具5～10个穗状花序，或有时更多些；穗状花序卵形或长圆状卵形，长1～4cm，具5～22个小穗；小穗排列松散，斜展开，长圆形、披针形或线状披针形，压扁，长4～10mm，宽约2mm，具6～22花；小穗轴上近于无翅；鳞片排列疏松，膜质，宽倒卵形，不突出于鳞片的顶端，背面具龙骨状突起，绿色，有3～5条脉，两侧呈黄色或麦秆黄色，上端具白色透明的边；雄蕊3，花丝着生在环形的胼胝体上，花药短，椭圆形，药隔不突出于花药顶端；花柱短，柱头3。小坚果倒卵形或椭圆形，三棱形，与鳞片等长，褐色，具密的微突起细点。花果期6—10月。

【生境与发生频率】生长于田间、山坡、路旁阴湿处。发生频率：稻田0.70，棉田0.64，橘园0.52，梨园0.36，茶园0.32，油菜田0.11。

12 水竹叶 *Murdannia triquetra* (Wall.) Bruckn.

【分类地位】鸭跖草科

【形态特征】多年生草本。具长而横走根状茎。根状茎具叶鞘，节间长约6cm，节上具细长须状根。茎肉质，下部匍匐，节上生根，上部上升，通常多分枝，长达40cm，节间长8cm，密生一列白色硬毛，这一列毛与下一个叶鞘的一列毛相连。叶无柄，仅叶片下部有睫毛和叶鞘合缝处有一列毛，这一列毛与上一节上的衔接而成一个系列，叶的他处无毛；叶片竹叶形，平展或稍折叠，长2～6cm，宽5～8mm，顶端渐尖而头钝。花序通常仅有单朵花，顶生并兼腋生，花序梗长1～4cm，顶生者长，腋生者短，花序梗中部有一个条状的苞片，有时苞片腋中生一朵花；萼片绿色，狭长圆形，浅舟状，长4～6mm，无毛，果期宿存；花瓣粉红色、紫红色或蓝紫色，倒卵圆形，稍长于萼片；花丝密生长须毛。蒴果卵圆状三棱形，长5～7mm，直径3～4mm，两端钝或短急尖，每室有种子3颗，有时仅1～2颗。种子短柱状，不扁，红灰色。花期9—10月，果期10—11月。

【生境与发生频率】生于水稻田边或湿地上。发生频率：稻田0.7，棉田0.17，油菜田0.11，橘园0.06。

13 合萌 *Aeschynomene indica* Burm. f.

【分类地位】蝶形花科

【形态特征】1年生草本或亚灌木状。茎直立，高0.3～1m，多分枝，圆柱形，无毛，具小凸点而稍粗糙，小枝绿色。偶数羽状复叶，小叶40～60枚；托叶膜质，披针形，长约1cm，基部耳形，小叶片线状长椭圆形，长3～8mm，宽1～3mm，先端钝，具小尖头，基部圆形，仅具1脉，无小叶柄。总状花序比叶短，腋生，长1.5～2cm；总花梗长8～12mm；花梗长约1cm；花冠淡黄色，具紫色纵脉纹，易脱落，旗瓣大，近圆形，基部具极短的瓣柄，翼瓣篦状，龙骨瓣比旗瓣稍短，比翼瓣稍长或近相等；雄蕊二体；荚果线状长圆形，直或弯曲，长3～4cm，宽约3mm，腹缝直，背缝多少呈波状；荚节4～8，平滑或中央有小疣凸，不开裂，成熟时逐节脱落；种子黑棕色，肾形，长3～3.5mm，宽2.5～3mm。花期7—8月，果期8—10月。

【生境与发生频率】生于山沟、林下阴湿地、溪旁、道旁的浅水处。发生频率：稻田0.67，棉田0.60，橘园0.18，梨园0.14，油菜田0.07。

14　千金子　　*Leptochloa chinensis* (Linn.) Nees

【分类地位】禾本科

【形态特征】1年生草本。秆直立，基部膝曲或倾斜，高30～90cm，平滑无毛。叶鞘无毛，大多短于节间；叶舌膜质常撕裂，具小纤毛；叶片扁平或多少卷折，先端渐尖，两面微粗糙或下面平滑，长5～25cm。圆锥花序长10～30cm，分枝及主轴均微粗糙；小穗多带紫色，含3～7小花；颖具1脉，第一颖较短而狭窄，长1～1.5mm，第二颖长1.2～1.8mm；外稃顶端钝，无毛或下部被微毛；第一外稃长约1.5mm。颖果长圆球形。花果期8—11月。

【生境与发生频率】生于潮湿之地。发生频率：稻田0.67，棉田0.63，橘园0.16，梨园0.14，茶园0.05。

15　石荠苎　　*Mosla scabra* (Thunb.) C. Y. Wu et H. W. Li

【分类地位】唇形科

【形态特征】1年生草本。茎高可达1m，四棱形，密被倒向短柔毛。叶卵形或卵状披针形，长1.5～3.5cm，宽0.9～1.7cm，顶端短渐尖或钝尖，基部楔形，边缘具疏锯齿，上面被微柔毛，下面具凹陷腺点；叶柄纤细，长0.3～1.5cm，被短柔毛。总状花序生于主茎及侧枝上，长2.5～15cm；花梗花时长约1mm，果时长至3mm，与序轴密被灰白色小疏柔毛。花冠粉红色，长4～5mm，外面被微柔毛，内面基部具毛环，冠筒向上渐扩大，冠檐二唇形，上唇直立，扁平，先端微凹，下唇3裂，中裂片较大，边缘具齿。小坚果黄褐色，球形，直径约1mm，具深雕纹。花期5—11月，果期9—11月。

【生境与发生频率】生于山坡、路旁或灌丛下。发生频率：稻田0.66，茶园0.55，橘园0.44，棉田0.43，梨园0.29，油菜田0.07。

16 半边莲 *Lobelia chinensis* Lour.

【分类地位】桔梗科

【形态特征】多年生草本。茎匍匐，节上生根，分枝直立，高6～20cm。叶互生，无柄或近无柄，椭圆状披针形或线形，长0.8～2.5cm。花通常1朵，生于分枝的上部叶腋；花萼筒倒长锥状，裂片披针形，约与萼筒等长，全缘或下部有1对小齿；花冠粉红或白色，裂至基部，喉部以下生白色柔毛，裂片全部平展于下方，呈1个平面，2侧裂片披针形，较长，中间3枚裂片椭圆状披针形，较短，雄蕊5。蒴果倒锥状。花果期5—10月。

【生境与发生频率】生于水田边、沟边及潮湿草地上。发生频率：稻田0.64，棉田0.34，油菜田0.32，茶园0.18，橘园0.14。

17 通泉草 *Mazus pumilus* (Burm. f.) Steenis

【分类地位】玄参科

【形态特征】1年生或越年生草本。株高3～30cm，无毛或疏生短柔毛。茎自基部分枝，1～5分枝或有时更多，直立，上升或倾卧状上升，着地部分节上常长出不定根，分枝多而披散，少不分枝。基生叶少到多数，有时成莲座状或早落，倒卵状匙形至卵状倒披针形，膜质至薄纸质，长2～6cm，顶端全缘或有不明显的疏齿，基部楔形，下延成带翅的叶柄，边缘具不规则的粗齿或基部有1～2片浅羽裂；茎生叶对生或互生，少数，与基生叶相似或几乎等大。总状花序生于茎、枝顶端，常在近基部即生花，伸长或上部成束状，通常3～20朵，花稀疏；花梗在果期长达10mm，上部的较短；花萼钟状，花期长约6mm，果期多少增大；萼片与萼筒近等长，卵形，端急尖，脉不明显；花冠白色、紫色或蓝色，长约10mm，上唇裂片卵状三角形，下唇中裂片较小，稍突出，倒卵圆形；子房无毛。蒴果球形；种子小而多数，黄色，种皮上有不规则的网纹。花果期4—10月。

【生境与发生频率】生于湿润的草坡、沟边、路旁及林缘。发生频率：稻田0.64，棉田0.54，油菜田0.51，橘园0.4，梨园0.21，茶园0.18。

18　陌上菜　*Lindernia procumbens* (Krock.) Borbás

【分类地位】玄参科

【形态特征】1年生草本。植株直立，根细密，成丛；茎高5～20cm，基部多分枝，无毛。叶无柄；叶片椭圆形至矩圆形多少带菱形，长1～2.5cm，宽6～12mm，顶端钝至圆头，全缘或有不明显的钝齿，两面无毛，叶脉并行，自叶基发出3～5条。花单生于叶腋，花梗纤细，长1.2～2cm，比叶长，无毛；萼仅基部联合，齿5，条状披针形，长约4mm，顶端钝头，外面微被短毛；花冠粉红色或紫色，长5～7mm，管长约3.5mm，向上渐扩大，上唇短，长约1mm，2浅裂，下唇甚大于上唇，长约3mm，3裂，侧裂椭圆形较小，中裂圆形，向前突出；雄蕊4，全育，前方2枚雄蕊的附属物腺体状而短小；花药基部微凹；柱头2裂。蒴果球形或卵球形，与萼近等长或略过之，室间2裂；种子多数，有格纹。花期7—10月，果期9—11月。

【生境与发生频率】生于水边及潮湿处。发生频率：稻田0.62，棉田0.34，梨园0.07。

19　异型莎草　*Cyperus difformis* Linn.

【分类地位】莎草科

【形态特征】1年生草本。根为须根。秆丛生，稍粗或细弱，高20～65cm，扁三棱形，平滑。叶短于秆，宽2～6mm，平张或折合；叶鞘稍长，褐色。苞片2枚，少3枚，叶状，长于花序；长侧枝聚伞花序简单，少数为复出，具3～9个辐射枝，辐射枝长短不等，最长达2.5cm，或有时近于无花梗；头状花序球形，具极多数小穗，直径5～15mm；小穗密聚，披针形或线形，长2～8mm，宽约1mm，具8～28朵花；小穗轴无翅；鳞片排列稍松，膜质，近于扁圆形，顶端圆，长不及1mm，中间淡黄色，两侧深红紫色或栗色边缘具白色透明的边，3条不很明显的脉；雄蕊2，有时1枚，花药椭圆形，药隔不突出于花药顶端；花柱极短，柱头3，短。小坚果倒卵状椭圆形，三棱形，几与鳞片等长，淡黄色。花果期7—10月。

【生境与发生频率】常生长于稻田中或水边潮湿处。发生频率：稻田0.61，棉田0.2，橘园0.02。

20 短叶水蜈蚣 *Kyllinga brevifolia* Rottb.

【分类地位】莎草科

【形态特征】多年生草本。根状茎长而匍匐，外被膜质褐色的鳞片，具多数节间，节间长约1.5cm，每一节上长一秆。秆成列地散生，细弱，高7～20cm，扁三棱形，平滑，基部不膨大，具4～5个圆筒状叶鞘，最下面2个叶鞘常为干膜质，棕色，鞘口斜截形，顶端渐尖，上面2～3个叶鞘顶端具叶片。叶柔弱，短于或稍长于秆，宽2～4mm，平张，上部边缘和背面中肋上具细刺。叶状苞片3枚，极展开，后期常向下反折；穗状花序单个，极少2或3个，球形或卵球形，长5～11mm，宽4.5～10mm，具极多数密生的小穗。小穗长圆状披针形或披针形，压扁，长约3mm，宽0.8～1mm，具1朵花。小坚果倒卵状长圆形，扁双凸状，长约为鳞片的1/2，表面具密的细点。花果期5—9月。

【生境与发生频率】生长于山坡荒地、路旁草丛中、田边草地、溪边、海边沙滩上。发生频率：稻田0.57，橘园0.4，茶园0.32，棉田0.31，梨园0.21，油菜田0.07。

21 石胡荽 *Centipeda minima* (L.) A. Br. & Aschers.

【分类地位】菊科

【形态特征】1年生草本。茎多分枝，高5～20cm，匍匐状。叶互生，楔状倒披针形，顶端钝，基部楔形，边缘有少数锯齿。头状花序小，扁球形，单生于叶腋；总苞半球形；总苞片2层，椭圆状披针形；边缘花雌性，多层，花冠细管状；盘花两性，花冠管状顶端4深裂，淡紫红色。瘦果椭圆形，具4棱，棱上有长毛，无冠状冠毛。花果期6—10月。

【生境与发生频率】生于路旁、荒野阴湿地。发生频率：稻田0.52，棉田0.29，橘园0.24，油菜田0.14，梨园0.07，茶园0.05。

22 水绵 *Spirogyra communis*

【分类地位】水绵科

【形态特征】藻类植物。多细胞丝状结构个体，叶绿体带状，有真正的细胞核，含有叶绿素可进行光合作用。藻体是由1列圆柱状细胞连成的不分枝的丝状体。由于藻体表面有较多的果胶质，所以用手触摸时颇觉黏滑。在显微镜下，可见每个细胞中有1至多条带状叶绿体，呈双螺旋筒状绕生于紧贴细胞壁内方的细胞质中，在叶绿体上有1列蛋白核。细胞中央有1个大液泡。1个细胞核位于液泡中央的一团细胞质中。核周围的细胞质和四周紧贴细胞壁的细胞质之间，有多条呈放射状的胞质丝相连。水绵在相对清洁的富营养化水体中非常普遍，在水中呈片或团状。春季，水绵在水下生活，当阳光充足、天气温暖时，可进行光合作用产生大量氧气泡，出现在缠结的细丝间。

【生境与发生频率】生于淡水处，广布于池塘、沟渠、河流、湖泊和稻田，繁盛时大片生于水底，或成大团块漂浮于水面。发生频率：稻田0.52。

 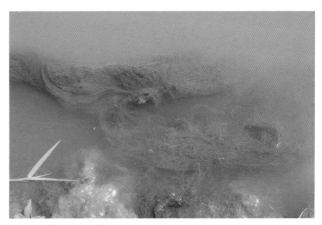

23 泥花草 *Lindernia antipoda* (Linn.) Alston

【分类地位】玄参科

【形态特征】1年生草本。根须状成丛。茎幼时亚直立，长大后多分枝，枝基部匍匐，下部节上生根，弯曲上升，高可达30cm，茎枝有沟纹，无毛。叶片矩圆形、矩圆状披针形、矩圆状倒披针形或几为条状披针形，长0.8～4cm，宽0.6～1.2cm，顶端急尖或圆钝，基部下延有宽短叶柄，而近于抱茎，边缘有少数不明显的锯齿至有明显的锐锯齿或近于全缘，两面无毛。花多在茎枝之顶总状着生，花序长者可达15cm，含花2～20朵；苞片钻形；花梗有条纹，顶端变粗，长者可达1.5cm，花期上升或斜展，果期平展或反折；萼仅基部联合，齿5，条状披针形，沿中肋和边缘略有短硬毛；花冠紫色、紫白色或白色，长可达1cm，管长可达7mm，上唇2裂，下唇3裂，上、下唇近等长；后方一对雄蕊有性，前方一对退化，花药消失，花丝端钩曲有腺；花柱细，柱头扁平，片状。蒴果圆柱形，顶端渐尖，长约为宿萼的2倍或较多；种子不规则三棱状卵形，褐色，有网状孔纹。花、果期春季至秋季。

【生境与发生频率】多生于田边及潮湿的草地中。发生频率：稻田0.52，棉田0.43，橘园0.12，茶园0.09，油菜田0.04。

24　牛毛毡　*Eleocharis yokoscensis* (Franch. et Sav.) Ts. Tang et F. T. Wang

【分类地位】禾本科

【形态特征】多年生草本。匍匐根状茎非常细。秆多数，细如毫发，密丛生如牛毛毡，因而得名，高2～12cm。叶鳞片状，具鞘，鞘微红色，膜质，管状，高5～15mm。小穗卵形，顶端钝，长3mm，宽2mm，淡紫色，所有鳞片全有花；鳞片膜质，在下部的少数鳞片近2列，在基部的一片长圆形，顶端钝，背部淡绿色，有3条脉，两侧微紫色，边缘无色，抱小穗基部一周，长2mm，宽1mm；其余鳞片卵形，顶端急尖，长3.5mm，宽2.5mm，背部微绿色，有1条脉，两侧紫色，边缘无色，全部膜质；下位刚毛1～4条，长为小坚果2倍，有倒刺；柱头3。小坚果狭长圆形，无棱，浑圆状，顶端缢缩，不包括花柱基在内长1.8mm，宽0.8mm，微黄玉白色；花柱基稍膨大呈短尖状，直径约为小坚果宽的1/3。花果期4—11月。

【生境与发生频率】多半生长在水田中、池塘边或湿黏土中。发生频率：稻田0.48，油菜田0.04，棉田0.03。

25　荩草　*Arthraxon hispidus* (Thunb.) Makino

【分类地位】禾本科

【形态特征】1年生草本。秆细弱无毛，基部倾斜，高30～50cm，具多节，常分枝。叶鞘短于节间，生短硬疣毛；叶舌膜质，长0.5～1mm，边缘具纤毛；叶片卵状披针形，长2～5cm，宽8～16mm，除下部边缘生纤毛外，余均无毛。总状花序2～10枚呈指状排列或簇生于秆顶。无柄小穗卵状披针形，呈两侧压扁；第一颖草质，边缘膜质，具7～9脉；第二颖近膜质，与第一颖等长；第一外稃长圆形，透明膜质，先端尖，长为第一颖的2/3；第二外稃与第一外稃等长，透明膜质，近基部伸出一膝曲的芒。颖果长圆形，与稃体等长。花果期9—11月。

【生境与发生频率】生于山坡草地阴湿处。发生频率：稻田0.43，橘园0.24，棉田0.11，茶园0.09，梨园0.07。

26 水莎草 *Cyperus serotinus* Rottb.

【分类地位】莎草科

【形态特征】秆高35～100cm，粗壮，扁三棱形，平滑。叶片少，短于秆或有时长于秆，宽3～10mm，平滑，基部折合，上面平张，背面中肋呈龙骨状突起。苞片常3枚，少4枚，叶状，较花序长1倍多，最宽至8mm；复出长侧枝聚伞花序具4～7个第一次辐射枝；辐射枝向外展开，长短不等，最长达16cm。每一辐射枝上具1～3个穗状花序，每一穗状花序具5～17个小穗；花序轴被疏短硬毛；小穗排列稍松，近于平展，披针形或线状披针形，长8～20mm，宽约3mm，具10～34朵花；小穗轴具白色透明的翅；鳞片初期排列紧密，后期较松，纸质，宽卵形，顶端钝或圆，有时微缺，长2.5mm，背面中肋绿色，两侧红褐色或暗红褐色，边缘黄白色透明，具5～7条脉；雄蕊3，花药线形，药隔暗红色；花柱很短，柱头2，细长，具暗红色斑纹。小坚果椭圆形或倒卵形，平凸状，长约为鳞片的4/5，棕色，稍有光泽，具突起的细点。花果期7—10月。

【生境与发生频率】多生长于浅水中、水边沙土上，或有时亦见于路旁。发生频率：稻田0.41，棉田0.09。

27 长蒴母草 *Lindernia anagallis* (Burm. f.) Pennell

【分类地位】玄参科

【形态特征】1年生草本。株长10～40cm。根须状。茎始简单，不久即分枝，下部匍匐长蔓，节上生根，并有根状茎，有条纹，无毛。叶仅下部者有短柄；叶片三角状卵形、卵形或矩圆形，长4～20mm，宽7～12mm，顶端圆钝或急尖，基部截形或近心形，边缘有不明显的浅圆齿，侧脉3～4对，约以45°角伸展，上下两面均无毛。花单生于叶腋，花梗长6～10mm，果期可长达2cm，无毛，萼长约5mm，仅基部联合，齿5，狭披针形，无毛；花冠白色或淡紫色，长8～12mm，上唇直立，卵形，2浅裂，下唇开展，3裂，裂片近相等，比上唇稍长；雄蕊4，全育，前面2枚的花丝在颈部有短棒状附属物；柱头2裂。蒴果条状披针形，比萼长约2倍，室间2裂；种子卵圆形，有疣状突起。花期4—9月，果期6—11月。

【生境与发生频率】多生于林边、溪旁及田野的较湿润处。发生频率：稻田0.38，棉田0.36，橘园0.06，油菜田0.04。

28 　**长箭叶蓼** 　*Polygonum hastatosagittatum* Makino, 1903

【分类地位】蓼科

【形态特征】1年生草本。株高40～90cm，茎直立或下部近平卧，分枝，具纵棱，沿棱具倒生短皮刺。叶披针形或椭圆形，长3～10cm，宽1～3cm，顶端急尖或近渐尖，基部箭形或近戟形，沿中脉具倒生皮刺，边缘具短缘毛；叶柄长1～2.5cm，具倒生皮刺；托叶鞘筒状，膜质，顶端截形，具长缘毛。总状花序呈短穗状，顶生或腋生，花序梗二歧状分枝，密被短柔毛及腺毛；苞片宽椭圆形或卵形，具缘毛，每苞内通常具2花；花梗密被腺毛，比苞片长；花被5深裂，淡红色，花被片宽椭圆形，雄蕊7～8，花柱3，中下部合生；柱头头状；瘦果卵形，具3棱，深褐色，有光泽，包于宿存花被内。花期8—9月，果期9—10月。

【生境与发生频率】生水边、沟边湿地。发生频率：稻田0.36，茶园0.18，油菜田0.04，棉田0.03，橘园0.02。

29 　**牛鞭草** 　*Hemarthria sibirica* (Gand.) Ohwi

【分类地位】禾本科

【形态特征】多年生草本植物。有长而横走的根茎，秆直立部分可高达1m。叶鞘边缘膜质，鞘口具纤毛；叶舌膜质；叶片线形，长15～20cm，两面无毛。总状花序单生或簇生。无柄小穗卵状披针形，第一颖革质，背面扁平，具7～9脉；第二颖厚纸质，贴生于总状花序轴凹穴中，但其先端游离；第一小花仅存膜质外稃；第二小花两性，外稃膜质，长卵形，内稃薄膜质，长约为外稃的2/3。有柄小穗长约8mm；第二颖完全游离于总状花序轴；第一小花中性，仅存膜质外稃；第二小花两稃均为膜质。花果期夏秋季。

【生境与发生频率】多生于田间、水沟、河滩等湿润处。发生频率：稻田0.31，油菜田0.21，茶园0.09。

30 矮慈姑 *Sagittaria pygmaea* Miq.

【分类地位】泽泻科

【形态特征】1年生或多年生沼生或沉水草本植物，稀具越冬球茎为多年生。匍匐茎细短，末端小球茎常当年萌发形成新株。叶基生，带形，稀匙形，长2～30cm，无叶片与叶柄之分，基部鞘状。花序总状，花2～3轮；花序梗长5～37cm；苞片长椭圆形；花单性，最下1轮具雌花1（2）朵，雄花2～8朵；萼片倒卵形，长6～7mm，宿存；花瓣白色，近圆形，长及宽1～1.5cm；雄花花梗长0.5～3cm，雄蕊6～21，花丝通常宽短，长1～1.5mm，花药黄色；雌花几无梗，心皮多数，离生，两侧扁，密集成球状，花柱侧生。瘦果宽倒卵圆形，扁，背腹两面具薄翅，背翅具鸡冠状齿裂，喙侧生。

【生境与发生频率】生于沼泽地、水田中。发生频率：稻田0.31。

31 紫萍 *Spirodela polyrhiza* (L.) Schleid.

【分类地位】浮萍科

【形态特征】深浮微小草本植物。叶状体扁平，倒卵形或椭圆形，长5～9mm，宽4～7mm，两端圆钝，上面绿色，有5～11脉，下面常紫红色，中部簇生5～11条根，根长3～5cm。繁殖时叶状体两侧出芽形成新个体。花果未见，据记载，肉穗花序有2个雄花和1个雌花。

【生境与发生频率】生于水田、池沼或其他静水水域。发生频率：稻田0.30。

32 蘋 *Marsilea quadrifolia* Linn.

【分类地位】蘋科

【形态特征】多年生小型水生蕨类植物。植株高5～20cm。根状茎细长横走，分枝，顶端被有淡棕色毛，茎节远离，向上发出1至数片叶。叶柄长5～20cm；叶由4片倒三角形的小叶组成，呈"十"字形，长宽各1～2.5cm，外缘半圆形，基部楔形，全缘，幼时被毛，草质。叶脉从小叶基部向上呈放射状分叉，组成狭长网眼，伸向叶边，无内藏小脉。孢子果双生或单生于短柄上，而柄着生于叶柄基部，长椭圆形，幼时被毛，褐色，木质，坚硬。每个孢子果内含多数孢子囊，大小孢子囊同生于孢子囊托上，一个大孢子囊内只有一个大孢子，而小孢子囊内有多数小孢子。

【生境与发生频率】生于水稻田、沟塘边。发生频率：稻田0.26，油菜田0.04。

33 透明鳞荸荠 *Eleocharis pellucida* Presl

【分类地位】莎草科

【形态特征】多年生草本。秆少数或多数，丛生或密丛生，细弱，有少数肋条和纵槽，高5～30cm或更高，直径0.5～1mm。叶缺如，只在秆的基部有2个叶鞘，长鞘的下部或多或少带紫红色，上部绿色，薄膜质，鞘口几平，顶端具三角形小齿，高1.5～4cm。小穗披针形或长圆状卵形，稀球状卵形，长3～8mm，近基部直径1.5～3mm，苍白色，有密生少数至多数花，少有极多数花，时常从小穗基部生小植株；在小穗基部的一片鳞片中空无花，抱小穗基部一周；其余鳞片全有花，长圆形或近长圆形，顶端钝或圆，长2mm，宽1mm多，淡锈色，中脉一条，淡绿色，边缘干膜质；下位刚毛6条，为小坚果长1.5倍，不向外展开，有倒刺，刺密而短；柱头3。小坚果倒卵形，三棱形，长1.2mm，宽0.7mm，淡黄色或橄榄绿色，各棱具狭边，三面突起呈膨胀状；花柱基金字塔形，顶端近渐尖，长等于小坚果的1/4，宽等于小坚果的1/2。花果期4—11月。

【生境与发生频率】生于水稻田、水塘和湖边湿地。发生频率：稻田0.26。

34　野荸荠　*Eleocharis plantagineiformis* T. Tang et F. T. Wang

【分类地位】禾本科

【形态特征】多年生草本。有长的匍匐根状茎。秆多数，丛生，直立，圆柱状，高30～100cm，直径4～7mm，灰绿色，中有横隔膜，干后秆的表面有节。叶缺如，只在秆基部有2～3个叶鞘；叶鞘膜质，紫红色、微红色，深、淡褐色或麦秆黄色，光滑，无毛，鞘口斜，顶端急尖，高7～26cm。小穗圆柱状，长1.5～4.5cm，直径4～5mm，微绿色，顶端钝，有多数花；在小穗基部多半有两片、少有一片不育鳞片，各抱小穗基部一周，其余鳞片全有花，紧密地覆瓦状排列，宽长圆形，顶端圆形，长5mm，宽窄大致相同，苍白微绿色，有稠密的红棕色细点，中脉一条，里面比外面明显；下位刚毛7～8条，较小坚果长，有倒刺；花柱基从宽的基部向上渐狭而呈二等边三角形，扁，不为海绵质，柱头3。小坚果宽倒卵形，扁双凸状，长2～2.5mm，宽约1.7mm，黄色，平滑，表面细胞呈四至六角形，顶端不缢缩。花果期5～10月。

【生境与发生频率】常生长于荒野湿地。发生频率：稻田0.24。

35　星花灯心草　*Juncus diastrophanthus* Buchen.

【分类地位】灯心草科

【形态特征】多年生草本。株高15～25cm。茎丛生，直立，微扁平，两侧略具狭翅，宽1～2.5mm，绿色。叶基生兼茎生；叶片压扁，长5～10cm，宽2～3mm，稍中空，多管形，有不连贯的脉状横隔；叶耳小，近三角形，膜质。花序由6～24个头状花序组成，排列成顶生复聚伞状，花序分枝常2～3个，稀更多，花序梗长短不等；头状花序呈星芒状球形，直径6～10mm，有5～14朵花；叶状总苞片线形，长3～7cm，短于花序；花绿色，具长约1mm的短梗；花被片狭披针形，长3～4mm，宽0.7～0.9mm，内轮者比外轮长，顶端具刺状芒尖，边缘膜质，中脉明显。蒴果三棱状长圆柱形，长4～5mm，明显超过花被片，顶端锐尖，黄绿色至黄褐色，光亮。种子倒卵状椭圆形，长0.5～0.7mm。花期5—6月，果期6—7月。

【生境与发生频率】生于溪边、田边、疏林下水湿处。发生频率：稻田0.23，油菜田0.21，茶园0.14，梨园0.14，橘园0.12，棉田0.09。

36 小茨藻 *Najas minor* All.

【分类地位】茨藻科

【形态特征】1年生沉水草本。茎细弱，多分枝，光滑。叶片线形，长1.5～3.5cm，宽0.6～1mm，先端渐尖，反卷或不反卷，边缘有刺状细锯齿，中脉略明显；叶鞘半圆形或斜截形，边缘有数个刺状小齿。花单性，雌雄同株；雄花具佛焰苞，花药1室；雌花常1朵稀2朵生于一节，柱头常2裂。小坚果长椭圆形，有时略弯曲，长2.5～3.5mm。种子与果实同形，外种皮细胞长方形或纺锤形，宽大于长。花果期7—10月。

【生境与发生频率】成小丛生于池塘、湖泊、水沟和稻田中，可生于数米深的水底。发生频率：稻田0.2。

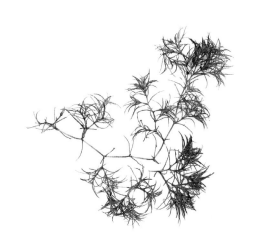

37 畦畔莎草 *Cyperus haspan* L.

【分类地位】莎草科

【形态特征】1年或多年生草本。秆丛生或散生，稍细弱，高2～100cm，扁三棱形，平滑。叶短于秆，宽2～3mm，或有时仅剩叶鞘而无叶片。苞片2枚，叶状，常较花序短，罕长于花序；长侧枝聚伞花序复出或简单，少数为多次复出，具多数细长松散的第一次辐射枝，辐射枝最长达17cm；小穗通常3～6个呈指状排列，少数可多至14个，线形或线状披针形，长2～12mm，宽1～1.5mm，具6～24朵花；小穗轴无翅；鳞片密覆瓦状排列，膜质，长圆状卵形，长约1.5mm，顶端具短尖，背面稍呈龙骨状突起，绿色，两侧紫红色或苍白色，具3条脉；雄蕊3～1枚，花药线状长圆形，顶端具白色刚毛状附属物；花柱中等长，柱头3。小坚果宽倒卵状三棱形，长约为鳞片的1/3，淡黄色，具疣状小突起。花果期很长，随地区而异。

【生境与发生频率】多生长于水田或浅水塘等多水处，山坡上亦能见到。发生频率：稻田0.2，茶园0.09，棉田0.03，橘园0.02。

38 萤蔺 *Scirpus campestris* Willd. ex Kunth

【分类地位】莎草科

【形态特征】多年生草本。秆丛生，根状茎短，具许多须根。秆稍坚挺，圆柱状，少数近于有棱角，平滑，基部具2～3个鞘；鞘的开口处为斜截形，顶端急尖或圆形，边缘为干膜质，无叶片。苞片1枚，为秆的延长，直立，长3～15cm；小穗（2～）3～5（～7）个聚成头状，假侧生，卵形或长圆状卵形，长8～17mm，宽3.5～4mm，棕色或淡棕色，具多数花；鳞片宽卵形或卵形，顶端骤缩成短尖，近于纸质，长3.5～4mm，背面绿色，具1条中肋，两侧棕色或具深棕色条纹；下位刚毛5～6条，长等于或短于小坚果，有倒刺；雄蕊3，花药长圆形，药隔突出；花柱中等长，柱头2，极少3个。小坚果宽倒卵形，或倒卵形，平凸状，长约2mm或更长，稍皱缩，但无明显的横皱纹，成熟时黑褐色，具光泽。花果期8—11月。

【生境与发生频率】生田边、塘边、溪边或沼泽中。发生频率：稻田0.2。

39 野慈姑 *Sagittaria trifolia* Linn.

【分类地位】泽泻科

【形态特征】多年生沼生草本。具匍匐茎或球茎；球茎小，最长2～3cm。叶基生，挺水；叶片箭形，大小变异很大，顶端裂片与基部裂片间不缢缩，顶端裂片短于基部裂片，比值为1：1.2～1：1.5，基部裂片尾端线尖；叶柄基部鞘状。花序圆锥状或总状，总花梗长20～70cm，花多轮，最下一轮常具1～2分枝；苞片3，基部多少合生。花单性，下部1～3轮为雌花，上部多轮为雄花；萼片椭圆形或宽卵形，长3～5mm，反折；花瓣白色，长约为萼片2倍。雄花：雄蕊多数，花丝丝状，长1.5～2.5mm，花药黄色，长1～1.5mm。雌花：心皮多数，离生。瘦果两侧扁，倒卵圆形，具翅，背翅宽于腹翅，具微齿，喙顶生，直立。花果期5—10月。

【生境与发生频率】生于湖泊、池塘、沼泽、沟渠、水田等水域。发生频率：稻田0.2。

40 **柳叶箬** *Isachne globosa* (Thunb.) O. Kuntze

【分类地位】禾本科

【形态特征】多年生草本。秆直立或基部倾斜，节生根，高30～60cm，节无毛。叶鞘短于节间，无毛，一侧边缘常具疣基毛；叶舌纤毛状；叶披针形，长3～10cm。圆锥花序圆卵形，长3～11cm，分枝斜升或开展，每分枝有1～3小穗，分枝及小穗柄均具黄色腺体。小穗椭圆状球形，长2～2.5mm，淡绿或成熟后带紫褐色；两颖近等长，坚纸质，6～8脉。第一小花常为雄性，较第二小花质软而窄；第二小花雌性，近球形。颖果近球形。花果期夏秋季。

【生境与发生频率】生于低海拔缓坡或平原草地。发生频率：稻田0.18，橘园0.16。

41 **蓼子草** *Polygonum criopolitanum* Hance

【分类地位】蓼科

【形态特征】1年生草本。茎自基部分枝，平卧，丛生，节部生根，高10～15cm，被长糙伏毛及稀疏的腺毛。叶狭披针形或披针形，长1～3cm，宽3～8mm，顶端急尖，基部狭楔形，两面被糙伏毛，边缘具缘毛及腺毛；叶柄极短或近无柄；托叶鞘膜质，密被糙伏毛，顶端截形，具长缘毛。头状花序顶生，花序梗密被腺毛；苞片卵形，密生糙伏毛，具长缘毛，每苞内具1花；花梗比苞片长，密被腺毛，顶部具关节；花被5深裂，淡紫红色，花被片卵形；雄蕊5，花药紫色；花柱2，中上部合生，瘦果椭圆形，双凸镜状，有光泽，包于宿存花被内。花期7—11月，果期9—12月。

【生境与发生频率】生于河滩沙地、沟边湿地。发生频率：稻田0.15，棉田0.09，油菜田0.07，橘园0.02。

42　圆叶节节菜　*Rotala rotundifolia* (Buch.-Ham. ex Roxb.) Koehne

【分类地位】千屈菜科

【形态特征】1年生草本。根茎细长，匍匐地上；茎单一或稍分枝，直立，丛生，高5～30cm，带紫红色。叶对生，无柄或具短柄，近圆形、阔倒卵形或阔椭圆形，长5～10mm，宽3.5～5mm，顶端圆形，基部钝，或无柄时近心形，侧脉4对，纤细。花单生于苞片内，组成顶生稠密的穗状花序，极小，长约2mm，几无梗；苞片叶状，卵形或卵状矩圆形，小苞片2枚，披针形或钻形，萼筒阔钟形，膜质，半透明，裂片4，三角形，裂片间无附属体；花瓣4，倒卵形，淡紫红色；雄蕊4；子房近梨形，柱头盘状。蒴果椭圆形，3～4瓣裂。花果期12月至翌年6月。

【生境与发生频率】生于水田或潮湿处。发生频率：稻田0.13，油菜田0.11。

43　黑藻　*Hydrilla verticillata* (Linn. f.) Royle

【分类地位】水鳖科

【形态特征】多年生沉水水生草本。茎纤细，圆柱形，具纵细棱，多分枝。具长卵圆形休眠芽，芽苞叶多数，螺旋状排列，白或淡黄色，窄披针形或披针形。叶3～8轮生，线形、长条形、披针形或长椭圆形，长0.7～1.7cm，常具紫红或黑色斑点，具锯齿，主脉1，无叶柄，具腋生小鳞片。花单性，雌雄同株或异株，单生叶腋；雄佛焰苞膜质，近球形，长1.5～2mm，顶端具凸刺，无梗，每佛焰苞具1雄花；萼片3，白或绿色，卵形或倒卵形；花瓣3，匙形，反折，白或粉红色，较萼片窄长；雄蕊3，成熟后浮水面开花。雌佛焰苞管状，长2～5mm，顶端2齿裂，花瓣与雄花相似，稍窄；子房下位，1室，侧膜胎座，倒生胚珠少数，花柱（2）～3，有流苏状乳凸。果圆柱形，长约7mm，有5～9刺状突起。种子2～6，矩圆形，被瘤状颗粒。花果期5—10月。

【生境与发生频率】生于淡水中，水田中可见。发生频率：稻田0.13。

44　狭叶母草　*Lindernia micrantha* (Blatt. & Hallb.) V. Singh

【分类地位】玄参科

【形态特征】1年生草本。植株下部弯曲上升，长达40cm以上；根须状而多；茎枝有条纹而无毛。叶几无柄；叶片条状披针形至披针形或条形，长1～4cm，宽2～8mm，顶端渐尖而圆钝，基部楔形具极短的狭翅，全缘或有少数不整齐的细圆齿，脉自基部发出3～5条，中脉变宽，两侧的1～2条细，但显然直走基部，两面无毛。花单生于叶腋，有长梗，梗在果时伸长达35mm，无毛，有条纹；萼齿5，仅基部联合，狭披针形，长约2.5mm，果时长达4mm，顶端圆钝或急尖，无毛；花冠紫色、蓝紫色或白色，长约6.5mm，上唇2裂，卵形，圆头，下唇开展，3裂，仅略长于上唇；雄蕊4，全育，前面2枚花丝的附属物丝状；花柱宿存，形成细喙。蒴果条形，长达14mm，比宿萼长约2倍；种子矩圆形，浅褐色，有蜂窝状孔纹。花期5—10月，果期7—11月。

【生境与发生频率】生于潮湿荒地及路旁。发生频率：稻田0.13。

45　甜茅　*Glyceria acutiflora* subsp. *japonica* (Steud.) T. Koyama et Kawano

【分类地位】禾本科

【形态特征】多年生草本。秆常高40～70cm。叶鞘闭合达中部或中部以上，光滑，叶舌透明膜质；叶片薄，扁平，长5～15cm。圆锥花序总状，狭窄，长15～30cm，基部常包于叶鞘内，下部各节具直立分枝，分枝着生2～3小穗，上部各节具1有短柄的小穗。小穗线形，具5～12小花；颖长圆形或披针形，1脉，第1颖短于第2颖。外稃先端窄，7脉，点状粗糙，内稃较长于外稃。雄蕊3枚。颖果长圆形，具腹沟。花期3—6月。

【生境与发生频率】生于农田、小溪、水沟。发生频率：稻田0.11，油菜田0.07。

46 盒子草 *Actinostemma tenerum* Griff.

【分类地位】葫芦科

【形态特征】攀援草本。枝纤细。叶心状戟形、心状窄卵形、宽卵形或披针状三角形，边缘微波状或疏生锯齿，两面疏生疣状突起；叶柄细，长2～6cm，被柔毛，卷须细，2叉。花单性。雄花总状或圆锥状花序，稀单生或双生；花萼裂片线状披针形，花冠辐状，裂片披针形；雄蕊5，离生，花丝短。雌花梗具关节，子房有疣状突起。果卵形、宽卵形或长圆状椭圆形，疏生暗绿色鳞片状突起，近中部盖裂。花期7—9月，果期9—11月。

【生境与发生频率】多生于水边草丛中。发生频率：稻田0.11，棉田0.06，柑橘园0.04。

47 水蓑衣 *Hygrophila ringens* (L.) Steud.

【分类地位】爵床科

【形态特征】1年生草本。高80cm。茎四棱形。叶长椭圆形、披针形或线形，长4～11.5cm，两端渐尖，先端钝，两面被白色长硬毛，背面脉上较密，侧脉不明显；近无柄。花簇生于叶腋，无梗；苞片披针形，外面被柔毛，小苞片线形，外面被柔毛；花萼圆筒状，被短糙毛，5深裂至中部，裂片稍不等大，渐尖，被通常皱曲的长柔毛；花冠淡紫或粉红色，长1～1.2cm，被柔毛，上唇卵状三角形，下唇长圆形，喉凸上有疏而长的柔毛，花冠筒稍长于裂片。蒴果淡褐色，无毛。花期秋季。

【生境与发生频率】生于阴湿地或溪边。发生频率：稻田0.11，茶园0.05，橘园0.02。

| 48 | 草龙 | *Ludwigia hyssopifolia* (G. Don) Exell |

【分类地位】柳叶菜科

【形态特征】1年生直立草本。株高2m。茎基部常木质化，多三或四棱形，多分枝，幼枝及花序被微柔毛。叶披针形或线形，长2～10cm，侧脉9～16对，下面脉上疏被短毛；叶柄长0.2～1cm。花腋生，萼片4，卵状披针形，常有3纵脉；花瓣4，黄色，倒卵形或近椭圆形；雄蕊8，淡绿黄色，花丝不等长，花药具单体花粉；花盘稍隆起；花柱柱头头状，顶端浅4裂。蒴果近无柄，幼时近四棱形，熟时近圆柱状，上部1/5～1/3增粗，被微柔毛，果皮薄。种子在蒴果上部每室排成多列，离生，在下部排成1列，嵌入近锥状盒子的木质内果皮里，近椭圆状，两端多少锐尖，淡褐色，有纵横条纹，腹面有纵形种脊。花果期几四季。

【生境与发生频率】生于田边、水沟、河滩、塘边、湿草地等湿润向阳处。发生频率：稻田0.11。

| 49 | 眼子菜 | *Potamogeton distinctus* A. Benn. |

【分类地位】眼子菜科

【形态特征】多年生水生草本。根茎白色，径1.5～2mm，多分枝，顶端具纺锤状休眠芽体，节处生须根。茎圆柱形，径1.5～2mm，通常不分枝。浮水叶革质，披针形、宽披针形或卵状披针形，长2～10cm，叶脉多条，顶端连接；叶柄长5～20cm。沉水叶披针形或窄披针形，草质，常早落，具柄；托叶膜质，长2～7cm，鞘状抱茎。穗状花序顶生，花多轮，开花时伸出水面，花后沉没水中；花序梗稍膨大，粗于茎，花时直立，花后自基部弯曲，长3～10cm。花小，花被片4，绿色；雌蕊2～（稀1或3）。果宽倒卵圆形，长约3.5mm，背部3脊，中脊锐，上部隆起，侧脊稍钝。基部及上部各具2突起，喙略下陷而斜，斜生于果腹面顶端。花果期5—10月。

【生境与发生频率】生于水田、水沟及池塘中。发生频率：稻田0.11。

50　水马齿　*Callitriche palustris* L.

【分类地位】水马齿科

【形态特征】1年生草本。株高30～40cm，茎纤细，多分枝。叶互生，在茎顶常密集呈莲座状，浮于水面，倒卵形或倒卵状匙形，长4～6mm，宽约3mm，先端圆形或微钝，基部渐狭，两面疏生褐色细小斑点，具3脉；茎生叶匙形或线形，长6～12mm，宽2～5mm；无柄。花单性，同株，单生叶腋，为两个小苞片所托；雄花：雄蕊1，花丝细长，长2～4mm，花药心形，小，长约0.3mm；雌花：子房倒卵形，长约0.5mm，顶端圆形或微凹，花柱2，纤细。果倒卵状椭圆形，长1～1.5mm，仅上部边缘具翅，基部具短柄。

【生境与发生频率】生于静水中、沼泽地水中或湿地。发生频率：稻田0.11，油菜田0.06。

51　翅茎灯心草　*Juncus alatus* Franch. et Savat.

【分类地位】灯心草科

【形态特征】多年生草本。株高11～48cm。茎丛生，扁，两侧有窄翅，宽2～4mm，横隔不明显。叶基生兼茎生；叶片压扁，长10～15cm，宽2～4mm，稍中空，有不贯连的横脉状横隔；叶耳缺。花序具7～27个头状花序，排成聚伞状；叶状苞片长2～9cm；头状花序扁，有3～7花。花淡绿或黄褐色；花梗极短；花被片披针形，外轮长3～3.5mm，边缘膜质，脊明显，内轮稍长；雄蕊6，花药长圆形，长约0.8mm，黄色，花丝基部扁，长约1.7mm。蒴果三棱状圆柱形，长3.5～5mm，顶端具突尖，淡黄褐色。种子椭圆形，长约0.5mm，黄褐色，具纵纹。花期4—7月，果期5—10月。

【生境与发生频率】生于水边、田边、湿草地和山坡林下阴湿处。发生频率：稻田0.08，橘园0.06。

52 **毛草龙** *Ludwigia octovalvis* (Jacq.) Raven

【分类地位】柳叶菜科

【形态特征】多年生粗壮直立草本。有时基部木质化，甚至亚灌木状，高50～200cm。多分枝，稍具纵棱，常被伸展的黄褐色粗毛。叶披针形或线状披针形，长4～12cm，先端渐尖或长渐尖，基部渐窄，侧脉9～17对，两面被黄褐色粗毛；叶柄长5mm或无柄。萼片4，卵形，两面被粗毛；花瓣黄色，倒卵状楔形，先端钝圆或微凹，基部楔形，侧脉4～5对；雄蕊8；花柱与雄蕊近等长，柱头近头状，4浅裂；花盘隆起，基部围以白毛，密被粗毛。蒴果圆柱状，具8条棱，被粗毛，成熟时不规则室背开裂。种子每室多列，离生，近球形或倒卵圆形，一侧稍内陷，种脊明显，具横条纹。花期6—8月，果期8—11月。

【生境与发生频率】生于田边、湖塘边、沟谷旁及空旷湿润处。发生频率：稻田0.08，橘园0.02。

53 **野芋** *Colocasia esculentum* var. *antiquorum* (Schott) Hubbard et Rehder

【分类地位】天南星科

【形态特征】多年生湿生草本。块茎球形，有多数须根；匍匐茎常从块茎基部外伸，长或短，具小球茎。叶柄肥厚，直立，长可达1.2m；叶片薄革质，表面略发亮，盾状卵形，基部心形，长达50cm以上；前裂片宽卵形，锐尖，长稍胜于宽，I级侧脉4～8对；后裂片卵形，钝，长约为前裂片的1/2，2/3～3/4甚至完全联合，基部弯缺为宽钝的三角形或圆形，基脉相交成30°～40°的锐角。花序柄比叶柄短许多。佛焰苞苍黄色，长15～25cm；管部淡绿色，长圆形，为檐部长的1/2～1/5；檐部狭长线状披针形，先端渐尖。肉穗花序短于佛焰苞；雌花序与不育雄花序等长，各长2～4cm；能育雄花序和附属器各长4～8cm。子房具极短的花柱。

【生境与发生频率】常生长于林下阴湿处，也有栽培的。发生频率：稻田0.08，油菜田0.04。

54　石龙尾　　*Limnophila sessiliflora* (Vahl) Bl.

【分类地位】玄参科

【形态特征】多年生两栖草本。茎细长，沉水部分无毛或几无毛；气生部分长6～40cm，简单或多少分枝，被短柔毛，稀几无毛。沉水叶长0.5～3.5cm，多裂，裂片细而扁平或毛发状，无毛；气生叶全部轮生，椭圆状披针形，具圆齿或羽状分裂，长0.5～1.8cm，无毛，密被腺点，有1～3脉。花无梗或稀具长不超过1.5mm的梗，单生于气生茎和沉水茎的叶腋；小苞片无或稀具1对长不超过1.5mm的全缘小苞片；萼长4～6mm，被短柔毛，在果实成熟时不具突起的条纹，萼齿长2～4mm，卵形，长渐尖；花冠长0.6～1cm，紫蓝或粉红色。蒴果近球形，两侧扁。花果期7月至翌年1月。

【生境与发生频率】生于稻田及浅水中。发生频率：稻田0.8。

55　杂草稻　　*Oryza sativa* Linnaeus

【分类地位】禾本科

【形态特征】1年生草本。是栽培稻与野生稻的杂交种。植株明显高于普通杂交稻，谷壳有芒或无芒，谷粒有色，种皮暗红色，杂草稻粒细长、米碎，而且大多为红色。

【生境与发生频率】生于水稻田。直播稻田多于移栽稻田，赣北居多。发生频率：稻田0.07。

56 　稗荩　　*Sphaerocaryum malaccense* (Trin.) Pilger

【分类地位】禾本科

【形态特征】1年生草本。秆下部常卧伏地面，节易生根，上部常斜升，多节，高10～30 cm。叶鞘短于节间，被基部膨大的柔毛，叶舌短小，沿缘有纤毛；叶卵状心形，基部常抱茎，长1～1.5cm，宽0.6～1cm，边缘粗糙，疏生硬毛。圆锥花序卵形，长2～3cm，宽1～2cm。小穗具1小花，长约1mm，小穗柄长1～3mm，中部具黄色腺点；颖透明膜质，无毛，第1颖长约为小穗的2/3，无脉，第2颖与小穗等长或稍短，具1脉。稃片为薄膜质，常被微毛；雄蕊3；花柱自子房顶端2叉裂，柱头帚状。颖果卵圆形，与稃体分离。

【生境与发生频率】生于灌丛或草甸中。发生频率：稻田0.07，梨园0.07。

57 　普生轮藻　　*Chara vulgaris* Linn.

【分类地位】轮藻科

【形态特征】1年生水生杂草。植物体上往往有钙质沉积。茎或小枝多具皮层；小枝不分叉，但节上生有苞片细胞；茎节上具1～2轮托叶。雌雄同株、雌雄配子囊混生，藏精器生于藏卵器下方。

【生境与发生频率】生于河滩、浅水沟。发生频率：稻田0.07。

58 满江红 *Azolla pinnata* subsp. *asiatica* R. M. K. Saunders et K. Fowle

【分类地位】满江红科

【形态特征】多年生小型漂浮水生蕨类植物。植株卵形或三角形。根茎细长横走，侧枝腋生，假二歧分枝，向下生须根。叶小如芝麻子，互生，无柄，覆瓦状在茎枝排成2行；叶片背裂片长圆形或卵形，肉质，绿色，秋后随气温降低渐变为红色，边缘无色透明，上面密被乳头状瘤突，下面中部略凹陷，基部肥厚含胶质与蓝藻共生，形成共生腔；腹裂片贝壳状，无色透明，稍紫红色，斜沉水中。孢子果双生于分枝处，大孢子果长卵形，顶部喙状，具1个大孢子囊，大孢子囊产1个大孢子，大孢子囊外壁具9个浮胶，分上下2排附着大孢子囊体；小孢子果大，圆球形或桃形，顶端具短喙，果壁薄而透明，具多数有长柄的小孢子囊，每小孢子囊有64个小孢子，分别埋藏在5～8块无色海绵状泡胶上，泡胶块有丝状毛。

【生境与发生频率】生于水田和静水沟塘中。发生频率：稻田0.07。

59 龙舌草 *Ottelia alismoides* (Linn.) Pers.

【分类地位】水鳖科

【形态特征】1年生沉水草本。具须根。根状茎短。叶基生，膜质；幼叶线形或披针形，成熟叶多宽卵形、卵状椭圆形、近圆形或心形，长约20cm，全缘或有细齿；叶柄长短随水体深浅而异，通常长2～40cm，无鞘。花两性，偶单性；佛焰苞椭圆形或卵形，具1花，长2.5～4cm，顶端2～3浅裂，有3～6纵翅，翅有时呈折叠波状，有时极窄，在翅不发达的脊上有时具瘤状突起；总花梗长40～50cm。花无梗，单生；花瓣白、淡紫或浅蓝色；雄蕊3～9(～12)，花丝具腺毛，花药条形，长2～4mm，药隔扁平；子房下位，心皮3～9(～10)，花柱6～10，2深裂。果圆锥形，长2～5cm。种子多数，纺锤形，长1～2mm，种皮有纵条纹，被白毛。

【生境与发生频率】生于池塘和稻田中。发生频率：稻田0.07。

60 水苦荬 *Veronica undulata* Wall.

【分类地位】玄参科

【形态特征】1年或2年生草本。全体无毛，或于花柄及苞片上稍有细小腺状毛。茎直立，高25~90cm，富肉质，中空，有时基部略倾斜。叶对生；长圆状披针形或长圆状卵圆形，长4~7cm，宽8~15mm，先端圆钝或尖锐，全缘或具波状齿，基部呈耳廓状微抱茎；无柄。总状花序腋生，长5~15cm；苞片椭圆形，细小，互生；花有柄；花萼4裂，裂片狭长椭圆形，先端钝；花冠淡紫色或白色，具淡紫色的线条；雄蕊2，突出；雌蕊1，子房上位，花柱1枚，柱头头状。蒴果近圆形，先端微凹，长略大于宽，常有小虫寄生，寄生后果实常膨大成圆球形。果实内藏多数细小的种子，种子长圆形，扁平，无毛。花期4—6月。

【生境与发生频率】生于水边及沼地。发生频率：稻田0.07，茶园0.05，油菜田0.04，橘园0.02。

61 泽珍珠菜 *Lysimachia candida* Lindl.

【分类地位】报春花科

【形态特征】1年生或2年生草本。全株无毛。茎高10～30cm。基生叶匙形或倒披针形，长2.5～6cm，宽0.5～2cm；茎生叶互生，稀对生，近无柄；叶倒卵形、倒披针形或线形，长1～5cm，两面有深色腺点。总状花序顶生，初为伞房状，后逐渐伸长，果时长可达20cm；苞片狭披针形或线形，长3～5mm；花梗长6～10mm；花萼5深裂，裂片披针形，长3～5mm，边缘膜质；花冠白色，管状钟形，近中部合生，5裂，裂片倒卵状椭圆形；雄蕊不伸出花冠外，花丝基部贴于花冠筒上，花药椭圆形；花柱细长，稍伸出花冠外。蒴果球形，直径2.5～3mm。花果期4—5月。

【生境与发生频率】生于田边、溪边、山坡或路边湿地。发生频率：稻田0.05，橘园0.02。

62　地钱　*Marchantia polymorpha* Linn.

【分类地位】地钱科

【形态特征】叶状体较大，扁平，绿色宽带状，多回叉状分枝，长 6～10cm，宽 1～2cm，边呈波曲状。背面具六角形、整齐排列的气室分隔；每室中央具 1 个气孔，孔口烟囱形；孔边细胞 4 列，呈"十"字形排列。气室内具多数直立的营养丝。腹面具紫色鳞片，以及平滑和带有花纹的两种假根。雌雄异株。雄托圆盘状，波状浅裂成 7～8 瓣；精子器生于托的背面，托柄长约 2cm。雌托扁平，深裂成 9～11 个指状瓣。抱蒴着生于托的腹面。托柄长约 6cm。叶状体背面前端往往具杯状的无性芽孢杯。

【生境与发生频率】生于阴湿的土坡和岩石上。发生频率：稻田 0.05，橘园 0.04，棉田 0.03。

63　茶菱　*Trapella sinensis* Oliv.

【分类地位】胡麻科

【形态特征】多年生水生草本。根状茎横走。茎绿色。叶对生，上面无毛，下面淡紫色；沉水叶三角状圆形或心形；长 1.5～3cm，先端钝尖，基部浅心形；叶柄长 1.5cm。花单生叶腋，在茎上部叶腋的多为闭锁花；花梗长 1～3cm，花后增长；萼齿 5，长约 2mm，宿存；花冠淡红色，裂片 5，圆形，薄膜质，具细脉纹；花丝长约 1cm，花药 2 室，极叉开，纵裂。蒴果窄长，不开裂，有 1 种子，顶端有锐尖的 3 长 2 短的钩状附属物。花期 6 月。

【生境与发生频率】群生于池塘或湖泊中。发生频率：稻田 0.05。

64 **金鱼藻** *Ceratophyllum demersum* Linn.

【分类地位】金鱼藻科

【形态特征】多年生沉水草本。茎长20～60cm，具分枝。叶6～8轮生，1～2次二叉状分裂，裂后丝状，有刺状齿。花直径约2mm；苞片9～12，条形，长1.5～2mm，浅绿色，透明，先端有3齿及带紫色毛；雄蕊10～16，微密集；小坚果宽椭圆形，黑色，平滑，边缘无翅，有3刺，顶生1刺，基部2刺。花期6—7月，果期8—10月。

【生境与发生频率】生于池塘、湖泊中。全国广布。发生频率：稻田0.05。

65 **黄花狸藻** *Utricularia aurea* Lour.

【分类地位】狸藻科

【形态特征】1年生水生草本。假根通常不存在，存在时轮生于花序梗的基部或近基部，具丝状分枝。匍匐枝圆柱形，具分枝。叶器多数，具细刚毛。捕虫囊通常多数，侧生于叶器裂片上。花序直立，中上部具3～8条多少疏离的花，花序梗无鳞片；花冠黄色，喉部有时具橙红色条纹，外面无毛或疏生短柔毛，喉凸隆起呈浅囊状；距近筒状。蒴果顶端具喙状宿存花柱，周裂。种子多数压扁，具5～6角和细小的网状突起。

【生境与发生频率】生于湖泊、池塘、稻田中。发生频率：稻田0.05。

66　伏毛蓼　*Polygonum pubescens* Blume

【分类地位】蓼科

【形态特征】1年生草本。株高60～90cm，茎直立，疏生短硬伏毛，带红色，中上部多分枝，节部明显膨大。叶卵状披针形或宽披针形，长5～10cm，宽1～2.5cm，顶端渐尖或急尖，基部宽楔形，上面绿色，中部具黑褐色斑点，两面密被短硬伏毛，边缘具缘毛；无辛辣味，叶腋无闭花受精花。叶柄稍粗壮，密生硬伏毛；托叶鞘筒状，膜质，具硬伏毛，顶端截形，具粗壮的长缘毛。顶生或腋生总状花序穗状，花稀疏，长7～15cm，上部下垂，下部间断；苞片漏斗状，绿色，边缘近膜质，具缘毛，每苞内具3～4花；花梗细弱，比苞片长；花被5深裂，绿色，上部红色，密生淡紫色透明腺点，花被片椭圆形；雄蕊8，比花被短；花柱3，中下部合生。瘦果卵形，具3棱，黑色，密生小凹点，无光泽，包于宿存花被内。花果期7—11月。

【生境与发生频率】生于沟边、水旁、田边湿地。发生频率：稻田0.05，棉田0.01。

67　石龙芮　*Ranunculus sceleratus* Linn.

【分类地位】毛茛科

【形态特征】1年生草本。茎直立，高10～50cm，直径2～5mm，有时粗达1cm，上部多分枝，具多数节，下部节上有时生根，无毛或疏生柔毛。基生叶多数叶片肾状圆形，长1～4cm，宽1.5～5cm，基部心形，3深裂不达基部，裂片倒卵状楔形；叶柄长3～15cm，近无毛。茎生叶多数下部叶与基生叶相似，上部叶较小，3全裂，裂片披针形至线形，全缘，无毛，顶端钝圆，基部扩大成膜质宽鞘抱茎。聚伞花序有多数花，花小，直径4～8mm；花梗长1～2cm，无毛；萼片椭圆形，外面有短柔毛，花瓣5，倒卵形，等长或稍长于花萼，基部有短爪，蜜槽呈棱状袋穴；雄蕊10多枚，花药卵形；花托在果期伸长增大呈圆柱形，生短柔毛。聚合果长圆形；瘦果极多数，近百枚，紧密排列，倒卵球形，稍扁，无毛，喙短至近无。花果期5—8月。

【生境与发生频率】生于河沟边及平原湿地。发生频率：稻田0.15，橘园0.10，油菜田0.09。

68 水苋菜 *Ammannia baccifera* L.

【分类地位】千屈菜科

【形态特征】1年生无毛草本。株高10～50cm。茎直立，多分枝，带淡紫色，稍呈4棱，具狭翅。叶生于下部的对生，生于上部的或侧枝的有时略成互生，长椭圆形、矩圆形或披针形，生于茎上的长可达7cm，生于侧枝的较小，顶端短尖或钝，基部渐狭，侧脉不明显，近无柄。花数朵组成腋生的聚伞花序，结实时稍疏松，几无总花梗；花极小，长约1mm，绿色或淡紫色；花萼蕾期钟形，顶端平面呈四方形，裂片4，正三角形，结实时半球形，包围蒴果的下半部，无棱，附属体折叠状或小齿状；通常无花瓣；雄蕊通常4，贴生于萼筒中部，与花萼裂片等长或较短；子房球形，花柱极短或无花柱。蒴果球形，紫红色，中部以上不规则周裂；种子极小，形状不规则，近三角形，黑色。花期8—10月，果期9—12月。

【生境与发生频率】常生于潮湿处或水田中。发生频率：稻田0.05，棉田0.03。

69 多花水苋 *Ammannia multiflora* Roxb.

【分类地位】千屈菜科。

【形态特征】1年生直立，多分枝，无毛草本。株高8～65cm，茎上部略具4棱。叶对生，膜质，长椭圆形，长8～25mm，宽2～8mm，顶端渐尖，茎下部的叶基部渐狭，中部以上的叶基部通常耳形或稍圆形，抱茎。多花或疏散的二歧聚伞花序，总花梗短，纤细；小苞片2枚，微小，线形；萼筒钟形，稍呈4棱，结实时半球形，裂片4，短三角形，比萼筒短得多；花瓣4，倒卵形，小而早落；雄蕊4，稀6～8，生于萼筒中部，与花萼裂片等长或稍长，花柱线形。蒴果扁球形，成熟时暗红色，上半部突出宿存萼之外；种子半椭圆形。花期7—8月，果期9月。

【生境与发生频率】生于湿地或水田中。发生频率：稻田0.05。

70　苦草　*Vallisneria natans* (Lour.) Hara

【分类地位】水鳖科

【形态特征】多年生沉水草本。匍匐茎光滑或稍粗糙，白色，有越冬块茎。叶基生，线形或带形，长0.2～2m，绿色或略带紫红色，先端钝，全缘或有不明显细锯齿，叶脉5～9；无叶柄。花单性，异株；雄佛焰苞卵状圆锥形，长1.5～2cm，每佛焰苞具雄花200余朵或更多，成熟雄花浮水面开放；萼片3，大小不等，两片较大，呈舟形浮于水面，中间一片较小，中肋龙骨状，雄蕊1，花丝基部具毛状突起和1～2枚膜状体，顶端不裂或部分2裂。雌佛焰苞筒状，长1～2cm，顶端2裂，绿或暗紫色；花梗细，长30～50cm，受精后螺旋状卷曲；雌花单生佛焰苞内，萼片3，绿紫色；花瓣3，极小，白色；退化雄蕊3；子房圆柱形，光滑，胚珠多数，花柱3，顶端2裂。果圆柱形。种子多数，倒长卵圆形，有腺毛状突起。

【生境与发生频率】生于溪沟、河流、池塘、湖泊中。发生频率：稻田0.05。

71　狐尾藻　*Myriophyllum verticillatum* Linn.

【分类地位】小二仙草科

【形态特征】多年生沉水草本。根状茎发达，在水底泥中蔓延，节部生根。茎圆柱形，长20～40cm，多分枝。叶通常4片轮生，水中叶较长，长4～5cm，丝状全裂，无叶柄；裂片8～13对，互生；水上叶互生，披针形，较强壮，鲜绿色，长约1.5cm，裂片较宽。秋季于叶腋中生出棍棒状冬芽而越冬。苞片羽状篦齿状分裂。花单性，雌雄同株或杂性，单生于水上叶腋内，每轮有4朵花，花无柄，比叶片短。雌花生于水上茎下部叶腋中；萼片与子房合生，顶端4裂，裂片较小，长不到1mm，卵状三角形；花瓣4，舟状，早落；雄蕊1，子房广卵形，4室，柱头4裂，裂片三角形。雄花雄蕊8，花药椭圆形，淡黄色，花丝丝状，开花后伸出花冠外。果实广卵形，具4条浅槽，顶端具残存的萼片及花柱。

【生境与发生频率】生于池塘或河川中，喜温暖水湿、阳光充足的气候环境。发生频率：稻田0.05。

72 纤细通泉草 *Mazus gracilis* Hemsl. ex Forbes et Hemsl.

【分类地位】玄参科

【形态特征】多年生草本。茎完全匍匐，长可达30cm，纤细。基生叶匙形或卵形，连叶柄长2～5cm，质薄，边缘有疏锯齿；茎生叶通常对生，倒卵状匙形或近圆形，有短柄，连柄长1～2.5cm，边缘有圆齿或近全缘。总状花序通常侧生，少有顶生，上升，长达15cm，花疏稀；花梗在果期长1～1.5cm，纤细；花萼钟状，长4～7mm，萼齿与萼筒等长，卵状披针形，急尖或钝头；花冠黄色有紫斑或白色、蓝紫色、淡紫红色，长12～15mm，上唇短而直立，2裂，下唇3裂，中裂片稍突出，长卵形，有两条疏生腺毛的纵皱褶；子房无毛。蒴果球形，被包于宿存的稍增大的萼内，室背开裂；种子小而多数，棕黄色，平滑。花果期4—7月。

【生境与发生频率】生于潮湿的丘陵、路旁及水边。发生频率：稻田0.05。

73 菹草 *Potamogeton crispus* Linn.

【分类地位】眼子菜科

【形态特征】多年生沉水草本。根茎圆柱形。茎稍扁，多分枝，近基部常匍匐地面，节生须根。叶条形，长3～8cm，宽0.5～1cm，先端钝圆，基部约1mm与托叶合生，不形成叶鞘，叶缘多少浅波状，具细锯齿，叶脉3～5，平行，顶端连接，中脉近基部两侧伴有通气组织形成的细纹；无柄，托叶薄膜质，长0.5～1cm，早落；休眠芽腋生，松果状，长1～3cm，革质叶2列密生，基部肥厚，坚硬，具细齿。穗状花序顶生，花2～4轮，初每轮2朵对生，穗轴伸长后常稍不对称；花序梗棒状，较茎细。花小，花被片4，淡绿色，雌蕊4，基部合生。果基部联合，卵圆形，长约3.5mm，果喙长达2mm，稍弯，背脊约1/2以下具齿。花果期4—7月。

【生境与发生频率】生于静水池塘及稻田。发生频率：稻田0.05。

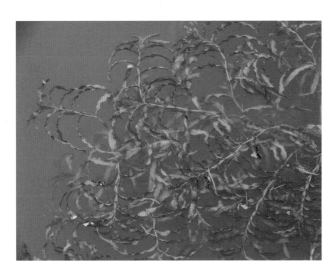
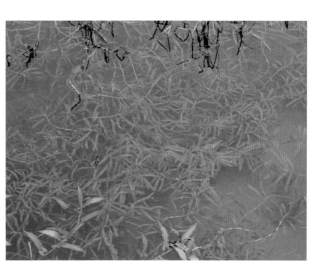

74 　旋鳞莎草　　*Cyperus michelianus* (L.) Delile

【分类地位】莎草科

【形态特征】1年生草本。具许多须根。秆密丛生，高2～25cm，扁三棱形，平滑。叶长于或短于秆，宽1～2.5mm，平张或有时对折；基部叶鞘紫红色。苞片3～6枚，叶状，基部宽，较花序长很多；长侧枝聚散花序呈头状，卵形或球形，直径5～15mm，具极多数密集小穗；小穗卵形或披针形，长3～4mm，宽约1.5mm，具10～20余朵花；鳞片螺旋状排列，膜质，长圆状披针形，长约2mm，淡黄白色，稍透明，有时上部中间具黄褐色呈红褐色条纹，具3～5条脉，中脉呈龙骨状突起，绿色，延伸出顶端呈一短尖；雄蕊2，少1，花药长圆形；花柱长，柱头2，少3，通常具黄色乳头状突起。小坚果狭长圆状，三棱形，长为鳞片的1/3～1/2，表面包有一层白色透明疏松的细胞。花果期6—9月。

【生境与发生频率】生于水边潮湿空旷的地方。发生频率：稻田0.03，橘园0.02。

75 　鸡冠眼子菜　　*Potamogeton cristatus* Regel et Maack

【分类地位】眼子菜科

【形态特征】多年生水生沉水草本。无明显的根状茎。茎纤细，圆柱形或近圆柱形，直径约0.5mm，近基部常匍匐地面，于节处生出多数纤长的须根，具分枝。叶两型；花期前全部为沉水型叶，线形，互生，无柄，长2.5～7cm，宽约1mm，先端渐尖，全缘；近花期或开花时出现浮水叶，通常互生，在花序梗下近对生，叶片椭圆形、矩圆形或矩圆状卵形，稀披针形，革质，长1.5～2.5cm，宽0.5～1cm，先端钝或尖，基部近圆形或楔形，全缘，具长1～1.5cm的柄；托叶膜质，与叶离生。休眠芽腋生，明显特化，呈细小的纺锤状，下面具3～5枚直伸的针状小苞叶。穗状花序顶生，或呈假腋生状，具花3～5轮，密集；花序梗稍膨大，略粗于茎，长0.8～1.5cm；花小，被片4；雌蕊4枚，离生。果实斜倒卵形，长约2mm，基部具长约1mm的柄；背部中脊明显呈鸡冠状，喙长约1mm，斜伸。花果期5—9月。

【生境与发生频率】生于静水池塘及稻田中。发生频率：稻田0.03。

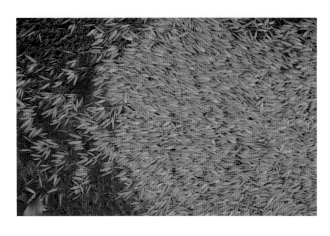

76 槐叶蘋 *Salvinia natans* (Linn.) All.

【分类地位】槐叶蘋科

【形态特征】1年生水生小型漂浮植物。茎细长而横走，被褐色节状毛。三叶轮生，上面二叶漂浮水面，形如槐叶，长圆形或椭圆形，长0.8～1.4cm，顶端钝圆，基部圆形或稍呈心形，全缘；叶柄长1mm或近无柄；叶脉斜出，在主脉两侧有小脉15～20对，每条小脉上面有5～8束白色刚毛；叶草质，上面深绿色，下面密被棕色茸毛；下面一叶悬垂水中，细裂成线状，被细毛，形如须根，起着根的作用。孢子果4～8个簇生于沉水叶的基部，表面疏生成束的短毛，小孢子果淡黄色，大孢子果淡棕色。

【生境与发生频率】生于水田、沟塘和静水溪河内。发生频率：稻田0.03。

77 具芒碎米莎草 *Cyperus microiria* Steud.

【分类地位】莎草科

【形态特征】1年生草本。秆丛生，高20～50cm，稍细，锐三棱形，平滑，基部具叶。叶短于秆，宽2.5～5mm，平张；叶鞘红棕色，表面稍带白色。叶状苞片3～4枚，长于花序；长侧枝聚伞花序复出或多次复出，稍密或疏展，具5～7个辐射枝，辐射长短不等，最长达13cm；穗状花序卵形或宽卵形或近于三角形，长2～4cm，宽1～3cm，具多数小穗；小穗排列稍稀，斜展，线形或线状披针形，长6～15mm，宽约1.5mm，具8～24朵花；小穗轴直，具白色透明的狭边；鳞片排列疏松，膜质，宽倒卵形，顶端圆，麦秆黄色或白色，背面具龙骨状突起，脉3～5条，绿色，中脉延伸出顶端呈短尖；雄蕊3，花药长圆形；花柱极短，柱头3。小坚果倒卵状三棱形，几与鳞片等长，深褐色，具密的微突起细点。花果期8—10月。

【生境与发生频率】生于河岸边、路旁或草原湿处。发生频率：稻田0.03，橘园0.02。

78 　**红鳞扁莎**　*Pycreus sanguinolentus* (Vahl) Nees

【分类地位】莎草科

【形态特征】多年生草本。根为须根。秆密丛生，高7～40cm，扁三棱形，平滑。叶稍多，常短于秆，少有长于秆，宽2～4mm，平张，边缘具白色透明的细刺。苞片3～4枚，叶状，近于平向展开，长于花序；简单长侧枝聚伞花序具3～5个辐射枝；辐射枝有时极短，因而花序近似头状，由4～12个或更多的小穗密聚成短的穗状花序；小穗辐射展开，长圆形、线状长圆形或长圆状披针形，具6～24朵花；小穗轴直，四棱形，无翅；鳞片稍疏松地覆瓦状排列，膜质，卵形，顶端钝，背面中间部分黄绿色，具3～5条脉，两侧具较宽的槽，麦秆黄色或褐黄色，边缘暗血红色或暗褐红色；雄蕊3，少2，花药线形；花柱长，柱头2，细长，伸出于鳞片之外。小坚果宽倒卵形或长圆状倒卵形，双凸状，稍肿胀，成熟时黑色。花果期7—12月。

【生境与发生频率】生于山谷、田边、河旁潮湿处，或长于浅水处，多在向阳的地方。发生频率：稻田0.03，棉田0.03。

79 　**谷精草**　*Eriocaulon buergerianum* Koern.

【分类地位】谷精草科

【形态特征】低矮草本。叶线形，丛生，长4～10cm，脉7～12。花葶多数，长25cm，扭转，4～5棱；鞘状苞片长3～5cm；花序托具密柔毛。雄花：萼片3，合生，先端具3圆齿佛焰苞状，先端具白色柔毛；花瓣3，合生，上部3浅裂高脚杯状，雄蕊6，花药黑色。雌花：萼片3，合生呈佛焰苞状，先端3裂；花瓣3，离生，棍棒状，近先端1黑色腺体，具细长毛，子房3室，柱头3。种子长椭圆形，直径约1mm。花果期9—10月。

【生境与发生频率】生于稻田、水边。发生频率：稻田0.03。

80 薏苡 *Coix lacryma-jobi* Linn.

【分类地位】禾本科

【形态特征】1年生草本，种子及根蘖繁殖。秆粗壮，多分枝，高1～1.5m。叶片宽线形至线状披针形，长10～40cm，宽1.5～3cm，中脉粗厚而于下面突起；叶舌质硬，长1mm。总状花序腋生成束，雌小穗位于下部，外面包以骨质念珠状总苞，雄蕊常退化，雌蕊具细长柱头，伸出，颖果小，雄小穗着生于上部，具有柄、无柄二型。花果期6—12月。

【生境与发生频率】生于湿润及半湿润区。发生频率：稻田0.03。

81 长芒稗 *Echinochloa caudata* Roshev.

【分类地位】禾本科

【形态特征】1年生草本。秆高1～2m。叶鞘无毛或常有疣基毛(或毛脱落仅留疣基)，或仅有糙毛，或仅边缘有毛。叶舌缺。叶片长10～40cm，宽1～2cm，两面无毛，边缘增厚而粗糙。圆锥花序稍下垂，长10～25cm，宽1.5～4cm；主轴粗糙，具棱，疏被疣基长毛；分枝密集，常再分小枝；小穗卵状椭圆形，常带紫色，长3～4mm，脉上具硬刺毛，有时疏生疣基毛；第1颖三角形，长为小穗的1/3～2/5，先端尖，具3脉；第2颖与小穗等长，顶端具长0.1～0.2mm的芒，具5脉；第1外稃草质，顶端具长1.5～5cm的芒，具5脉，脉上疏生刺毛，内稃膜质，先端具细毛，边缘具细睫毛；第2外稃革质，光亮，边缘包着同质的内稃；鳞被2，楔形，折叠，具5脉；雄蕊3；花柱基分离。花果期夏秋季。

【生境与发生频率】生于田边、路旁及河边湿润处。发生频率：稻田0.09，梨园0.07，橘园0.04。

82　卵叶丁香蓼　*Ludwigia ovalis* Miq.

【分类地位】柳叶菜科

【形态特征】多年生匍匐草本。近无毛，节上生根，茎长达50cm，茎枝顶端上升。叶卵形或椭圆形，长1～2.2cm，先端锐尖，基部骤窄成翅柄，侧脉4～7对，无毛；叶柄长2～7mm。花单生于茎枝上部叶腋，卵状长圆形；萼片4，卵状三角形；雄蕊4，花药具单体花粉；花盘隆起，绿色，4深裂，无毛；花柱无毛，柱头头状。蒴果近长圆形，具4棱，被微毛，果皮木栓质，易不规则室背开裂；果柄短。种子每室多列，离生，淡褐或红褐色，椭圆状，一侧与内果皮连接，有纵横条纹，种脊明显，平坦。花期7—8月，果期8—9月。

【生境与发生频率】生于塘湖边、田边、沟边、草坡、沼泽地。发生频率：稻田0.03。

83　肉根毛茛　*Ranunculus polii* Franch. ex Hemsl.

【分类地位】毛茛科

【形态特征】1年生草本。茎高5～15cm，自基部多分枝，铺散，或下部节着土生根，倾斜上升，无毛。基生叶多数，三出复叶，小叶卵状菱形，1～2回3深裂达基部，末回裂片披针形至线形，顶端尖，无毛；小叶柄光滑，长1～3cm；叶柄长2～6cm，无毛。下部叶与基生叶相似；上部叶近无柄，叶片2回3深裂，末回裂片线形。花单生茎顶和分枝顶端，直径1～1.2cm；花梗长1～4cm，无毛；萼片卵圆形，3脉，边缘宽膜质，无毛；花瓣5，黄色或上面白色，倒卵形，有5～9脉，下部渐窄成短爪，蜜槽点状；花托棒状，无毛，有多数果柄残留。聚合果球形，直径4～6mm；瘦果长圆状球形，稍扁，生细毛，有纵肋，喙短。花果期4—6月。

【生境与发生频率】生于田野。发生频率：稻田0.03。

84 细叶旱芹 *Cyclospermum leptophyllum* (Pers.) Eichler

【分类地位】伞形科

【形态特征】1年生草本。株高25～45cm。茎多分枝，光滑。根生叶有柄，基部边缘略扩大成膜质叶鞘；叶片轮廓呈长圆形至长圆状卵形，长2～10cm，宽2～8cm，2～4回羽状多裂，裂片线形至丝状；茎生叶通常3出式羽状多裂，裂片线形，长10～15mm。顶生或腋生复伞形花序，通常无梗或少有短梗，无总苞片和小总苞片；伞辐2～5，长1～2cm，无毛；小伞形花序有花5～23，花柄不等长，无萼齿；花瓣白色、绿白色或略带粉红色，卵圆形，顶端内折，有中脉1条；花丝短于花瓣，花药近圆形；花柱基扁压，花柱极短。果实圆心脏形或圆卵形，长、宽1.5～2mm，分生果的棱5条，圆钝。花期5月，果期6—7月。

【生境与发生频率】生于杂草丛生处及水沟边。发生频率：稻田0.03。

85 水蕨 *Ceratopteris thalictroides* (L.) Brongn.

【分类地位】水蕨科

【形态特征】1年生水生植物。植株幼嫩时呈绿色，多汁柔软，由于水湿条件的不同，形态差异很大，高达70cm。根茎短而直立，一簇粗根着生淤泥。叶簇生，二型；不育叶柄绿色，圆柱形，肉质，不或略膨胀，无毛，干后扁；叶片直立，或幼时漂浮，幼时略短于能育叶，窄长圆形，长6～30cm，渐尖头，基部圆楔形，2～4回羽状深裂；小裂片5～8对，互生，斜展，疏离，下部1～2对羽片卵形或长圆形，渐尖头，基部近圆、心形或近平截，1～3回羽状深裂；小裂片2～5对，互生，斜展，分开或接近，宽卵形或卵状三角形，渐尖或圆钝头，基部圆截形，具短柄，两侧具翅沿羽轴下延，深裂；末回裂片线形或线状披针形，尖头或圆钝头，基部沿羽轴下延成宽翅，全缘，疏离，向上各对羽片与基部的同形而渐小；能育叶柄与不育叶的相同，叶片长圆形或卵状三角形，渐尖头，基部圆楔形或圆截形，2～3回羽状深裂；羽片3～8对，互生，斜展，具柄，下部1～2对羽片卵形或长三角形，向上各对羽片渐小，1～2回分裂；裂片窄线形，渐尖头，角果状，边缘薄而透明，无色，反卷达主脉；叶脉网状，网眼2～3行。

【生境与发生频率】生于池沼、水田或水沟的淤泥中。发生频率：稻田0.03。

86　　水烛　　*Typha angustifolia* L.

【分类地位】香蒲科

【形态特征】多年生沼生草本。株高1.5～3m。叶狭条形，宽5～8mm，稀可达10mm。穗状花序圆柱形，长30～60cm，雌雄花序不连接；雄花序在上，长20～30cm，雄蕊2～3枚，毛较花药长，花粉粒单生；雌花序在下，长10～30cm，成熟时直径10～25mm；雌花的小苞片比柱头短，柱头条状矩圆形，毛与小苞片近等长而比柱头短。小坚果无沟。

【生境与发生频率】生于水边及池沼中。发生频率：稻田0.03。

87　　小鱼仙草　　*Mosla dianthera* (Buch.-Ham.) Maxim.

【分类地位】唇形科

【形态特征】1年生草本。茎多分枝，高25～80cm，四棱形，具浅槽，无毛或在棱及节上有短毛。叶片卵形、卵状披针形或菱状卵形，长1～3cm，宽0.5～1.7cm，先端渐尖或急尖，基部楔形或宽楔形，边缘具锐尖疏齿，两面无毛或近无毛，下面散布凹陷腺点，叶柄长0.2～1.5cm。总状花序多数，序轴近无毛；苞片针状或线状披针形，近无毛，长达1mm，果时长达4mm；花梗长约1mm，果时长达4mm，被微柔毛；花萼长约2mm，径2～2.6mm，脉被细糙硬毛，上唇反折，齿卵状三角形，中齿较短，下唇齿披针形；花冠淡紫色，长4～5mm，被微柔毛。小坚果灰褐色，近球形，径1～1.6mm，被疏网纹。花果期5—11月。

【生境与发生频率】生于山坡、路旁或水边。发生频率：稻田0.02。

88　西来稗　*Echinochloa crusgalli* var. *zelayensis* (H. B. K.) Hitchc.

【分类地位】禾本科

【形态特征】1年生草本。秆高50～75cm；叶片长5～20cm；圆锥花序长11～19cm，分枝长2～5cm，排列较紧缩；小穗长约8mm，颖和第1外稃除无疣毛无芒外，毛也较少。花果期6—8月。

【生境与发生频率】生于水边或稻田中。发生频率：稻田0.03，棉田0.02，橘园0.02。

89　中华苦荬菜　*Ixeris chinensis* (Thunb. ex Thunb.) Nakai

【分类地位】菊科

【形态特征】多年生草本。茎直立，高15～35cm。基生叶长椭圆形、倒披针形、线形或舌形，基部渐窄成翼柄，全缘，不裂或羽状浅裂、半裂或深裂，侧裂片2～4对；茎生叶2～4，长披针形或长椭圆状披针形，不裂，全缘，基部耳状抱茎；叶两面无毛。头状花序排成伞房花序；总苞圆柱状，总苞片3～4层，外层宽卵形；舌状小花黄色。瘦果长椭圆形，有10条钝肋；冠毛白色。花果期1—10月。

【生境与发生频率】生于路边、稻田田埂、河边灌丛。发生频率：稻田0.02。

90 　香蓼　　*Polygonum viscosum* Buch.-Ham. ex D. Don

【分类地位】蓼科

【形态特征】1年生草本。株高90cm，多分枝，密被长糙硬毛及腺毛。叶卵状披针形或宽披针形，长5～15cm，宽2～4cm，先端渐尖或尖，基部楔形，沿叶柄下延，两面被糙硬毛，密生缘毛；托叶鞘密被腺毛及长糙硬毛，顶端平截，具长缘毛。穗状花序长2～4cm，花序梗密被长糙硬毛及腺毛；苞片漏斗状，被长糙硬毛及腺毛，疏生长缘毛。花梗较苞片长；花被5深裂，淡红色，花被片椭圆形；雄蕊8，较花被短；花柱3，中下部联合。瘦果宽卵形，具3棱，包于宿存花被内。花期7—9月，果期8—10月。

【生境与发生频率】生于水边及路旁湿地。发生频率：稻田0.02。

91 　下江委陵菜　　*Potentilla limprichtii* J. Krause

【分类地位】蔷薇科

【形态特征】多年生草本。花茎纤细，基部弯曲上升，稀铺散，高达30cm，被疏柔毛及稀疏绵毛，下部常脱落近无毛。基生叶为羽状复叶，有4～8对小叶，连叶柄长6～20cm，叶柄被疏柔毛及少数白色绵毛，常脱落几无毛；小叶片对生，纸质，有短柄或几无柄，卵形、椭圆卵形或长圆倒卵形，上部有4～7牙状裂片或锯齿，基部楔形、宽楔形，最下部小叶仅有2～3牙齿状裂片，两面绿色，上面贴生疏柔毛或脱落近无毛，下面被灰白色绵毛及疏柔毛；茎生叶为掌状3小叶，托叶纸质，绿色，卵形，全缘；基生叶托叶膜质，淡褐色，外被疏柔毛，常脱落稀几无毛。花序疏散，有数朵花，花梗纤细，被疏柔毛或绵毛；花直径1～1.5cm；萼片三角卵形，副萼片带状披针形或椭圆披针形，短于萼片，外面被疏柔毛及白色绵毛；花瓣黄色，倒卵形，花柱近顶生，柱头头状。瘦果光滑。花果期10月。

【生境与发生频率】生于河边、沟谷、石缝中。发生频率：稻田0.02。

92　三白草　*Saururus chinensis* (Lour.) Baill.

【分类地位】三白草科

【形态特征】多年生湿生草本。茎粗壮，有纵长粗棱和沟槽，下部伏地，常带白色，上部直立，绿色。叶纸质，密生腺点，阔卵形至卵状披针形，长10～20cm，宽5～10cm，顶端短尖或渐尖，基部心形或斜心形，两面均无毛，上部的叶较小，茎顶端的2～3片于花期常为白色，呈花瓣状；叶脉5～7条，均自基部发出；叶柄无毛，基部与托叶合生成鞘状，略抱茎。花序白色，长12～20cm；总花梗无毛，但花序轴密被短柔毛；苞片近匙形，上部圆，无毛或有疏缘毛，下部线形，被柔毛，且贴生于花梗上；雄蕊6枚，花药长圆形，纵裂，花丝比花药略长。果近球形，直径约3mm，表面多疣状突起。花期6—7月，果期8—9月。

【生境与发生频率】生于低湿沟边、塘边或溪旁。发生频率：稻田0.02。

93　二形鳞薹草　*Carex brachyathera* Ohwi

【分类地位】莎草科

【形态特征】多年生草本。根状茎短。秆丛生，高35～80cm，锐三棱形，上部粗糙，基部具红褐色至黑褐色无叶片的叶鞘。叶短于或等长于秆，宽4～7mm，平张，边缘稍反卷。苞片下部的2枚叶状，长于花序，上部的刚毛状。小穗5～6个，接近，顶端1个雌雄顺序，长4～5cm；侧生小穗雌性，上部3个基部具雄花，圆柱形，长4.5～5.5cm，宽5～6mm；小穗柄纤细，长1.5～6cm，向上渐短，下垂。雌花鳞片倒卵状长圆形，顶端微凹或截平，具粗糙长芒（芒长约2.2mm），长4～4.5mm，中间3脉淡绿色，两侧白色膜质，疏生锈色点线。果囊长于鳞片，椭圆形或椭圆状披针形，长约3mm，略扁，红褐色，密生乳头状突起和锈点，基部楔形，顶端急缩成短喙，喙口全缘；柱头2。花果期4—6月。

【生境与发生频率】生于稻田田埂。发生频率：稻田0.02。

94 **水田碎米荠** *Cardamine lyrata* Bunge

【分类地位】十字花科

【形态特征】多年生草本。成株高达70cm，无毛。根状茎较短；匍匐茎从根状茎或从茎基部节上发出，长可达80cm，柔软，生有单叶。叶近圆形，长1～3cm，先端圆或微凹，基部心形，叶柄长0.3～1.2cm，柄上常有1～2对鳞片状微小叶片。茎有棱。茎生叶羽状，长3～5cm，无柄；顶生小叶近圆形，基部心形或宽楔形；侧生小叶2～9对，圆卵形，长0.5～1.3cm，基部斜楔形，生于叶柄基部的1对小叶耳状抱茎。花序顶生；萼片长4～5mm；花瓣白色，倒卵状楔形，长约8mm。角果长2.5～4cm，极压扁；宿存花柱长约4mm；果柄长1.2～2.2cm，平展或下弯。种子长圆形，长2～3mm，边缘有宽翅。花果期4—7月。

【生境与发生频率】生于水田旁或水边。发生频率：稻田0.02。

95 **沼生蔊菜** *Rorippa palustris* (L.) Bess.

【分类地位】十字花科

【形态特征】1年或2年生草本。株高10～50cm，光滑无毛或稀有单毛。茎直立，单一成分枝，下部常带紫色，具棱。基生叶多数，具柄；叶片羽状深裂或大头羽裂，长圆形至狭长圆形，长5～10cm，宽1～3cm，裂片3～7对，边缘不规则浅裂或呈深波状，顶端裂片较大，基部耳状抱茎，有时有缘毛；茎生叶向上渐小，近无柄，叶片羽状深裂或具齿，基部耳状抱茎。总状花序顶生或腋生，果期伸长，花小，多数，黄色或淡黄色，具纤细花梗；萼片长椭圆形；花瓣长倒卵形至楔形，等于或稍短于萼片；雄蕊6，近等长，花丝线状。短角果椭圆形或近圆柱形，有时稍弯曲，果瓣肿胀。种子每室2行，多数，褐色，细小，近卵形而扁，一端微凹，表面具细网纹；子叶缘倚胚根。花期4—7月，果期6—8月。

【生境与发生频率】生于潮湿环境或近水处、溪岸、路旁、田边、山坡草地及草场。发生频率：稻田0.02。

96 荇菜 *Nymphoides peltata* (Gmel.) Kuntze

【分类地位】睡菜科

【形态特征】多年生水生草本。上部叶对生，下部叶互生，叶漂浮，近革质，圆形或卵圆形，宽1.5～8cm，基部心形，全缘，具不明显掌状脉，下面紫褐色，密腺体，粗糙，上面光滑；叶柄圆，基部鞘状，半抱茎。花多数簇生节上，花萼裂至近基部，裂片椭圆形或椭圆状披针形，先端钝，全缘；花冠金黄色，长2～3cm，径2～3cm，裂至近基部，冠筒短，喉部具5束长柔毛，裂片宽倒卵形，先端圆或凹缺，中部质厚部分卵状长圆形，边缘宽膜质，近透明，具不整齐细条裂齿；花丝基部疏被长毛；短花柱花的雌蕊长5～7mm，花柱长1～2mm，花丝长3～4mm；长花柱花的雌蕊长7～17mm，花柱长10mm，花丝长1～2mm。蒴果椭圆形，长1.7～2.5cm，不裂。种子边缘密被睫毛。花果期4—10月。

【生境与发生频率】生于池塘或不甚流动的河溪中、湖区稻田。发生频率：稻田0.02。

97 白花水八角 *Gratiola japonica* Miq.

【分类地位】玄参科

【形态特征】1年生草本。根状茎细长，须状根密簇生。茎高8～25cm，直立或上升，肉质，中下部有柔弱的分枝。叶基部半抱茎，长椭圆形至披针形，长7～23mm，宽2～7mm，顶端具尖头，全缘，不明显三出脉。花单生于叶腋，无柄或近于无柄；小苞片草质，条状披针形；花萼5深裂几达基部，萼裂片条状披针形至矩圆状披针形，具薄膜质的边缘；花冠稍2唇形，白色或带黄色，花冠筒筒状较唇部长，上唇顶端钝或微凹，下唇3裂，裂片倒卵形，有时凹头；雄蕊2，位于上唇基部，药室略分离而并行，下唇基部有两枚短棒状退化雄蕊；柱头2浅裂。蒴果球形，棕褐色，直径4～5mm。种子细长，具网纹。花果期5—7月。

【生境与发生频率】生于稻田及水边。发生频率：稻田0.02。

98 **野甘草** *Scoparia dulcis* Linn.

【分类地位】玄参科

【形态特征】1年生或稀为多年生，直立草本或半灌木。株高可达1m。茎多分枝，枝有棱角及窄翅，无毛。叶菱状卵形或菱状披针形，长者达3.5cm，枝上部叶较小而多，先端钝，基部长渐窄、全缘而成短柄，前半部有齿，有时近全缘，两面无毛。花单朵或更多成对生于叶腋；花梗长0.5～1cm，无毛；无小苞片；花萼分生，萼齿4，卵状长圆形，长约2mm，具睫毛；花冠小，白色，径约4mm，有极短的管，喉部生有密毛，瓣片4，上方1枚较大，钝头，边缘有啮痕状细齿，长2～3mm；雄蕊4，近等长，花药箭形；花柱直，柱头截形或凹入。蒴果卵圆形或球形，径2～3mm，室间、室背均开裂，中轴胎座宿存。

【生境与发生频率】生于稻田田埂、荒地、路旁。发生频率：稻田0.02。

99 **旋覆花** *Inula japonica* (Miq.) Komarov

【分类地位】菊科

【形态特征】多年生草本。茎直立，高20～70cm。叶互生，无柄；叶片长椭圆形至披针形，基部渐狭，半抱茎，全缘，叶背有疏伏毛和腺点。头状花序径3～4cm，排成疏散伞房花序；总苞半球形，总苞片约5层，线状披针形，最外层较长，有毛；花黄色；边花舌状，舌片线形；心花筒状，先端5裂。瘦果圆柱形，有10条浅沟。花期6—10月，果期9—11月。

【生境与发生频率】生于路旁、河岸边、田埂上。发生频率：稻田0.02。

100　挖耳草　*Utricularia bifida* L.

【分类地位】狸藻科

【形态特征】多年生陆生小草本。匍匐枝少数，丝状，具分枝。叶生于匍匐枝上，圆形，膜质，全缘，无毛，具1脉。捕虫囊生于叶及匍匐枝上，球形，侧扁，具柄。总状花序直立，中上部有1～16朵疏离的花；花序梗圆柱状，上部光滑，下部具细小腺体，有鳞片；苞片基部着生；花梗丝状，具翅；花萼2裂达基部，两唇先端钝；花冠黄色；雄蕊无毛，花丝线形，花柱短而显著。蒴果背腹扁，果梗下弯。花果期8—10月。

【生境与发生频率】生于沼泽地、稻田或沟边湿地。发生频率：稻田0.02。

101　耳基水苋　*Ammannia auriculata* Willd.

【分类地位】千屈菜科

【形态特征】1年生直立无毛草本。株高15～50cm。茎分枝，具4棱。叶无柄，对生，膜质，狭披针形或矩圆状披针形，长2～7.5cm，宽3～15mm，顶端渐狭而钝，基部扩大，多少呈心状耳形，半抱茎。腋生聚伞花序，总花梗和花梗均极短；小苞片2枚，线形；萼筒钟形，最初基部狭，结实时近半球形，裂片4，阔三角形；花瓣4，紫色或白色，近圆形，早落，有时无花瓣，雄蕊4～8，子房球形。蒴果扁球形，成熟时突出于萼之外，紫红色，不规则横裂；种子小，近三角形。花期8—12月。

【生境与发生频率】生于水田中或湿地上。发生频率：稻田0.02。

（戴玉霞拍摄）　　　　（戴玉霞拍摄）

102　断节莎　*Cyperus odoratus* L.

【分类地位】莎草科

【形态特征】多年生草本。根状茎短缩，具许多较硬的须根。秆粗壮，高30～120cm，三棱形，具纵槽，平滑，下部具叶，基部膨大成块茎。叶短于秆，宽4～10mm，平张，稍硬；叶鞘长，棕紫色。苞片6～8枚，展开，下面的苞片长于花序；长侧枝聚伞花序大，复出或多次复出，具7～12个第1次辐射枝；辐射枝稍硬，扁三棱形，每个辐射枝具多个第2次辐射枝；第2次辐射枝短，稍展开；穗状花序长圆状圆筒形，具多数小穗；小穗稍稀疏排列，平展，或向下反折，线形，顶端急尖，圆柱状，曲折，具6～16朵花；小穗轴具或多或少关节，坚硬，具宽翅；翅椭圆形，初时透明，后期增厚变成黄色，边缘内卷，有时包住小穗轴；鳞片卵状椭圆形，背面中间为绿色，其两侧为黄棕色或麦秆黄色，具光泽，脉7～9条；雄蕊3，花药线形；花柱中等长，柱头3。小坚果长圆形或倒卵状长圆形，三棱形，红色，后变成黑色，为小穗轴上的翅所包被，顶端露于翅外，稍弯。

【生境与发生频率】生于河滩边、稻田田埂。发生频率：稻田0.02。

103　华东藨草　*Scirpus karuisawensis* Makino

【分类地位】莎草科

【形态特征】多年生草本。根状茎短，无匍匐根状茎。秆粗壮，坚硬，高80～150cm，呈不明显的三棱形，有5～7个节，具基生叶和秆生叶，少数基生叶仅具叶鞘而无叶片，鞘常红棕色，叶坚硬，一般短于秆，宽4～10mm。叶状苞片1～4枚，较花序长；长侧枝聚伞花序2～4个或有时仅有1个，顶生和侧生，花序间相距较远，集合成圆锥状；顶生长侧枝聚伞花序有时复出，具多数辐射枝；侧生长侧枝聚伞花序简单，具5至多数辐射枝；辐射枝一般较短；小穗5～10个聚合成头状，着生于辐射枝顶端，长圆形或卵形，顶端钝，密生许多花；鳞片披针形或长圆状卵形，顶端急尖，膜质，红棕色，背面具1脉；下位刚毛6条，下部卷曲，白色，较小坚果长得多，伸出鳞片之外，顶端疏生顺刺；花药线形；花柱中等长，柱头3，具乳头状小突起。小坚果长圆形或倒卵形，扁三棱形，淡黄色，稍具光泽，具短喙。

【生境与发生频率】生于河边、溪边。发生频率：稻田0.02。

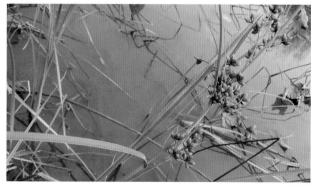

104　**异药花**　*Fordiophyton faberi* Stapf

【分类地位】野牡丹科

【形态特征】多年生草本或亚灌木。株高30～80cm。茎四棱形，有槽，无毛，不分枝。叶片膜质，通常在一个节上的叶大小差别较大，广披针形至卵形，基部浅心形，长5～14.5cm，宽2～5cm，边缘具不甚明显的细锯齿，5基出脉；叶柄常被白色小腺点，仅顶端与叶片连接处具短刺毛。不明显的聚伞花序或伞形花序，顶生，无毛，基部有1对叶，常早落；伞梗基部具1圈覆瓦状排列的苞片，苞片广卵形或近圆形，通常带紫红色，透明；花萼长漏斗形，具四棱，被腺毛及白色小腺点，具8脉，其中4脉明显，裂片长三角形或卵状三角形，顶端钝，被疏腺毛及白色小腺点，具腺毛状缘毛；花瓣红色或紫红色，长圆形，顶端偏斜，具腺毛状小尖头。蒴果倒圆锥形，顶孔4裂；宿存萼与蒴果同形，具不明显的8条纵肋，无毛，膜质冠伸出萼外，4裂。花果期8—11月。

【生境与发生频率】生于沟边、灌木丛或岩石上潮湿处。发生频率：稻田0.02。

105　**凤眼蓝**　*Eichhornia crassipes* (Mart.) Solms

【分类地位】雨久花科

【形态特征】多年生浮水水生草本或根生于泥中。株高30～50cm。茎极短，具长匍匐枝，和母株分离后，生出新植株。叶基生，莲座状，宽卵形或菱形，长和宽均2.5～12cm，顶端圆钝，基部浅心形、截形、圆形或宽楔形，全缘，无毛，光亮，具弧状脉；叶柄长短不等，可达30cm，中部膨胀成囊状，内有气室，基部有鞘状苞片。花葶多棱角；花多数为穗状花序，直径3～4cm；花被筒长1.5～1.7cm，花被裂片6，卵形、矩圆形或倒卵形，丁香紫色，外面近基部有腺毛，上裂片在周围蓝色中心有一黄斑；雄蕊6，3个花丝具腺毛。蒴果卵形。

【生境与发生频率】生于河水、池塘或稻田中。发生频率：稻田0.02。

106 **芦苇** *Phragmites australis* (Cav.) Trin. ex Steud.

【分类地位】禾本科。

【形态特征】多年生草本。秆高1～3m，径1～4cm，具20多节。叶鞘长于节间；叶舌边缘密生1圈纤毛；叶片长30cm，宽2cm。圆锥花序长20～40cm，分枝多数，着生稠密下垂的小穗。小穗柄无毛；小穗长约1.2cm，具4花。颖具3脉，第1颖长4mm；第2颖长约7mm。第1不孕外稃雄性，第2外稃3脉，先端长渐尖，基盘长，两侧密生等长于外稃的丝状柔毛，与无毛的小穗轴相连接处具关节，成熟后易自关节脱落；内稃两脊粗糙。颖果长约1.5mm。

【生境与发生频率】生于江河湖泽、池塘沟渠沿岸和低湿地。发生频率：稻田0.02。

107 **蒌蒿** *Artemisia selengensis* Turcz. ex Besser

【分类地位】菊科。

【形态特征】多年生草本。茎直立或斜向上，高60～150cm。叶上面无毛或近无毛，下面密被灰白色蛛丝状平贴绵毛；茎下部叶宽卵形或卵形，近成掌状或指状；中部叶近成掌状5深裂或指状3深裂；上部叶与苞片叶指状3深裂、2裂或不裂。头状花序多数，长圆形或宽卵形，在分枝上排成密穗状花序，在茎上组成窄长圆锥花序；总苞片背面初疏被灰白色蛛丝状绵毛；雌花8～12朵；两性花10～15朵。瘦果卵圆形，稍扁。花果期7—10月。

【生境与发生频率】生于河湖岸边与沼泽，也见于稻田田埂。发生频率：稻田0.02。

108 　柳叶白前　　*Cynanchum stauntonii* (Decne.) Schltr. ex H. Lév.

【分类地位】萝藦科

【形态特征】多年生草本，直立半灌木。株高达1m。茎无毛。叶对生，线形或线状披针形，长6～13cm，宽0.8～1.7cm，先端渐尖，侧脉约6对；叶柄长约5mm。腋生伞形聚伞花序，花序梗长达1.7cm，花梗长3～9mm；花萼5深裂，内面基部腺体不多；花冠紫红色，辐状，内面具长柔毛；副花冠裂片盾状，隆肿，比花药为短；柱头微凸，包在花药的薄膜内。蓇葖单生，长披针形。花期5—8月，果期9—10月。

【生境与发生频率】生于低海拔山谷、湿地、水旁以至半浸在水中。发生频率：稻田0.02。

109 　金银莲花　　*Nymphoides indica* (Linn.) O. Kuntze

【分类地位】睡菜科

【形态特征】多年生水生草本。茎圆柱形，单叶顶生。叶漂浮，近革质，宽卵圆形或近圆形，长3～8cm，全缘，下面密被腺体，基部心形，具不明显掌状脉。花瓣5数，花梗长3～5cm；花萼长3～6mm，裂至近基部，裂片长椭圆形或披针形，先端钝；花冠白色，基部黄色，长0.7～1.2cm，径6～8mm，裂至近基部，冠筒短，具5束长柔毛，裂片卵状椭圆形，腹面密被流苏状长柔毛；花丝短，扁平，线形，长1.5～1.7mm；花柱圆柱形，长约2.5mm。蒴果椭圆形，长3～5mm，不裂。种子褐色，光滑。花果期8—10月。

【生境与发生频率】生于池塘及不甚流动水域、湖区稻田。发生频率：稻田0.02。

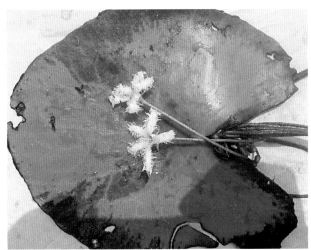

110 坚被灯心草 *Juncus tenuis* Willd.

【分类地位】灯心草科

【形态特征】多年生草本。高10～40cm。根状茎短，须根褐色。茎丛生，圆柱形或稍扁，径0.6～1.2mm，深绿色。叶基生；叶片扁平或边缘内卷，线形，长10～20cm，宽约1mm，叶耳披针形或长圆形，膜质。圆锥花序顶生，长3～7cm，6～40花；花顶生及侧生；苞片叶状，2枚，长4～18cm，小苞片2，卵形，黄白色，先端渐尖。花被片披针形，长3.5～4mm，内、外轮几等长或外轮稍长，纸质，淡绿色，先端锐尖，边缘膜质，背部隆起，两侧与膜质边缘间有2条黄色纵纹，雄蕊6，花药长圆形，黄色；花柱短，柱头3分叉，红褐色。蒴果三棱状卵形，黄绿色，与花被片近等长，顶端具短尖头，有3个不完全隔膜。种子红褐色，基部有白色附属物。花期6—7月，果期8—9月。

【生境与发生频率】生于河旁、溪边、湿草地及田埂。发生频率：稻田田埂0.01。

111 尖瓣花 *Sphenoclea zeylanica* Gaertn.

【分类地位】桔梗科

【形态特征】1年生沼生性草本。植株全体无毛。茎直立，高20～70cm，直径可达1cm，通常多分枝。叶互生，有长达1cm的叶柄，叶片长椭圆形，长椭圆状披针形或卵状披针形，长2～9cm，全缘，上面绿色，下面灰色或绿色。穗状花序与叶对生，或生于枝顶，长1～4cm。花小，长不过2mm；花萼裂片卵圆形；花冠白色，浅裂，裂片开展。蒴果直径2～4mm。种子棕黄色。无固定花果期。

【生境与发生频率】生于水田边、池塘边及湿地。发生频率：稻田0.01。

112 长鬃蓼 *Polygonum longisetum* De Br.

【分类地位】蓼科

【形态特征】1年生草本。株高30～60cm，茎直立、上升或基部近平卧，自基部分枝，无毛，节部稍膨大。叶披针形或宽披针形，长5～13cm，宽1～2cm，顶端急尖或狭尖，基部楔形，上面近无毛，下面沿叶脉具短伏毛，边缘具缘毛；叶柄短或近无柄；托叶鞘筒状，疏生柔毛，顶端截形，具缘毛。顶生或腋生总状花序呈穗状，细弱，下部间断，直立，长2～4cm；苞片漏斗状，无毛，边缘具长缘毛，每苞内具5～6花；花梗长2～2.5mm，与苞片近等长；花被5深裂，淡红色或紫红色，花被片椭圆形；雄蕊6～8；花柱3，中下部合生，柱头头状。瘦果宽卵形，具3棱，黑色，有光泽，包于宿存花被内。花期6—8月，果期7—9月。

【生境与发生频率】生于山谷水边、河边草地。发生频率：稻田田埂0.01。

113 长戟叶蓼 *Polygonum maackianum* Regel

【分类地位】蓼科

【形态特征】1年生草本。株高30～80cm。茎直立或上升，多分枝，基部外倾，具纵棱，疏生倒生皮刺，密被星状毛。叶长戟形，长3～8cm，顶端急尖，基部心形或近截形，两面密被星状毛，有时混生刺毛，中部裂片披针形或狭椭圆形，侧生裂片向外开展；叶柄长1～5cm，密被星状毛及稀疏的皮刺；托叶鞘筒状，顶部具叶状翅，密被星状毛，翅边缘具牙齿，每牙齿的顶部具1粗刺毛。顶生或腋生花序头状，花序梗通常分枝，密被星状毛及稀疏的腺毛；苞片披针形，密被星状毛，每苞内具2花；花梗粗壮，比苞片短；花被5深裂，淡红色，花被片宽椭圆形；雄蕊8，比花被短，花柱3，中下部合生；柱头头状。瘦果卵形，具3棱，深褐色，有光泽，包于宿存花被内。花期6—9月，果期7—10月。

【生境与发生频率】生于山谷水边、山坡湿地及田埂。发生频率：稻田0.01。

114 **丛枝蓼** *Polygonum posumbu* Buch.-Ham. ex D. Don

【分类地位】蓼科

【形态特征】1年生草本。茎细弱，无毛，具纵棱，高30～70cm，下部多分枝，外倾。叶卵状披针形或卵形，长3～8cm，宽1～3cm，顶端尾状渐尖，基部宽楔形，纸质，两面疏生硬伏毛或近无毛，下面中脉稍凸出，边缘具缘毛；叶柄长5～7mm，具硬伏毛；托叶鞘筒状，薄膜质，具硬伏毛，顶端截形，缘毛粗壮。顶生或腋生总状花序呈穗状，细弱，下部间断，花稀疏，长5～10cm；苞片漏斗状，无毛，淡绿色，边缘具缘毛，每苞片内含3～4花；花梗短，花被5深裂，淡红色，花被片椭圆形；雄蕊8；花柱3，下部合生，柱头头状。瘦果卵形，具3棱，黑褐色，有光泽，包于宿存花被内。花期6—9月，果期7—10月。

【生境与发生频率】生于河滩、水沟边、山谷湿地。发生频率：稻田田埂0.01。

115 **白鳞莎草** *Cyperus nipponicus* Franch. et Savat.

【分类地位】莎草科

【形态特征】1年生草本。具许多细长的须根。秆密丛生，细弱，高5～20cm，扁三棱形，平滑，基部具少数叶。叶通常短于秆，或有时与秆等长，宽1.5～2mm，平时或有时折合；叶鞘膜质，淡棕红色或紫褐色。苞片3～5枚，叶状，较花序长数倍，基部一般较叶片宽些；长侧枝聚伞花序短缩成头状，圆球形，直径1～2cm，有时辐射枝稍延长，具多数密生的小穗；小穗无柄，披针形或卵状长圆形，压扁，具8～30朵花；小穗轴具白色透明的翅；鳞片2列，稍疏的覆瓦状排列，宽卵形，顶端具小短尖，背面沿中脉处绿色，两侧白色透明，具多数脉；雄蕊2，花药线状长圆形；花柱长，柱头2。小坚果长圆形，平凸状或有时近于凹凸状，黄棕色。花果期8—9月。

【生境与发生频率】生于河滩、田埂。发生频率：稻田田埂0.01。

116	球穗扁莎	*Pycreus flavidus* (Retz.) T. Koyama

【分类地位】莎草科

【形态特征】1年生草本。根状茎短，具须根。秆丛生，细弱，高7～50cm，钝三棱形，一面具沟，平滑。叶少，短于秆，宽1～2mm，折合或平张；叶鞘长，下部红棕色。苞片2～4枚，细长，较长于花序；简单长侧枝聚伞花序具1～6个辐射枝，辐射枝长短不等，每一辐射枝具2～20余个小穗，小穗密聚于辐射枝上端呈球形，辐射展开，线状长圆形或线形，极压扁，具12～66朵花；小穗轴近四棱形，两侧有具横隔的槽；鳞片稍疏松排列，膜质，长圆状卵形，顶端钝，背面龙骨状突起绿色；具3条脉，两侧黄褐色、红褐色或为暗紫红色，具白色透明的狭边；雄蕊2，花药短，长圆形；花柱中等长，柱头2，细长。小坚果倒卵形，顶端有短尖，双凸状，稍扁，褐色或暗褐色，具白色透明有光泽的细胞层和微突起的细点。花果期6—11月。

【生境与发生频率】生于田边、沟旁潮湿处或溪边湿润的沙土上。发生频率：稻田0.01。

117	细叶蓼	*Polygonum taquetii* Lévl.

【分类地位】蓼科

【形态特征】1年生草本。茎细弱，无毛，高30～50cm，基部近平卧或上升，下部多分枝，节部生根。叶狭披针形或线状披针形，长2～4cm，宽3～6mm，顶端急尖，基部狭楔形，两面疏被短柔毛或近无毛，边缘全缘；叶柄极短或近无柄；托叶鞘筒状，膜质，疏生柔毛，顶端截形。顶生或腋生总状花序呈穗状，长3～10cm，细弱，间断，下垂，长3～10cm，通常数个再组成圆锥状；苞片漏斗状，绿色，边缘具长缘毛，每苞内生3～4花，花梗细长，比苞片长；花被5深裂，淡红色，花被片椭圆形；雄蕊7，比花被短；花柱2～3，中下部合生。瘦果卵形，双凸镜状或具3棱，褐色，有光泽，包于宿存花被内。花期8—9月，果期9—10月。

【生境与发生频率】生于山谷湿地、沟边、水边。发生频率：稻田0.13。

第二节 果茶园主要杂草

| 1 | 小蓬草 | *Erigeron canadensis* L. |

【分类地位】菊科

【形态特征】1年生草本。茎直立，高50～100cm。叶密集，基部叶花期常枯萎，下部叶倒披针形，顶端尖或渐尖，基部渐狭成柄，边缘具疏锯齿或全缘，中部和上部叶较小，线状披针形或线形，疏被短毛。头状花序小，径3～4mm，排列成顶生多分枝的大圆锥花序；总苞近圆柱状，总苞片2～3层，淡绿色，线状披针形或线形，顶端渐尖；外围花雌性，舌状，白色；两性花淡黄色，花冠管状。瘦果线状披针形。花期5—9月。

【生境与发生频率】生于旷野、荒地、田边和路旁，是江西省首要恶性棉田杂草。发生频率：茶园0.95，油菜田0.93，棉田0.91，梨园0.86，橘园0.84，稻田0.36。

| 2 | 大狼把草 | *Bidens frondosa* Buch.-Ham. ex Hook.f. |

【分类地位】菊科

【形态特征】1年生草本。高20～120cm，茎直立，分枝，被疏毛或无毛，常带紫色。叶对生，具柄，为1回羽状复叶，小叶3～5枚，披针形，先端渐尖，边缘有粗锯齿，通常背面被稀疏短柔毛。头状花序单生；总苞钟状或半球形，筒状花两性，冠檐5裂。瘦果扁平，狭楔形，长5～10mm，近无毛或是糙伏毛，顶端芒刺2枚，有倒刺毛。花果期8—10月。

【生境与发生频率】生于田野湿润处，农田主要恶性杂草。发生频率：梨园0.79，稻田0.75，茶园0.50，棉田0.48，橘园0.44，油菜田0.29。

3　地耳草　*Hypericum japonicum* Thunb. ex Murray

【分类地位】藤黄科

【形态特征】1年生或多年生草本。株高2～45cm。茎单一或多少簇生，直立或外倾或匍地而在基部生根，具4纵线棱，散布淡色腺点。叶无柄，叶片通常卵形或卵状三角形至长圆形或椭圆形，长0.2～1.8cm，宽0.1～1cm，先端近锐尖至圆形，基部心形抱茎至截形，边缘全缘，坚纸质，上面绿色，下面淡绿。花序具1～30花，有或无侧生的小花枝；苞片及小苞片线形、披针形至叶状，微小至与叶等长。花瓣白色、淡黄至橙黄色，椭圆形或长圆形，长2～5mm，宽0.8～1.8mm，先端钝，无腺点，宿存。蒴果短圆柱形至圆球形，无腺条纹。种子淡黄色，圆柱形，两端锐尖，无龙骨状突起和顶端的附属物，表面有细蜂窝纹。花期3—9月，果期6—10月。

【生境与发生频率】生于田边、沟边、草地以及撂荒地。发生频率：梨园0.64，橘园0.56，稻田0.51，油菜田0.46，茶园0.45，棉田0.26。

4　积雪草　*Centella asiatica* (Linn.) Urban

【分类地位】伞形科

【形态特征】多年生草本。茎匍匐，细长，节上生根。叶片膜质至草质，圆形、肾形或马蹄形，长1～2.8cm，宽1.5～5cm，边缘有钝锯齿，基部阔心形，两面无毛或在背面脉上疏生柔毛；掌状脉5～7，两面隆起，脉上部分叉；叶柄长1.5～27cm，无毛或上部有柔毛，基部叶鞘透明、膜质。伞形花序梗2～4个，聚生于叶腋，长0.2～1.5cm，有或无毛；苞片通常2，卵形，膜质；每一伞形花序有花3～4，聚集呈头状，花无柄或有短柄；花瓣卵形，紫红色或乳白色，膜质；花柱长约0.6mm；花丝短于花瓣，与花柱等长。果实两侧扁压，圆球形，基部心形至平截形，长2.1～3mm，宽2.2～3.6mm，每侧有纵棱数条，棱间有明显的小横脉，网状，表面有毛或平滑。花果期4—10月。

【生境与发生频率】生于阴湿的草地或水沟边。发生频率：橘园0.72，梨园0.71，茶园0.55，油菜田0.54，棉田0.29，稻田0.25。

5　酢浆草　*Oxalis corniculata* Linn.

【分类地位】酢浆草科

【形态特征】1年生或2年生草本，多分枝，被疏柔毛。无鳞茎。茎柔弱，常平卧，长可达50cm，有时节上生不定根。掌状三出复叶互生；叶柄细长，长2～6.5cm，被柔毛；托叶小，与叶柄合生；小叶片倒心形，长0.5～1.3cm，宽0.7～2cm，被疏柔毛；无小叶柄。花单生或数朵集为伞形花序状，腋生，总花梗淡红色，与叶近等长；花梗长4～15mm，果后延伸；小苞片2，披针形，长2.5～4mm，膜质；萼片5，披针形或长圆状披针形，长3～5mm，背面和边缘被柔毛，宿存；花瓣5，黄色，长圆状倒卵形，长6～8mm，宽4～5mm。蒴果长圆柱形，长1～2.5cm，5棱。种子长卵形，长1～1.5mm，褐色或红棕色，具横向肋状网纹。花果期2—9月。

【生境与发生频率】生于山坡草地、河谷沿岸、路边、田边、荒地或林下阴湿处等。发生频率：橘园0.80，梨园0.70，油菜田0.54，棉田0.49，茶园0.14，稻田0.13。

6　长萼堇菜　*Viola inconspicua* Blume

【分类地位】堇菜科

【形态特征】多年生草本。无地上茎。叶基生，莲座状，叶片三角形、三角状卵形或戟形，长1.5～7cm，基部宽心形，弯缺呈宽半圆形，具圆齿，两面常无毛，上面密生乳点；叶柄具窄翅，长2～7cm。花淡紫色；花梗与叶片等长或稍高出于叶，中部稍上有2小苞片；萼片卵状披针形或披针形；花瓣长圆状倒卵形，侧瓣内面基部有须毛，下瓣连距长1～1.2cm，距管状，直伸。蒴果长圆形。花期11月至翌年1月，果期2—4月。

【生境与发生频率】生于林缘、山坡草地、田边及溪旁等处。发生频率：茶园0.86，橘园0.64，梨园0.64，油菜田0.46，棉田0.29，稻田0.10。

7 **叶下珠** *Phyllanthus urinaria* Linn.

【分类地位】大戟科

【形态特征】1年生草本。株高10～60cm。茎通常直立，基部多分枝，枝倾卧而后上升；枝具翅状纵棱，上部被一纵列疏短柔毛。叶片全缘，2列，左右互生，呈羽状复叶状，倒卵状长圆形或狭长圆形，长0.7～1.5cm，宽3～7mm，先端圆或有小凸尖，基部近圆形，偏斜，有细缘毛，下面浅灰绿色。花雌雄同株，直径约4mm；雄花2～4朵簇生于叶腋，通常仅上面1朵开花，下面的很小；雌花单生于小枝中下部的叶腋内。蒴果圆球状红色，表面具小凸刺，有宿存的花柱和萼片，开裂后轴柱宿存。种子橙黄色。花期4—6月，果期7—11月。

【生境与发生频率】生于旷野平地、旱田、山地路旁或林缘。发生频率：油菜田0.54，茶园0.50，稻田0.46，橘园0.38，棉田0.31，梨园0.07。

8 **破铜钱** *Hydrocotyle sibthorpioides* var. *batrachium* (Hance) Hand.-Mazz.

【分类地位】伞形科

【形态特征】多年生草本。茎纤弱细长，匍匐，平铺地上成片；节上生根。单叶互生，圆形或近肾形，直径0.5～1.6cm，3～5深裂几达基部，裂片均呈楔形，上面深绿色、绿色，或有柔毛，或两面均自光滑以至微有柔毛；叶柄纤弱，长0.5～9cm。伞形花序与叶对生，单生于节上；伞梗长0.5～3cm；总苞片4～10枚，倒披针形；每伞形花序具花10～15朵，花无柄或有柄；萼齿缺乏；花瓣卵形，呈啮合状排列；绿白色。双悬果略呈心形，长1～1.25mm，宽1.5～2mm；分果侧面扁平，光滑或有斑点，中棱略锐。花期4—5月。

【生境与发生频率】生于湿润的路旁、草地、河沟边、湖滩、溪谷及山地。发生频率：橘园0.68，梨园0.43，棉田0.40，茶园0.36，稻田0.33，油菜田0.04。

9 马兰 *Aster indicus* Heyne

【分类地位】菊科

【形态特征】多年生草本。根状茎有匍匐枝，茎直立，高30～70cm，上部有短毛，基部叶在花期枯萎；茎部叶倒披针形或倒卵状矩圆形，全部叶稍薄纸质。头状花序单生于枝端并排列成疏伞房状；总苞半球形，总苞片覆瓦状排列；外层倒披针形，内层倒披针状矩圆形，上部草质，有疏短毛，边缘膜质，花托圆锥形。舌状花1层，15～20个，舌片浅紫色；管状花长3.5mm，管部长1.5mm，被短密毛。瘦果倒卵状矩圆形，极扁。5—9月开花，8—10月结果。

【生境与发生频率】低洼地田埂有大量分布。发生频率：稻田0.51，油菜田0.46，橘园0.44，茶园0.27，梨园0.21，棉田0.20。

10 杠板归 *Polygonum perfoliatum* Linn.

【分类地位】蓼科

【形态特征】1年生草本。茎攀援，多分枝，长1～2m，具纵棱，沿棱具稀疏的倒生皮刺。叶三角形，长3～7cm，宽2～5cm，顶端钝或微尖，基部截形或微心形，薄纸质，上面无毛，下面沿叶脉疏生皮刺；叶柄与叶片近等长，具倒生皮刺；托叶鞘叶状，草质，绿色，圆形或近圆形，抱茎，直径1.5～3cm。不分枝顶生或腋生总状花序呈短穗状，长1～3cm；苞片卵圆形，每苞片内具花2～4朵；花被5深裂，白色或淡红色，花被片椭圆形，果时增大，呈肉质，深蓝色；雄蕊8，略短于花被；花柱3，中上部合生；柱头头状。瘦果球形，黑色，有光泽，包于宿存花被内。花期6—8月，果期7—10月。

【生境与发生频率】生于田边、路旁、山谷湿地。发生频率：梨园0.71，橘园0.68，棉田0.66，茶园0.27，油菜田0.11，稻田0.07。

11　星宿菜　*Lysimachia fortunei* Maxim.

【分类地位】报春花科

【形态特征】多年生草本。有伸长横走的红色匍匐枝，枝上有鳞片状叶。茎直立，高30～70cm，圆柱形，散生黑色腺点，基部常带紫红色，上部偶有分枝。叶互生，有时近对生，叶片椭圆形、宽披针形或倒披针形，有时近线形，长2～8cm，宽0.5～2.7cm，先端急尖或渐尖，基部楔形，边缘密生多数红色粒状腺点；叶柄短或近无柄。总状花序顶生，细瘦；苞片披针形；花梗与苞片近等长或稍短；花萼长约1.5mm，分裂近达基部，裂片卵状椭圆形，先端钝，周边膜质，有腺状缘毛，背面有黑色腺点；花冠白色，裂片椭圆形或卵状椭圆形，先端圆钝，有黑色腺点。蒴果球形。花期6—8月，果期8—11月。

【生境与发生频率】生于沟边、田边等低湿处。发生频率：梨园0.86，茶园0.82，橘园0.50，稻田0.25，棉田0.17，油菜田0.11。

12　白茅　*Imperata cylindrica* (L.) Raeusch.

【分类地位】禾本科

【形态特征】多年生草本。具粗壮的长根状茎。秆直立，高30～80cm，具1～3节，节无毛。叶鞘聚集于秆基，甚长于其节间，质地较厚，老后破碎呈纤维状；叶舌膜质，紧贴其背部或鞘口，具柔毛，分蘖叶片长约20cm，宽约8mm，扁平，质地较薄；秆生叶片长1～3cm，窄线形，通常内卷，顶端渐尖呈刺状，下部渐窄，或具柄，质硬，被有白粉，基部上面具柔毛。圆锥花序稠密，长20cm，宽达3cm，基盘具丝状柔毛；两颖草质，边缘膜质，近相等，具5～9脉，顶端渐尖或稍钝，常具纤毛，脉间疏生长丝状毛；第1外稃卵状披针形，透明膜质，无脉，顶端尖或齿裂；第2外稃与其内稃近相等，长约为颖之半，卵圆形，顶端具齿裂及纤毛；雄蕊2枚；花柱细长，基部多少联合；柱头2，紫黑色，羽状，自小穗顶端伸出。颖果椭圆形。花果期4—6月。

【生境与发生频率】生于低山带平原河岸草地、沙质草甸和旱地。发生频率：茶园0.73，梨园0.71，橘园0.58，棉田0.51，油菜田0.14，稻田田埂0.02。

13 **海金沙** *Lygodium japonicum* (Thunb.) Sw.

【分类地位】海金沙科

【形态特征】攀援植物。根状茎横走，有毛而无鳞片。叶3回羽状，叶轴长可达4m，每隔10～11cm有长约3mm的短距1枚；距的顶端有一个密生黄柔毛的休眠芽，两侧各有1羽片，叶纸质，羽片二型；不育羽片三角形，长宽各10～12cm，2回羽状；末回小羽片掌状或3裂，裂片短而宽，中间一片长约3cm，宽约6mm，边缘有浅钝齿；能育羽片卵状三角形，长宽各10～20cm；孢子囊穗生于小羽片边缘，长2～4mm。

【生境与发生频率】生于村边或旷野灌丛中，在新开垦山坡地和田埂有较多分布。发生频率：梨园0.71，橘园0.66，茶园0.55，棉田0.4。

14 **金色狗尾草** *Setaria pumila* (Poir.) Roem. & Schult.

【分类地位】禾本科

【形态特征】1年生草本。秆直立或基部倾斜膝曲，高20～90cm。叶鞘扁而具脊，光滑无毛；叶舌具1圈长约1mm的纤毛；叶片线状披针形或狭披针形。圆锥花序圆柱状，刚毛金黄色或稍带褐色，长4～8mm，通常在一簇中仅具1个发育的小穗，第1颖宽卵形或卵形，长为小穗的1/3～1/2；第2颖宽卵形，长为小穗的1/2～2/3，具5～7脉；第1外稃与小穗等长，具5脉，其内稃膜质，等长于第2小花；第2小花两性，外稃革质，等长于第1外稃。花果期6—10月。

【生境与发生频率】生于林边、山坡、路边和荒芜的园地及荒野。发生频率：梨园0.64，棉田0.49，茶园0.45，橘园0.44，稻田0.15，油菜田0.07。

15 一年蓬 *Erigeron annuus* (L.) Desf.

【分类地位】菊科

【形态特征】1年生或越年生草本。茎粗壮，高30 ～ 100cm，直立，上部有分枝。基生叶长圆形或宽卵形，基部渐狭成具翅的长柄，边缘具粗齿；中上部叶较小，长圆状披针形或披针形，具短柄或无柄，边缘有不规则的齿裂，最上部叶线形，全缘，被疏短硬毛。头状花序排列成疏圆锥花序；总苞半球形，总苞片3层；外围的雌花舌状，2层，长6 ～ 8mm，管部长1 ～ 1.5mm，舌片平展，白色，或有时淡天蓝色；中央的两性花管状，黄色。瘦果披针形，扁压，被疏贴柔毛。花期6—9月。

【生境与发生频率】生于路边旷野或山坡荒地。发生频率：茶园0.55，梨园0.5，棉田0.49，橘园0.42，稻田0.03，油菜田0.25。

16 藿香蓟 *Ageratum conyzoides* Sieber ex Steud.

【分类地位】菊科

【形态特征】1年生草本。高50 ～ 100cm。叶对生，有柄；叶片卵形或菱状卵形，边缘有钝锯齿，两面均有毛。头状花序，直径约1cm，在茎或分枝的顶端排列成伞房花序；总苞片长圆形，先端尖，背面有毛；花全部为管状花，淡紫色或浅蓝色；总苞钟状或半球形，总苞片2层，长圆形或披针状长圆形。瘦果黑褐色，5棱，有白色稀疏细柔毛。花果期全年。

【生境与发生频率】生于山谷、山坡林下或林缘、河边或山坡草地、田边或荒地。发生频率：橘园0.72，茶园0.23，稻田0.20，棉田0.17，梨园0.14，油菜田0.14。

17　翅果菊　　*Lactuca indica* L.

【分类地位】菊科

【形态特征】1年生或2年生草本。茎直立，单生，高0.4～2m，上部有分枝，无毛。茎生叶互生，无柄；叶形多变化，条形；长椭圆状条形或条状披针形，倒羽状或羽状全裂或深裂，裂片边缘缺刻或锯齿状，稀不分裂；最上部叶片变小，条状披针形或条形。头状花序卵球形，多数沿茎枝顶端排成圆锥花序或总状圆锥花序；总苞片4层，苞片边缘染紫红色；舌状小花25枚，黄色。瘦果椭圆形，黑色，边缘有宽翅。花果期4—11月。

【生境与发生频率】生于山谷、山坡林缘及林下、灌丛中或水沟边、山坡草地或田间。发生频率：茶园0.64，橘园0.44，梨园0.43，棉田0.31，油菜田0.21，稻田0.10。

18　鸭跖草　　*Commelina communis* L.

【分类地位】鸭跖草科

【形态特征】1年生草本。茎匍匐生根，多分枝，长可达1m，下部无毛，上部被短毛。叶披针形至卵状披针形，长3～9cm，宽1.5～2cm。总苞片佛焰苞状，有1.5～4cm的柄，与叶对生，折叠状，展开后为心形，顶端短急尖，基部心形，长1.2～2.5cm，边缘常有硬毛；聚伞花序，下面一枝仅有花1朵，具长8mm的梗，不孕；上面一枝具花3～4朵，具短梗，几乎不伸出佛焰苞。花梗花期长仅3mm，果期弯曲，长不过6mm；萼片膜质，长约5mm，内面2枚常靠近或合生；花瓣深蓝色，内面2枚具爪，长近1cm。蒴果椭圆形，2室，2片裂，有种子4颗。种子棕黄色，一端平截、腹面平，有不规则窝孔。

【生境与发生频率】生于湿地。发生频率：茶园0.55，梨园0.43，橘园0.42，棉田0.26，稻田0.23，油菜田0.07。

19　柔枝莠竹　*Microstegium vimineum* (Trin.) A. Camus

【分类地位】禾本科

【形态特征】1年生草本。秆下部匍匐地面，节上生根，高达1m。叶鞘短于其节间，鞘口具柔毛；叶舌截形；叶片长4～8cm，宽5～8mm，边缘粗糙，顶端渐尖，基部狭窄，中脉白色。总状花序2～6枚，近指状排列于主轴上；总状花序轴节间稍短于其小穗，较粗而压扁，生微毛，边缘疏生纤毛；无柄小穗基盘具短毛或无毛；第1颖披针形，背部有凹沟，贴生微毛，先端具网状横脉，沿脊锯齿状粗糙，内折边缘具丝状毛，顶端尖或有时具2齿；第2颖沿中脉粗糙，顶端渐尖，无芒；雄蕊3枚，花药长约1mm或较长。颖果长圆形。花果期8—11月。

【生境与发生频率】生于林缘与阴湿草地。发生频率：棉田0.40，茶园0.36，稻田0.36，梨园0.36，橘园0.24，油菜田0.07。

20　细风轮菜　*Clinopodium gracile* (Benth.) Kuntze

【分类地位】唇形科

【形态特征】纤细草本，具白色纤细根茎。茎分枝，柔弱上升，高8～25cm，直径约1.2mm，四棱形，具槽，有倒向的短柔毛，棱上尤密。叶片圆卵形或卵形，长1～3cm，宽0.8～2cm，先端钝或急尖，基部圆形或宽楔形，边缘具锯齿，上面近无毛，下面脉上疏生短毛，侧脉2～3对；叶柄长0.3～1.5cm，密被短柔毛。轮伞花序分离，或密集于茎端成短总状花序，疏花；花冠白至紫红色，超过花萼长约1/2倍，外面被微柔毛，内面在喉部被微柔毛，冠筒向上渐扩大，冠檐二唇形，上唇直伸，先端微缺，下唇3裂，中裂片较大。小坚果卵球形，褐色，光滑。花期6—8月，果期8—10月。

【生境与发生频率】生于路旁、沟边、空旷草地、林缘、灌丛中。发生频率：茶园0.64，橘园0.52，油菜田0.25，梨园0.21，棉田0.17，稻田0.08。

21　垂序商陆　*Phytolacca americana* Linn.

【分类地位】商陆科

【形态特征】多年生草本。成株高1～2m。根粗壮，肥大，倒圆锥形。茎直立，圆柱形，有时带紫红色。叶片椭圆状卵形或卵状披针形，长9～18cm，宽5～10cm，顶端急尖，基部楔形；叶柄长1～4cm。总状花序顶生或侧生，长5～20cm；花梗长6～8mm；花白色，微带红晕，直径约6mm；花被片5，雄蕊、心皮及花柱通常均为10，心皮合生。果序下垂；浆果扁球形，熟时紫黑色；种子肾圆形，直径约3mm。花期6—8月，果期8—10月。

【生境与发生频率】生于荒地、路边、农田及山坡。发生频率：梨园0.71，棉田0.66，橘园0.40，茶园0.32，油菜田0.04。

22　马松子　*Melochia corchorifolia* Linn.

【分类地位】梧桐科

【形态特征】多年生半灌木状草本。株高不及1m。枝黄褐色，略被星状短柔毛。叶薄纸质，卵形、矩圆状卵形或披针形，稀有不明显的3浅裂，长2.5～7cm，宽1～1.3cm，顶端急尖或钝，基部圆形或心形，边缘有锯齿，上面近无毛，下面略被星状短柔毛，基生脉5条；叶柄长5～25mm；托叶条形，长2～4mm。花排成顶生或腋生的密聚伞花序或团伞花序；小苞片条形，混生在花序内；萼钟状，5浅裂，长约2.5mm，外面被长柔毛和刚毛，内面无毛，裂片三角形；花瓣5，白色，后变为淡红色，矩圆形，长约6mm，基部收缩；雄蕊5，下部联合成筒，与花瓣对生；子房无柄，5室，密被柔毛，花柱5，线状。蒴果圆球形，有5棱，直径5～6mm，被长柔毛，每室有种子1～2个；种子卵圆形，略成三角状，褐黑色，长2～3mm。花期夏秋。

【生境与发生频率】生于田野间或低丘陵地。发生频率：棉田0.49，橘园0.46，茶园0.36，梨园0.29，稻田0.15。

23 野茼蒿 *Crassocephalum crepidioides* (Benth.) S. Moore

【分类地位】菊科

【形态特征】1年生草本。茎直立，高20～120cm，有纵条棱。叶互生，卵形或长圆状椭圆形，顶端渐尖，基部楔形，边缘有不规则锯齿或重锯齿，或有时基部羽状裂，两面无或近无毛，稍肉质。头状花序数个在茎端排成伞房状，总苞钟状，苞片2层，外层小，内层线状披针形；小花全部管状，两性，花冠红褐色或橙红色。瘦果狭圆柱形，赤红色，被毛。花果期7—11月。

【生境与发生频率】生于山坡路旁、水边、灌丛中。发生频率：茶园0.64，梨园0.57，橘园0.48，棉田0.26，油菜田0.14，稻田0.02。

24 两歧飘拂草 *Fimbristylis dichotoma* (Linn.) Vahl

【分类地位】莎草科

【形态特征】1年生草本。秆丛生，高15～50cm，无毛或被疏柔毛。叶线形，略短于秆或与秆等长，宽1～2.5mm，被柔毛或无，顶端急尖或钝；鞘草质，上端近于截形，膜质部分较宽而呈浅棕色。苞片3～4枚，叶状，通常有1～2枚长于花序，无毛或被毛；长侧枝聚伞花序复出，少有简单，疏散或紧密；小穗单生于辐射枝顶端，卵形、椭圆形或长圆形，长4～12mm，宽约2.5mm，具多数花；鳞片卵形、长圆状卵形或长圆形，长2～2.5mm，褐色，有光泽，脉3～5条，中脉顶端延伸成短尖；雄蕊1～2个，花丝较短；花柱扁平，长于雄蕊，上部有缘毛，柱头2。小坚果宽倒卵形，双凸状，长约1mm，具7～9显著纵肋，网纹近似横长圆形，无疣状突起，具褐色的柄。花果期7—10月。

【生境与发生频率】生长于稻田或空旷草地上。发生频率：橘园0.38，稻田0.33，棉田0.31，茶园0.23，梨园0.21，油菜田0.07。

25 　　**五月艾** 　　*Artemisia indica* Willd.

【分类地位】菊科

【形态特征】多年生半灌木状草本。茎单生或少数，高80～150cm。基生叶与茎中下部叶卵形或椭圆形，（1至）2回羽状分裂或大头羽状深裂；上部叶羽状全裂。头状花序卵形，多数，在分枝上排成穗状花序式的总状花序或复总状花序；总苞片3～4层，雌花4～8朵，花冠狭管状；两性花8～12朵，花冠管状。瘦果长圆形或倒卵形。花果期8—10月。

【生境与发生频率】多生于低海拔或中海拔湿润地区的路旁、林缘、坡地及灌丛处。发生频率：棉田0.43，油菜田0.43，茶园0.32，橘园0.22，稻田0.16，梨园0.14。

26 　　**山莓** 　　*Rubus corchorifolius* L. f.

【分类地位】蔷薇科

【形态特征】多年生直立灌木。株高1～3m。枝具皮刺，幼时被柔毛。单叶，卵形至卵状披针形，长5～12cm，宽2.5～5cm，顶端渐尖，基部微心形，有时近截形或近圆形，上面色较浅，沿叶脉有细柔毛，下面色稍深，幼时密被细柔毛，逐渐脱落至老时近无毛，沿中脉疏生小皮刺，边缘不分裂或3裂，通常不育枝上的叶3裂，有不规则锐锯齿或重锯齿，基部具3脉；叶柄长1～2cm，疏生小皮刺，幼时密生细柔毛；托叶线状披针形，具柔毛。花单生或少数生于短枝上；花梗常具细柔毛；花直径可达3cm；花萼外密被细柔毛，无刺；萼片卵形或三角状卵形，顶端急尖至短渐尖；花瓣长圆形或椭圆形，白色，顶端圆钝；雄蕊多数，花丝宽扁；雌蕊多数，子房有柔毛。果实由很多小核果组成，近球形或卵球形，红色，密被细柔毛；核具皱纹。花期2～3月，果期4～6月。

【生境与发生频率】生于向阳山坡、溪边、山谷、荒地和疏密灌丛中潮湿处。发生频率：梨园0.86，茶园0.82，橘园0.54。

27 白檀 *Symplocos paniculata* (Thunb.) Miq.

【分类地位】山矾科

【形态特征】落叶灌木或小乔木。嫩枝有灰白色柔毛，老枝无毛。叶膜质或薄纸质，阔倒卵形、椭圆状倒卵形或卵形，长3～11cm，宽2～4cm，先端急尖或渐尖，基部阔楔形或近圆形，边缘有细尖锯齿，叶面无毛或有柔毛，叶背通常有柔毛或仅脉上有柔毛；中脉在叶面凹下，侧脉在叶面平坦或微突起，每边4～8条；叶柄长3～5mm。圆锥花序长5～8cm，通常有柔毛；苞片早落，通常条形，有褐色腺点；花萼长2～3mm，萼筒褐色，无毛或有疏柔毛；裂片半圆形或卵形，淡黄色，有纵脉纹，边缘有毛；花冠白色，5深裂几达基部；雄蕊40～60枚，子房2室，花盘具5突起的腺点。核果熟时蓝色，卵状球形，顶端宿萼裂片直立。花期4—6月，果期7—9月。

【生境与发生频率】生于山坡、路边、疏林或密林中。发生频率：梨园0.93，橘园0.68，茶园0.36，棉田0.03。

28 茅莓 *Rubus parvifolius* Linn.

【分类地位】蔷薇科

【形态特征】多年生灌木。高1～2m。枝呈弓形弯曲，被柔毛和稀疏钩状皮刺。小叶3枚，菱状圆形或倒卵形，长2.5～6cm，宽2～6cm，上面伏生疏柔毛，下面密被灰白色茸毛，边缘有不整齐粗锯齿或缺刻状粗重锯齿，常具浅裂片；叶柄长2.5～5cm，被柔毛和稀疏小皮刺，托叶线形，具柔毛。顶生或腋生伞房花序，具花数朵至多朵，被柔毛和细刺；花梗具柔毛和稀疏小皮刺；苞片线形，有柔毛；花直径约1cm；花萼外面密被柔毛和疏密不等的针刺，萼片卵状披针形或披针形，有时条裂，花果期均直立开展；花瓣卵圆形或长圆形，粉红或紫红色；雄蕊花丝白色；子房具柔毛。果卵球形，直径1～1.5cm，红色，无毛或具稀疏柔毛；核有浅皱纹。花期5—6月，果期7—8月。

【生境与发生频率】生于荒坡、沟边、路旁、地边、林缘或灌草丛。发生频率：橘园0.68，梨园0.50，茶园0.41，棉田0.09，油菜田0.04。

29 蔊菜 *Rorippa indica* (L.) Hiern

【分类地位】十字花科

【形态特征】1年生或2年生直立草本。株高20～40cm，植株较粗壮，无毛或具疏毛。茎单一或分枝，表面具纵沟。叶互生，基生叶及茎下部叶具长柄，叶形多变化，通常大头羽状分裂，长4～10cm，宽1.5～2.5cm，顶端裂片大，卵状披针形，边缘具不整齐牙齿，侧裂片1～5对；茎上部叶片宽披针形或匙形，边缘具疏齿，具短柄或基部耳状抱茎。总状花序顶生或侧生，花小，多数，具细花梗；萼片4，卵状长圆形，长3～4mm；花瓣4，黄色，匙形，基部渐狭成短爪，与萼片近等长；雄蕊6，2枚稍短。长角果线状圆柱形，短而粗，长1～2cm，宽1～1.5mm，直立或稍内弯，成熟时果瓣隆起；果梗纤细，长3～5mm，斜升或近水平开展。种子每室2行，多数，细小，卵圆形而扁，一端微凹，表面褐色，具细网纹。花期4—6月，果期6—8月。

【生境与发生频率】生于路旁、荒地。发生频率：橘园0.48，梨园0.29，油菜田0.29，棉田0.23，茶园0.18，稻田0.10。

30 苍耳 *Xanthium strumarium* L.

【分类地位】菊科

【形态特征】1年生草本。茎直立，高20～90cm。分枝或不分枝。叶三角状卵形或心形，长4～9cm，宽5～10cm，具长柄，边缘浅裂或有粗锯齿，两面均被贴生的糙伏毛。花单性，雌雄同株；雄头状花序球形，径4～6mm，淡黄色，密集枝顶；雌头状花序椭圆形，生于雄花序的下方，总苞有钩刺，内含2花。瘦果2，倒卵形，包于坚硬而有钩刺的囊状总苞中。花期7—8月，果期9—10月。

【生境与发生频率】生于平原、丘陵、低山、荒野路边、田边。发生频率：橘园0.52，梨园0.43，茶园0.27，棉田0.20，稻田0.11，油菜田0.04。

31　车前　*Plantago asiatica* Ledeb.

【分类地位】车前科

【形态特征】2年生或多年生草本。根茎短，稍粗。叶基生呈莲座状，平卧、斜展或直立；叶片薄纸质或纸质，宽卵形至宽椭圆形，长4～12cm，宽2.5～6.5cm，先端钝圆至急尖，边缘波状、全缘或中部以下有锯齿、牙齿或裂齿，基部宽楔形或近圆形，多少下延，两面疏生短柔毛，脉5～7；叶柄长2～15cm，基部扩大成鞘，疏生短柔毛。穗状花序排列不紧密，长20～30cm；花绿白色；苞片宽三角形，比萼片短，两者都有龙骨状突起；花冠裂片三角状长圆形，长1mm。蒴果椭圆形，近中部开裂，基部有不脱落的花萼。种子6～8粒，卵状或椭圆状多角形，黑褐色至黑色。花果期4—8月。

【生境与发生频率】生于草地、沟边、河岸湿地、田边、路旁或村边空旷处。发生频率：茶园0.59，橘园0.40，油菜田0.39，棉田0.17，梨园0.14。

32　金毛耳草　*Hedyotis chrysotricha* (Palib.) Merr.

【分类地位】茜草科

【形态特征】多年生披散草本。株高约30cm，基部木质，被金黄色硬毛。叶对生，具短柄，薄纸质，阔披针形、椭圆形或卵形，长2～2.8cm，宽1～1.2cm，顶端短尖或凸尖，基部楔形或阔楔形，上面疏被短硬毛，下面被浓密黄色茸毛，脉上被毛更密；侧脉每边2～3条，极纤细，仅在下面明显；托叶短合生，上部长渐尖，边缘具疏小齿，被疏柔毛。腋生聚伞花序，有花1～3朵，被金黄色疏柔毛，近无梗；花萼被柔毛，萼管近球形，萼檐裂片披针形，比管长；花冠白或紫色，漏斗形，外面被疏柔毛或近无毛，里面有髯毛，上部深裂；雄蕊内藏，花丝极短或缺；花柱中部有髯毛，柱头棒形，2裂。果近球形，被扩展硬毛，宿存萼檐裂片成熟时不开裂，内有种子数粒。花果期几乎全年。

【生境与发生频率】生于山谷杂木林下或山坡灌木丛中。发生频率：梨园0.86，茶园0.73，橘园0.30，棉田0.14，稻田0.05，油菜田0.04。

33 皱果苋 *Amaranthus viridis* L.

【分类地位】苋科

【形态特征】1年生草本。高40～80cm，全体无毛。茎直立，有不明显棱角，稍有分枝，绿色或带紫色。叶片卵形、卵状矩圆形或卵状椭圆形，长3～9cm，宽2.5～6cm，顶端尖凹或凹缺，少数圆钝，有1芒尖，基部宽楔形或近截形，全缘或微呈波状缘；叶柄长3～6cm，绿色或带紫红色。圆锥花序顶生，长6～12cm，宽1.5～3cm，有分枝，由穗状花序形成，圆柱形，细长，直立，顶生花穗比侧生者长；总花梗长2～2.5cm；苞片及小苞片披针形，长不及1mm，顶端具凸尖；花被片矩圆形或宽倒披针形，长1.2～1.5mm，内曲，顶端急尖，背部有1绿色隆起中脉，雄蕊比花被片短；柱头3或2。胞果扁球形，直径约2mm，绿色，不裂，极皱缩，超出花被片。种子近球形，直径约1mm，黑色或黑褐色，具薄且锐的环状边缘。花期6—8月，果期8—10月。

【生境与发生频率】喜光，生在村庄附近的杂草地上或田野间。发生频率：橘园0.58，棉田0.40，梨园0.36，茶园0.09，油菜田0.07。

34 荔枝草 *Salvia plebeia* R. Br.

【分类地位】唇形科

【形态特征】1年生或2年生草本。茎直立，高15～90cm，被倒向灰白色柔毛，多分枝。叶基生和茎生，叶片椭圆状卵圆形、长圆形或椭圆状披针形，长2～7cm，宽0.8～3cm，先端钝或急尖，基部圆形或楔形，边缘具圆齿或尖锯齿，叶面皱折，两面被毛，下面散布黄色小腺点；叶柄长0.4～2cm，密被柔毛。轮伞花序6花，多数，在茎、枝顶端密集组成总状或总状圆锥花序，花序长10～25cm，结果时延长；花梗长约1mm，与花序轴密被疏柔毛；花冠淡红、淡紫、紫、蓝紫至蓝色，稀白色，长4.5mm。小坚果倒卵圆形，直径0.4mm，成熟时干燥，光滑。花期4—5月，果期6—7月。

【生境与发生频率】生于山坡、路旁、沟边、田野潮湿的土壤上。发生频率：油菜田0.54，橘园0.22，棉田0.20，茶园0.18，稻田0.18，梨园0.14。

35 菝葜 *Smilax china* L.

【分类地位】菝葜科

【形态特征】多年生藤本落叶攀附植物。根状茎粗厚，坚硬，为不规则的块状，粗2~3cm。茎长1~3m，少数可达5m，疏生刺。叶片厚纸质至薄革质，近圆形、卵形或椭圆形，长3~10cm，宽1.5~8cm，萌发枝上的叶片长可达16cm，宽可达12cm，先端凸尖至骤尖，基部宽楔形或圆形，有时微心形，下面淡绿色或苍白色，具3~5主脉；叶柄长7~25mm，具卷须，翅状鞘线状披针形或披针形，几全部与叶柄合生，脱落点位于卷须着生点处。伞形花序生于叶尚幼嫩的小枝上，具十几朵或更多的花，常呈球形，花绿黄色；雄花中花药比花丝稍宽，常弯曲；雌花与雄花大小相似，有6枚退化雄蕊。浆果熟时红色，有粉霜。花期2—5月，果期9—11月。

【生境与发生频率】生于林下、灌丛中、路旁、河谷或山坡上。发生频率：梨园0.79，茶园0.77，橘园0.36，棉田0.06。

36 雀稗 *Paspalum thunbergii* Kunth ex Steud.

【分类地位】禾本科

【形态特征】多年生草本。秆直立，丛生，高50~100cm，节被长柔毛。叶鞘具脊，长于节间，被柔毛；叶舌膜质；叶片线形，长10~25cm，两面被柔毛。总状花序3~6，互生于长3~8cm的主轴上，形成总状圆锥花序，分枝腋间具长柔毛；小穗椭圆状倒卵形，长2.6~2.8mm，散生微柔毛；第2颖与第1外稃等长，膜质，具3脉，边缘有明显微柔毛。第2外稃等长于小穗，革质，具光泽。花果期5—10月。

【生境与发生频率】生于荒野潮湿草地。发生频率：梨园0.64，茶园0.45，橘园0.36，棉田0.14，稻田0.10。

37　芒萁　*Dicranopteris pedata* (Houtt.) Nakaike

【分类地位】里白科

【形态特征】多年生蕨类植物。株高45～120cm，直立或蔓生。根状茎细长而横走。叶疏生，纸质，叶背略呈灰白色或灰蓝色，幼时沿羽轴及叶脉有锈黄色毛，老时脱落；叶柄长24～56cm，叶轴1至2回或多回分叉，各回分叉腋间有1个密被茸毛的休眠芽，并有1对叶状苞片，其基部两侧有1对羽状深裂的阔披针形羽片（末回分叉除外）；末回羽片长16～23.5cm，宽4～5.5cm，披针形，篦齿状羽裂几达羽轴；裂片条状披针形，钝头，顶端常微凹，全缘，侧脉每组有小脉3～5条。孢子囊群着生于每组侧脉上侧小脉的中部。

【生境与发生频率】生于酸性土的红壤丘陵坡地或马尾松林下。发生频率：梨园0.71，茶园0.59，橘园0.50。

38　黄鹌菜　*Youngia japonica* (Linn.) DC.

【分类地位】菊科

【形态特征】1年生草本。茎直立，单生或少数茎成簇生，高20～80cm。基生叶丛生，倒披针形，提琴状羽裂，顶端裂片大，先端钝，边缘有不整齐的波状齿裂；茎生叶互生，稀少，通常1～2枚，叶片狭长，羽状深裂。头状花序少数或多数，具细梗，在茎枝顶端排列成聚伞状圆锥花序，含10～20舌状小花；总苞圆柱状，长4～5mm；总苞片4层；舌状小花黄色，花冠管外面有短柔毛。瘦果纺锤形，压扁，褐色或红褐色。花果期4—10月。

【生境与发生频率】生于林间草地及潮湿地、河边沼泽地、田间与荒地。发生频率：茶园0.50，梨园0.50，橘园0.42，油菜田0.18，棉田0.06。

39　白背黄花稔　*Sida rhombifolia* Linn.

【分类地位】锦葵科

【形态特征】多年生亚灌木。直立，高约1m，分枝多，枝被星状绵毛。叶菱形或长圆状披针形，长25～45mm，先端浑圆至短尖，基部宽楔形，边缘具锯齿，上面疏被星状柔毛至近无毛，下面被灰白色星状柔毛；叶柄长3～5mm，被星状柔毛。花黄色，单生于叶腋；花萼杯形，被星状短绵毛，裂片5，三角形；花瓣倒卵形，先端圆，基部狭。果半球形，分果爿8～10，顶端具2短芒。花期5—8月，果期9—10月。

【生境与发生频率】常生于山坡灌丛间、旷野和沟谷两岸。发生频率：橘园0.62，棉田0.26，茶园0.18。

40　鸡矢藤　*Paederia foetida* Linn.

【分类地位】茜草科

【形态特征】多年生草质藤本。茎长3～5m，无毛或近无毛。叶对生，纸质或近革质，形状变化很大，卵形、卵状长圆形至披针形，长5～15cm，宽1～6cm，顶端急尖或渐尖，基部楔形、近圆或截平，有时浅心形，两面无毛或近无毛；侧脉每边4～6条，纤细；叶柄长1.5～7cm；托叶无毛。圆锥花序式的聚伞花序腋生和顶生，扩展，分枝对生，末次分枝上着生的花常呈蝎尾状排列；小苞片披针形；花具短梗或无；萼管陀螺形，萼檐裂片5，裂片三角形；花冠浅紫色，外面被粉末状柔毛，里面被茸毛，顶部5裂，顶端急尖而直。果球形，成熟时近黄色，顶冠以宿存的萼檐裂片和花盘；小坚果无翅，浅黑色。花期5—7月，果期6—8月。

【生境与发生频率】生于山坡、林地、沟谷边灌丛中或缠绕在灌木上。发生频率：茶园0.41，橘园0.36，棉田0.34，梨园0.21，油菜田0.04。

41　斑地锦　*Euphorbia maculata* L.

【分类地位】大戟科

【形态特征】1年生草本。茎匍匐，长10～17cm，直径约1mm，被白色疏柔毛。叶对生，长椭圆形至肾状长圆形，长6～12mm，宽2～4mm，先端钝，基部偏斜，不对称，略呈渐圆形，边缘中部以下全缘，中部以上常具细小疏锯齿；叶面绿色，中部常具有一个长圆形的紫色斑点，叶背淡绿色或灰绿色，新鲜时可见紫色斑，干时不清楚，两面无毛；叶柄极短，长约1mm。花序单生于叶腋，基部具短柄。雄花4～5，微伸出总苞外；雌花1，子房柄伸出总苞外，且被柔毛。蒴果三角状卵形，被稀疏柔毛，成熟时易分裂为3个分果爿。种子卵状四棱形，灰色或灰棕色，每个棱面具5横沟，无种阜。花期3—5月，果期6—9月。

【生境与发生频率】生于平原或低山坡的路旁。发生频率：棉田0.60，梨园0.43，茶园0.18，橘园0.18，稻田0.02。

42　糠稷　*Panicum bisulcatum* Thunb.

【分类地位】禾本科

【形态特征】1年生草本。秆纤细，较坚硬，高0.5～1m，直立或基部伏地，节上可生根。叶鞘松弛，边缘被纤毛；叶舌膜质，顶端具纤毛；叶片质薄，几无毛，狭披针形，长5～20cm。圆锥花序长15～30cm，分枝纤细，斜举或平展，无毛或粗糙；小穗椭圆形，绿色或有时带紫色，具细柄；第1颖近三角形，长约为小穗的1/2，具1～3脉；第2颖与第1外稃同形并且等长，均具5脉，外被细毛或后脱落；第1内稃缺；第2外稃椭圆形，顶端尖，表面平滑，光亮，成熟时黑褐色。花果期9—11月。

【生境与发生频率】生于荒野潮湿处。发生频率：茶园0.37，棉田0.32，橘园0.22，梨园0.14，稻田0.13。

43　鼠尾粟　*Sporobolus fertilis* (Steud.) W. D. Clayton

【分类地位】禾本科

【形态特征】多年生草本。秆直立，丛生，高25～120cm，基部径2～4mm，质较坚硬，平滑无毛。叶鞘平滑无毛或其边缘具短纤毛；叶舌极短，纤毛状；叶片通常内卷，先端长渐尖。圆锥花序较紧缩呈线形，分枝稍坚硬，直立；小穗灰绿色且略带紫色；颖膜质，第1颖小，具1脉；外稃等长于小穗，先端稍尖，具1中脉；雄蕊3。囊果成熟后红褐色，长圆状倒卵形或倒卵状椭圆形，顶端截平。花果期3—12月。

【生境与发生频率】生于田野路边、山坡草地、荒地田埂及山谷湿处和林下。发生频率：橘园0.52，梨园0.21，茶园0.14，稻田0.11，棉田0.06。

44　粉团蔷薇　*Rosa multiflora* var. *cathayensis* Rehd. et Wils.

【分类地位】蔷薇科

【形态特征】多年生藤状灌木。株高1～3m。枝条无毛，有钩状皮刺。小叶5～7，椭圆形或倒卵状椭圆形，长2～6cm，宽1.2～3cm，先端渐尖或急尖，边缘有细锐锯齿，上面无毛或近无毛，下面疏生柔毛或沿脉有毛；叶轴和叶柄有疏柔毛、腺毛和小皮刺；托叶篦齿状分裂，大部贴生于叶柄。花粉红色多朵，排成伞房状花序，花梗长2～3cm，有疏柔毛和腺毛；萼片卵形，先端尾尖，全缘或有裂片，外面通常有腺毛，内面密生茸毛；花瓣5，倒卵形，先端微凹；花柱结合成柱状，无毛，明显伸出萼管口外。果实近球形，直径6～8mm，红色或黄红色，无毛，萼片脱落。花期5—6月，果期9—10月。

【生境与发生频率】生于向阳山坡林下、沟边、丘陵地、荒坡或灌丛中。发生频率：梨园0.57，茶园0.45，橘园0.44，棉田0.03。

45　　**蓝花参**　　*Wahlenbergia marginata* (Thunb.) A. DC.

【分类地位】桔梗科。

【形态特征】多年生草本。茎自基部多分枝，直立或上升，长10～40cm。叶互生，常在茎下部密集，下部的匙形、倒披针形或椭圆形，上部的条状披针形或椭圆形，边缘波状或具疏锯齿，或全缘，无毛或疏生长硬毛。花梗极长，细而伸直；花萼无毛，筒部倒卵状圆锥形，裂片三角状钻形；花冠钟状，蓝色，分裂达2/3，裂片倒卵状长圆形。蒴果倒圆锥状或倒卵状圆锥形。花果期2—5月。

【生境与发生频率】生于低洼潮湿地。发生频率：橘园0.38，茶园0.36，梨园0.21，棉田0.14，油菜田0.11，稻田0.03。

46　　**豚草**　　*Ambrosia artemisiifolia* L.

【分类地位】菊科

【形态特征】1年生草本。茎直立，高20～150cm。茎下部叶对生，上部叶互生，2～3回羽状分裂，裂片条状。头状花序单性，雄头状花序多，在枝端密集成总状花序；总苞碟形；具雄花15～20朵，雄花高脚碟状，黄色，顶端5裂；雌头状花序无梗，在雄头状花序下面或在下部叶腋单生，或2～3个簇生。瘦果倒卵形，无毛，藏于坚硬的总苞中。花期8—9月，果期9—10月。

【生境与发生频率】生于河岸边、路边、果园、田野。发生频率：棉田0.37，梨园0.36，橘园0.32，油菜田0.11，茶园0.09，稻田0.02。

47 **鹅肠菜** *Myosoton aquaticum* (Linn.) Moench

【分类地位】石竹科

【形态特征】多年生草本。成株高20～80cm。茎外倾或上升，上部被腺毛。叶对生，卵形，长2.5～5.5cm，先端尖，基部近圆或稍心形，边缘波状；叶柄长0.5～1cm，上部叶常无柄。花白色，1歧聚伞花序顶生或腋生，苞片叶状，边缘具腺毛；花梗细，长1～2cm，密被腺毛；萼片5，卵状披针形，长4～5mm，被腺毛；花瓣5，2深裂至基部，裂片披针形，长3～3.5mm；雄蕊10；子房1室，花柱5，线形。蒴果卵圆形，较宿萼稍长，5瓣裂至中部，裂瓣2齿裂。种子扁肾圆形，具小疣。花期5—6月，果期6—8月。

【生境与发生频率】生于低山区、湿润地。发生频率：橘园0.42，茶园0.32，油菜田0.29，梨园0.14，棉田0.06。

48 **葎草** *Humulus scandens* (Lour.) Merr.

【分类地位】大麻科

【形态特征】缠绕草本。茎、枝、叶柄均具倒钩刺。叶对生，有时上部互生，叶片纸质，近圆形，宽3～11cm，基部心形，通常掌状5深裂，稀3～7裂，裂片卵形或卵状椭圆形，先端急尖或渐尖，边缘有粗锯齿，上面粗糙，疏生白色刺毛，下面略粗糙，沿脉上被刺毛，其余具柔毛及黄色腺体，5出掌状叶脉；叶柄长5～20cm；托叶三角形。雄花小，黄绿色，花序长15～25cm；雌花序径约5mm，苞片纸质，三角形，被白色茸毛；子房为苞片包被，柱头2，伸出苞片外。瘦果成熟时露出苞片外。花期春夏，果期秋季。

【生境与发生频率】常生于沟边、荒地、废墟、林缘边。发生频率：棉田0.40，橘园0.32，茶园0.18，油菜田0.11，梨园0.07，稻田0.02。

49 蛇莓 *Duchesnea indica* (Andr.) Focke

【分类地位】蔷薇科

【形态特征】多年生匍匐草本。根茎短，粗壮；匍匐茎多数，长30～100cm，有柔毛。小叶片倒卵形至菱状长圆形，长2～5cm，宽1～3cm，先端圆钝，边缘有钝锯齿，两面皆有柔毛，或上面无毛，具小叶柄；叶柄长1～5cm，有柔毛；托叶窄卵形至宽披针形。花单生于叶腋，直径1.5～2.5cm；花梗长3～6cm，有柔毛；萼片卵形，先端锐尖，外面有散生柔毛；副萼片倒卵形，比萼片长，先端常具3～5锯齿；花瓣倒卵形，黄色，先端圆钝；雄蕊20～30；花托在果期膨大，海绵质，鲜红色，有光泽，外面有长柔毛。瘦果卵形，光滑或具不明显突起，鲜时有光泽。花期6—8月，果期8—10月。

【生境与发生频率】生于山坡、丘陵、路边草地与水沟边。发生频率：茶园0.36，梨园0.29，橘园0.24，油菜田0.21，棉田0.11，稻田0.08。

50 香附子 *Cyperus rotundus* Linn.

【分类地位】莎草科

【形态特征】多年生草本。匍匐根状茎长，具椭圆形块茎。秆稍细弱，高15～95cm，锐三棱形，平滑，基部呈块茎状。叶较多，短于秆，宽2～5mm，平张；鞘棕色，常裂成纤维状。叶状苞片2～5枚，常长于花序，或有时短于花序；长侧枝聚伞花序简单或复出，具2～10个辐射枝；辐射枝最长达12cm；穗状花序轮廓为陀螺形，稍疏松，具3～10个小穗；小穗斜展开，线形，长1～3cm，宽约1.5mm，具8～28朵花；小穗轴具较宽的、白色透明的翅；鳞片稍密地覆瓦状排列，膜质，卵形或长圆状卵形，顶端急尖或钝，无短尖，中间绿色，两侧紫红色或红棕色，具5～7条脉；雄蕊3，花药长，线形，暗血红色，药隔突出于花药顶端；花柱长，柱头3，细长，伸出鳞片外。小坚果长圆状，具细点。花果期5—11月。

【生境与发生频率】生于山坡荒地草丛中或水边潮湿处。发生频率：橘园0.32，棉田0.31，油菜田0.25，茶园0.09，梨园0.07，稻田0.03。

51　粟米草　*Mollugo stricta* Linn.

【分类地位】粟米草科

【形态特征】1年生草本。株高30cm。茎纤细，多分枝，具棱，无毛，老茎常淡红褐色。叶3～5近轮生或对生，茎生叶披针形或线状披针形，长1.5～4cm，基部窄楔形，全缘，中脉明显；叶柄短或近无柄。花小，聚伞花序梗细长，顶生或与叶对生；花梗长1.5～6mm；花被片5，淡绿色，椭圆形或近圆形，长1.5～2mm；雄蕊3，花丝基部稍宽；子房3室，花柱短线形。蒴果近球形，与宿存花被等长，3瓣裂。种子多数，肾形，深褐色，具多数颗粒状突起。花期6—8月，果期8—10月。

【生境与发生频率】生于空旷荒地、农田和海岸沙地。发生频率：棉田0.51，茶园0.32，梨园0.21，橘园0.16，稻田0.02。

52　剪刀股　*Ixeris japonica* (Burm. f.) Nakai

【分类地位】菊科

【形态特征】多年生草本。茎基部平卧，高12～35cm。基生叶匙状倒披针形或舌形，边缘有锯齿至羽状半裂或深裂，侧裂片1～3对，顶端急尖或钝；茎生叶少数，长椭圆形或长倒披针形，无柄或渐狭成短柄。头状花序1～6枚，在茎枝顶端排成伞房花序；总苞钟状，总苞片2～3层，外层极短，卵形；舌状小花24枚，黄色。瘦果褐色，几纺锤形，无毛。花果期3—5月。

【生境与发生频率】生于路边潮湿地及田边。发生频率：梨园0.36，油菜田0.32，橘园0.26，茶园0.14，稻田0.07，棉田0.06。

53 土茯苓 *Smilax glabra* Roxb.

【分类地位】菝葜科

【形态特征】多年生攀援灌木。根状茎粗厚，块状，常由匍匐茎相连接，粗2～5cm；茎长1～4m，枝条光滑，无刺。叶片革质，长圆状披针形至披针形，长5～15cm，宽1～4cm，先端骤尖至渐尖，基部圆形或楔形，下面有时苍白色，具3主脉；叶柄具卷须，翅状鞘狭披针形，几全部与叶柄合生，脱落点位于叶柄的顶端。伞形花序单生于叶腋，通常具10余朵花；花序托膨大，连同多数宿存的小苞片多少呈莲座状；花绿白色，六棱状球形；雄花外花被片近扁圆形，兜状，背面中央具纵槽，内花被片近圆形，边缘有不规则的齿；雄花靠合，与内花被片近等长，花丝极短；雌花外形与雄花相似，但内花被片边缘无齿，具3枚退化雄蕊。浆果熟时紫黑色，具粉霜。花期7—11月，果期11月至翌年4月。

【生境与发生频率】生于山坡灌丛、草地或林缘向阳处。发生频率：梨园0.79，茶园0.77，橘园0.14。

54 算盘子 *Glochidion puberum* (Linn.) Hutch.

【分类地位】大戟科

【形态特征】直立灌木。株高1～5m，多分枝；小枝灰褐色；小枝、叶片下面、萼片外面、子房和果实均密被短柔毛。叶片长圆形至长圆状披针形，长3～6cm，宽1.5～2.5cm，先端稍急尖或钝，基部宽楔形，稍不对称，全缘，上面灰绿色，仅中脉及侧脉基部有短毛，下面密生短柔毛；叶柄长1～3mm；托叶三角形，长约1mm。花小，雌雄同株或异株，2～5朵簇生于叶腋内，雄花束常着生于小枝下部，雌花束则在上部，或有时雌花和雄花同生于一叶腋内；雄花：花梗长4～15mm；萼片6，狭长圆形或长圆状倒卵形，长2.5～3.5mm，雄蕊3，合生呈圆柱状；雌花：花梗长约1mm；萼片6，与雄花的相似，但较短而厚。蒴果扁球状，直径8～15mm，成熟时带红色，顶端具有环状而稍伸长的宿存花柱；种子近肾形，朱红色。花期4—8月，果期7—11月。

【生境与发生频率】生于山坡、溪旁灌木丛中或林缘，为酸性土壤的指示植物。发生频率：梨园0.71，橘园0.34，茶园0.27，棉田0.06。

55　截叶铁扫帚　*Lespedeza cuneata* (Dum.-Cours.) G. Don

【分类地位】蝶形花科

【形态特征】多年生小灌木，高达1m。茎直立或斜升，被毛，上部分枝；分枝斜上举。叶柄长4～10mm，被白色柔毛；托叶线形，具3脉；小叶片线状楔形，先端截形或圆钝，微凹，具小尖头，基部楔形，上面几无毛，下面密被伏毛；顶生小叶片长1～3cm，宽2～5mm，侧生小叶片较小。总状花序腋生，具2～4朵花；总花梗极短；小苞片卵形或狭卵形，先端渐尖，背面被白色伏毛，边具缘毛；花萼狭钟形，密被伏毛，5深裂，裂片披针形；花冠淡黄色或白色，旗瓣基部有紫斑，有时龙骨瓣先端带紫色，翼瓣与旗瓣近等长，龙骨瓣稍长；闭锁花簇生于叶腋。荚果宽卵形或近球形，被伏毛。花期7—8月，果期9—10月。

【生境与发生频率】主要生于田埂。发生频率：梨园0.43，茶园0.41，橘园0.32，棉田0.11。

56　蓬蘽　*Rubus hirsutus* Thunb.

【分类地位】蔷薇科

【形态特征】多年生灌木。株高1～2m。枝红褐色或褐色，被柔毛和腺毛，疏生皮刺。小叶3～5，卵形或宽卵形，长3～7cm，宽2～3.5cm，顶端急尖，顶生小叶顶端常渐尖，基部宽楔形至圆形，两面疏生柔毛，边缘具不整齐尖锐重锯齿；叶柄长2～3cm，顶生小叶柄长约1cm，均具柔毛和腺毛，并疏生皮刺；托叶披针形或卵状披针形，两面具柔毛。花常单生于侧枝顶端，也有腋生；花梗具柔毛和腺毛，或有极少小皮刺；苞片小，线形，具柔毛；花大，直径3～4cm；花萼外密被柔毛和腺毛；萼片卵状披针形或三角状披针形，顶端长尾尖，外面边缘被灰白色茸毛，花后反折；花瓣倒卵形或近圆形，白色基部具爪；花丝较宽；花柱和子房均无毛。果实近球形，无毛。花期4月，果期5—6月。

【生境与发生频率】生于山坡路旁阴湿处或灌丛中。发生频率：茶园0.68，梨园0.29，橘园0.24，油菜田0.07，棉田0.03，稻田0.02。

57 **牛膝** *Achyranthes bidentata* Bl.

【分类地位】苋科

【形态特征】多年生草本。株高70～120cm。根圆柱形，直径5～10mm，土黄色。茎有棱角或四方形，绿色或带紫色，有白色贴生或开展柔毛，或近无毛，分枝对生。叶片椭圆形或椭圆状披针形，少数倒披针形，长4.5～12cm，宽2～7.5cm，顶端尾尖长5～10mm，基部楔形或宽楔形，两面有贴生或开展柔毛；叶柄长5～30mm，有柔毛。穗状花序顶生及腋生，长3～5cm，花期后反折；总花梗长1～2cm，有白色柔毛；花多数，密生，长5mm；苞片宽卵形，长2～3mm，顶端长渐尖；小苞片刺状，长2.5～3mm，顶端弯曲，基部两侧各有1卵形膜质小裂片，长约1mm；花被片披针形，长3～5mm，光亮，顶端急尖，有1中脉；雄蕊长2～2.5mm；退化雄蕊顶端平圆，稍有缺刻状细锯齿。胞果矩圆形，长2～2.5mm，黄褐色，光滑。种子矩圆形，长1mm，黄褐色。花期7—9月，果期9—10月。

【生境与发生频率】生于山坡林下、沟边、路旁、田园。发生频率：茶园0.32，橘园0.32，棉田0.26，梨园0.14，稻田0.02。

58 **裸花水竹叶** *Murdannia nudiflora* (L.) Brenan

【分类地位】鸭跖草科

【形态特征】多年生草本。根须状，纤细，无毛或被长茸毛。茎多条自基部发出，披散，下部节上生根，长10～50cm，分枝或否，无毛，主茎发育。叶几乎全部茎生，有时有1～2条形长达10cm的基生叶，茎生叶叶鞘长一般不及1cm，通常全面被长刚毛；叶片禾叶状或披针形，顶端钝或渐尖，两面无毛或疏生刚毛，长2.5～10cm，宽5～10mm。蝎尾状聚伞花序数个，排成顶生圆锥花序，或仅单个；聚伞花序有数朵密集排列的花，具纤细而长达4cm的总梗；苞片早落；花梗细而挺直；萼片草质，卵状椭圆形，浅舟状；花瓣紫色；能育雄蕊2枚，不育雄蕊2～4枚，花丝下部有须毛。蒴果卵圆状三棱形，长3～4mm。种子黄棕色，有深窝孔，或同时有浅窝孔和以胚盖为中心呈辐射状排列的白色瘤突。花果期6—10月。

【生境与发生频率】生于低海拔的水边潮湿处，少见于草丛中。发生频率：橘园0.26，稻田0.23，棉田0.14，梨园0.07，茶园0.05，油菜田0.04。

59　地菍　*Melastoma dodecandrum* Lour.

【分类地位】野牡丹科

【形态特征】多年生匍匐小灌木。株长10～30cm。茎匍匐上升，逐节生根，分枝多，披散，幼时疏被糙伏毛。叶卵形或椭圆形，先端急尖，基部宽楔形，长1～4cm，全缘或具密浅细锯齿，基出脉3～5，上面通常仅边缘被糙伏毛，有时基出脉行间被1～2行疏糙伏毛，下面仅基出脉疏被糙伏毛；叶柄长2～15mm，被糙伏毛。聚伞花序顶生，具1～3花，叶状总苞2，常较叶小；花梗被糙伏毛；苞片卵形，具缘毛，背面被糙伏毛；花萼管长约5mm，被糙伏毛，裂片披针形，疏被糙伏毛，具缘毛，裂片间具1小裂片；花瓣淡紫红或紫红色，菱状倒卵形，长1.2～2cm，先端有1束刺毛，疏被缘毛；子房顶端具刺毛。果坛状球形，近顶端略缢缩，平截，肉质，不开裂；宿存花萼疏被糙伏毛。花期5—7月，果期7—9月。

【生境与发生频率】常生在酸性土壤上。发生频率：茶园0.59，橘园0.36，梨园0.29。

60　紫苏　*Perilla frutescens* (Linn.) Britt.

【分类地位】唇形科

【形态特征】1年生直立草本。茎直立，株高50～150cm，有时带紫色，密被长柔毛。叶片宽卵形或近圆形，长4～20cm，宽3～16cm，先端急尖或尾状尖，基部圆形或宽楔形，边缘具粗锯齿，两面绿色，有时紫色或下面紫色，上面疏被柔毛，下面密被贴生柔毛，侧脉7～8对，叶柄长2.5～12cm，密被长柔毛。轮伞花序2花，组成长1.5～15cm、密被长柔毛、偏向一侧的顶生及腋生总状花序；花冠白色至紫红色，长3～4mm，外面略被微柔毛，内面在下唇片基部略被微柔毛，冠筒短，长2～2.5mm，喉部斜钟形，冠檐近二唇形，上唇微缺，下唇3裂，中裂片较大，侧裂片与上唇相近似。小坚果近球形，灰褐色，直径约1.5mm，具网纹。花期8—11月，果期8—12月。

【生境与发生频率】生于路边、溪旁、田埂及荒坡上。发生频率：橘园0.32，茶园0.23，棉田0.14，稻田0.13。

61 **蚕茧草** *Polygonum japonicum* Meisn.

【分类地位】蓼科

【形态特征】多年生草本。株高50～100cm。茎直立，淡红色，无毛，有时具稀疏的短硬伏毛，节部膨大。叶披针形，近薄革质，坚硬，长7～15cm，宽1～2cm，顶端渐尖，基部楔形，全缘，两面疏生短硬伏毛，中脉上毛较密，边缘具刺状缘毛；叶柄短或近无柄；托叶鞘筒状，膜质，具硬伏毛，顶端截形。顶生总状花序呈穗状，长6～12cm，通常数个再集成圆锥状；苞片漏斗状，绿色，上部淡红色，具缘毛，每苞内具3～6花；雌雄异株，花被5深裂，白色或淡红色，花被片长椭圆形；雄花雄蕊8，雄蕊比花被长；雌花花柱2～3，中下部合生，花柱比花被长。瘦果卵形，具3棱或双凸镜状，黑色，有光泽，包于宿存花被内。花期8—10月，果期9—11月。

【生境与发生频率】生于路边湿地、水边及山谷草地。发生频率：茶园0.45，梨园0.29，橘园0.28，棉田0.11，油菜田0.04。

62 **野艾蒿** *Artemisia lavandulifolia* DC.

【分类地位】菊科

【形态特征】多年生草本，有时为半灌木状。茎少数，成小丛，直立，高50～120cm，分枝多，斜向上伸展，密被短柔毛。下部叶宽卵形或近圆形，2回羽状全裂或第1回全裂，第2回深裂，具长柄；中部叶基部渐狭成短柄，有假托叶，羽状深裂，裂片1～2对，线状披针形，背面密被灰白色短毛；上部叶片渐小，全缘，线条形。头状花序极多数，在分枝的上半部排成密穗状或复穗状花序，花后头状花序多下倾；总苞片3～4层，花红褐色，筒形。瘦果长卵形或倒卵形。花果期8—10月。

【生境与发生频率】生于路旁、林缘、山坡、草地、山谷、灌丛及河湖滨草地等。发生频率：橘园0.40，梨园0.29，油菜田0.18，茶园0.09，棉田0.03。

63	蕨	*Pteridium aquilinum* var. *latiusculum* (Desv.) Underw. ex Heller

【分类地位】蕨科

【形态特征】多年生草本。植株高达1.2m。根状茎长而横走，黑褐色，密生锈黄色柔毛，以后逐渐脱落。叶远生，叶柄长20～80cm，褐棕色或深禾秆色，略有光泽，光滑，上面有浅纵沟；叶片阔三角形或长圆三角形，长30～60cm，宽20～45cm，先端渐尖，基部圆楔形，3回羽状；羽片4～6对，对生或近对生，斜展，基部一对最大，三角形，2回羽状；小羽片约10对，互生，斜展，披针形，先端尾尖，基部近平截，有短柄，1回羽状；裂片10～15对，平展，接近，长圆形，钝头或近圆头，基部不与小羽轴合生，全缘或有时羽裂；叶脉密集，仅下面明显；叶干后近革质，暗绿色，上面无毛，下面在叶脉上生疏毛或近无毛；叶轴及羽轴均光滑，小羽轴上面光滑，下面生疏毛，各回羽轴上面均有纵沟1条，沟内无毛。孢子囊群线形，沿叶缘着生，连续或间断；囊群盖线形。

【生境与发生频率】生于山地阳坡及森林边缘阳光充足处。发生频率：茶园0.55，橘园0.34，棉田0.09。

64	黄荆	*Vitex negundo* Linn.

【分类地位】马鞭草科

【形态特征】多年生灌木或小乔木。小枝四棱形，密生灰白色茸毛。掌状复叶，小叶5，少有3；小叶片长圆状披针形至披针形，顶端渐尖，基部楔形，全缘或每边有少数粗锯齿，表面绿色，背面密生灰白色茸毛；中间小叶长4～13cm，宽1～4cm，两侧小叶依次递小，若具5小叶时，中间3片小叶有柄，最外侧的2片小叶无柄或近无柄。顶生聚伞花序排成圆锥花序式，长10～27cm，花序梗密生灰白色茸毛；花萼钟状，顶端有5裂齿，外有灰白色茸毛；花冠淡紫色，外有微柔毛，顶端5裂，二唇形；雄蕊伸出花冠管外；子房近无毛。核果近球形，径约2mm；宿萼接近果实的长度。花期4—6月，果期7—10月。

【生境与发生频率】生于山坡路旁或灌木丛中。发生频率：橘园0.44，梨园0.21，茶园0.18，棉田0.06。

65　芒　*Miscanthus sinensis* Anderss.

【分类地位】禾本科

【形态特征】多年生苇状草本。秆高1～2m，无毛或在花序以下疏生柔毛。叶鞘无毛，叶舌膜质；叶片线形，下面疏生柔毛及被白粉，边缘粗糙。圆锥花序直立，主轴无毛；分枝较粗硬，直立，小穗披针形，黄色有光泽；第1颖顶具3～4脉；第2颖常具1脉；第1外稃长圆形，边缘具纤毛；第2外稃明显短于第1外稃，第2内稃长约为其外稃的1/2。颖果长圆形，暗紫色。花果期7—12月。

【生境与发生频率】分布于山地、丘陵和荒坡。发生频率：茶园0.50，橘园0.28，梨园0.14，棉田0.06，油菜田0.04。

66　钻叶紫菀　*Symphyotrichum subulatum* (Michx.) G. L. Nesom

【分类地位】菊科

【形态特征】1年生草本。茎直立，无毛，高25～80cm，基部略带红色，上部有分枝。叶互生，无柄；基部叶倒披针形，花期凋落；中部叶线状披针形，长6～10cm，宽0.5～1cm，先端尖或钝，全缘，上部叶渐狭线形。头状花序顶生，排成圆锥花序；总苞钟状；总苞片3～4层，外层较短，内层较长，线状钻形，无毛，背面绿色，先端略带红色；舌状花细狭、小，红色；管状花多数，短于冠毛。瘦果倒卵形，略有毛。花期9—11月。

【生境与发生频率】生于山坡、林缘、路旁、管理粗放田和田埂。发生频率：橘园0.22，稻田0.21，棉田0.14，油菜田0.04。

67 柔弱斑种草 *Bothriospermum zeylanicum* (J. Jacq.) Druce

【分类地位】紫草科

【形态特征】1年生草本。株高15～30cm。茎细弱，丛生，直立或平卧，多分枝，被向上贴伏的糙伏毛。叶椭圆形或狭椭圆形，长1～2.5cm，宽0.5～1cm，先端钝，具小尖，基部宽楔形，上下两面被向上贴伏的糙伏毛或短硬毛。花序柔弱，细长，长10～20cm；苞片椭圆形或狭卵形，被伏毛或硬毛；花梗短，长1～2mm，果期不增长或稍增长；花萼外面密生向上的伏毛，内面无毛或中部以上散生伏毛，裂片披针形或卵状披针形，裂至近基部；花冠蓝色或淡蓝色，裂片圆形，喉部有5个梯形的附属物；花柱圆柱形，极短，长约0.5mm。小坚果肾形，腹面具纵椭圆形的环状凹陷。花果期2—10月。

【生境与发生频率】生于田间草丛、山坡草地及溪边阴湿处。发生频率：油菜田0.36，橘园0.22，梨园0.14，棉田0.14，茶园0.09。

68 络石 *Trachelospermum jasminoides* (Lindl.) Lem.

【分类地位】夹竹桃科

【形态特征】多年生常绿木质藤本。茎赤褐色，圆柱形，有皮孔。叶革质或近革质，椭圆形至卵状椭圆形或宽倒卵形，长2～10cm。二歧聚伞花序腋生或顶生，花多朵组成圆锥状；花白色；总花梗长2～5cm，被柔毛；花萼5深裂，裂片线状披针形，顶部反卷；花冠筒圆筒形，雄蕊着生在花冠筒中部，腹部黏在柱头上；花柱圆柱状，柱头卵圆形。蓇葖果双生，叉开，无毛，线状披针形。种子褐色，线形。花期3—7月，果期7—12月。

【生境与发生频率】生于山野、溪边、路旁、林缘或杂木林中，常缠绕于树上或攀援于墙壁、岩石上。发生频率：梨园0.29，橘园0.28，茶园0.18，棉田0.11，油菜田0.04，稻田0.02。

69　蛇含委陵菜　*Potentilla kleiniana* Wight et Arn.

【分类地位】蔷薇科

【形态特征】1年生、2年生或多年生宿根草本。花茎上升或匍匐，长达50cm，被疏柔毛及长柔毛。基生叶为近鸟足状5小叶，连叶柄长3～20cm，叶柄被疏柔毛或长柔毛，小叶几无柄，倒卵形或长圆状倒卵形，边缘有锯齿，两面绿色，被疏柔毛，有时上面几无毛，或下面沿脉密被伏生长柔毛，下部茎生叶有5小叶，上部茎生叶有3小叶，小叶与基生小叶相似，唯叶柄较短；基生叶托叶膜质，淡褐色，外面被疏柔毛或脱落近无毛，茎生叶托叶草质，绿色，卵形或卵状披针形，全缘，外被稀疏长柔毛。聚伞花序密集枝顶如假伞形，花梗密被长柔毛，下有茎生叶如苞片状。花直径0.8～1cm；萼片三角状卵圆形，副萼片披针形或椭圆状披针形，外被稀疏长柔毛；花瓣黄色，倒卵形，长于萼片；花柱近顶生，圆锥形，基部膨大，柱头扩大。瘦果近圆形，一面稍平，具皱纹。花果期4—9月。

【生境与发生频率】生于田边、水旁、草甸及山坡草地。发生频率：茶园0.27，梨园0.21，油菜田0.18，棉田0.14，橘园0.10，稻田0.07。

70　一点红　*Emilia sonchifolia* Benth.

【分类地位】菊科

【形态特征】1年生草本。茎直立或斜升，高10～40cm，常基部分枝，无毛或疏被短毛。叶互生；下部叶密集，大头羽状分裂，长5～10cm，下面常变紫色，两面被卷毛；中部叶疏生，较小，卵状披针形或长圆状披针形，无柄，基部箭状抱茎，全缘或有细齿；上部叶少数，线形。头状花序具长梗，在茎或枝顶排成疏伞房状，花枝常2歧分枝；总苞圆柱形，苞片1层。小花粉红或紫色。瘦果圆柱形。花果期7—10月。

【生境与发生频率】生于山坡草地和荒地。发生频率：橘园0.38，梨园0.21，茶园0.18，稻田0.02。

71 **白花败酱** *Patrinia villosa* (Thunb.) Juss.

【分类地位】败酱科

【形态特征】多年生草本。高50～100 cm。茎密被白色倒生粗毛或仅沿二叶柄相连的侧面具纵列倒生短粗伏毛，有时几无毛。基生叶丛生，叶片宽卵形或近圆形，长4～10cm，宽2～5cm，先端渐尖，基部楔形下延，边缘有粗齿，不分裂或大头状深裂，叶柄较叶片稍长；茎生叶对生，叶片卵形或窄椭圆形，长4～11cm，宽2～5cm，先端渐尖，基部楔形下延，边缘羽状分裂或不裂，两面疏生粗毛，脉上尤密，叶柄长1～3cm，茎上部叶片渐近无柄。由聚伞花序组成顶生圆锥花序或伞房花序，分枝达5～6级，花序梗密被长粗糙毛或仅二纵列粗糙毛；总苞叶卵状披针形至线状披针形或线形；花冠钟形，白色，5深裂，裂片不等形，卵形、卵状长圆形或卵状椭圆形，雄蕊4，伸出；子房下位，花柱较雄蕊稍短。瘦果倒卵形，与宿存增大苞片贴生。花期8—10月，果期9—11月。

【生境与发生频率】生于山地林下、林缘或灌丛、草丛中。发生频率：茶园0.41，梨园0.29，橘园0.14，稻田0.07，油菜田0.04，棉田0.03。

72 **大青** *Clerodendrum cyrtophyllum* Turcz.

【分类地位】马鞭草科

【形态特征】多年生灌木或小乔木。幼枝被短柔毛，枝黄褐色，髓坚实。叶纸质，椭圆形、卵状椭圆形、长圆形或长圆状披针形，长6～20cm，宽3～9cm，顶端渐尖或急尖，基部圆形或宽楔形，通常全缘，两面无毛或沿脉疏生短柔毛，背面常有腺点，侧脉6～10对；叶柄长1～8cm。伞房状聚伞花序，生于枝顶或叶腋；苞片线形；花小，有橘香味；花萼杯状，外被黄褐色短茸毛和不明显的腺点，顶端5裂，裂片三角状卵形；花冠白色，外面疏生细毛和腺点，冠筒长约1cm，顶端5裂，裂片卵形；雄蕊4。果实球形或倒卵形，绿色，成熟时蓝紫色，为红色的宿萼所托。花果期6月至翌年2月。

【生境与发生频率】生于平原、丘陵、山地林下或溪谷旁。发生频率：梨园0.50，橘园0.28，茶园0.23。

73　益母草　*Leonurus japonicus* Houtt.

【分类地位】唇形科

【形态特征】1年生或2年生草本。高40～100cm。茎直立，粗壮，钝四棱形，微具槽，有倒向糙伏毛，在节及棱上尤为密集，老时渐秃净，多分枝。叶片形状变化大，基生的圆心形，边缘5～9浅裂，每裂片有2～3钝齿，下部茎生的掌状3全裂，中裂片长圆状菱形至卵形，常再行3裂，侧裂片1～2裂，中部的叶片菱形，较小，通常分裂成3个长圆状线形的裂片，基部狭楔形，最上部的叶片线形或线状披针形，全缘或具稀牙齿；基生叶的叶柄长可达18cm，下部茎生叶的叶柄长1～3cm，上叶几近无柄。轮伞花序腋生，具8～15花，多数远离而组成长穗状花序；花梗无；花萼管状钟形，外面贴生微柔毛，内面离基部1/3以上被微柔毛，先端刺尖；花冠粉红至淡紫红色，外面伸出萼筒部分被柔毛。小坚果长圆状三棱形，顶端截平而略宽大，基部楔形，淡褐色，光滑。花期通常在6—9月，果期9—10月。

【生境与发生频率】生长于多种生境，尤以阳处为多。发生频率：茶园0.18，橘园0.18，油菜田0.18，梨园0.14，稻田0.07，棉田0.03。

74　千金藤　*Stephania japonica* (Thunb.) Miers

【分类地位】防己科

【形态特征】多年生草质落叶藤本植物。长1～2m，全株无毛，小枝有纵沟纹。单叶，互生，卵形或宽卵形，长4～8cm，宽3～7cm，先端钝，有小尖头，基部近截形、圆形或稍心形，全缘，上面深绿色，下面带粉白色，两面无毛，掌状脉7～9条；叶柄盾状着生，长4～8cm，有细纵纹。复伞形聚伞花序腋生，通常有伞梗4～8条，小聚伞花序近无柄，密集呈头状；花近无梗，雄花萼片6或8，膜质，倒卵状椭圆形至匙形，长1.2～1.5mm，无毛；花瓣3或4，黄色，稍肉质，阔倒卵形，长0.8～1mm；聚药雄蕊长0.5～1mm，伸出或不伸出；雌花萼片和花瓣各3～4片，形状和大小与雄花的近似或较小；心皮卵状。果倒卵形至近圆形，长约8mm，成熟时红色。花期5—7月，果期6—8月。

【生境与发生频率】生于旷野灌丛中。发生频率：梨园0.43，橘园0.22，棉田0.17，茶园0.09。

75 酸模 *Rumex acetosa* Linn.

【分类地位】蓼科

【形态特征】多年生草本。株高40～100cm。茎直立，具深沟槽，通常不分枝。基生叶和茎下部叶箭形，长3～12cm，宽2～4cm，顶端急尖或圆钝，基部裂片急尖，全缘或微波状；叶柄长2～10cm；茎上部叶较小，具短叶柄或无柄；托叶鞘膜质，易破裂。顶生狭圆锥状花序，分枝稀疏；花单性，雌雄异株；花梗中部具关节；花被片6，成2轮，雄花内花被片椭圆形，外花被片较小，雄蕊6；雌花内花被片果时增大，近圆形，全缘，基部心形，网脉明显，基部具极小的瘤，外花被片椭圆形，反折。瘦果椭圆形，具3锐棱，两端尖，黑褐色，有光泽。花期5—7月，果期6—8月。

【生境与发生频率】生于山坡、林缘、沟边、路旁。发生频率：橘园0.28，茶园0.23，棉田0.09，梨园0.07，油菜田0.07。

76 马鞭草 *Verbena officinalis* Linn.

【分类地位】马鞭草科

【形态特征】多年生草本。株高30～120cm。茎四方形，近基部可为圆形，节和棱上有硬毛。叶片卵圆形至倒卵形或长圆状披针形，长2～8cm，宽1～5cm，基生叶的边缘通常有粗锯齿和缺刻，茎生叶多数3深裂，裂片边缘有不整齐锯齿，两面均有硬毛，背面脉上尤多。顶生和腋生穗状花序，细弱；花小，无柄，最初密集，结果时疏离；苞片稍短于花萼，具硬毛；花萼有硬毛，5脉，脉间凹陷处质薄而色淡；花冠淡紫至蓝色，外面有微毛，裂片5；雄蕊4，着生于花冠管的中部，花丝短；子房无毛。果长圆形，长约2mm，外果皮薄，成熟时4瓣裂。花期6—8月，果期7—10月。

【生境与发生频率】生于路边、山坡、溪边或林旁。发生频率：橘园0.34，棉田0.14，茶园0.09，油菜田0.04。

77　鬼针草　　*Bidens pilosa* Linn.

【分类地位】菊科

【形态特征】1年生草本。茎直立，30～100cm，钝四棱形。茎下部叶3裂或不裂，花前枯萎；中部叶3出，小叶3，两侧小叶椭圆形或卵状椭圆形，顶生小叶长椭圆形或卵状长圆形，有锯齿；上部叶3裂或不裂，线状披针形。头状花序径8～9mm，花序梗长1～6cm；总苞基部被柔毛，外层总苞片7～8，线状匙形，草质。无舌状花，盘花筒状，冠檐5齿裂。瘦果熟时黑色，线形，具棱，顶端芒刺3～4，具倒刺毛。花果期8—10月。

【生境与发生频率】生于村旁、路边、荒地上。发生频率：橘园0.36，油菜田0.11，梨园0.07，稻田0.03。

78　野古草　　*Arundinella hirta* (Thunb.) Tanaka

【分类地位】禾本科

【形态特征】多年生草本。根茎较粗壮，长可达10cm，密生具多脉的鳞片。秆直立，疏丛生，高60～110cm，节黑褐色。叶鞘无毛或被疣毛；叶舌短，具纤毛；叶片长12～35cm，常无毛或仅背面边缘疏生疣毛。圆锥花序开展或稍紧缩，长10～30cm；分枝及小穗柄均粗糙；小穗长3.5～5mm，灰绿色或带深紫色；颖卵状披针形，具3～5明显而隆起的脉，脉上粗糙，第1颖长为小穗的1/2～2/3，第2颖与小穗等长或稍短；第1外稃具3～5脉，内稃较短；第2外稃披针形，长2.5～3.5mm，稍粗糙，具不明显的5脉，无芒或先端具芒状小尖头，基盘两侧及腹面有长为稃体1/3～1/2的柔毛，内稃稍短。花果期8—11月。

【生境与发生频率】生于山坡灌丛、道旁、林缘、田地边及水沟旁。发生频率：梨园0.29，橘园0.26，茶园0.18，稻田0.03。

79 土荆芥 *Dysphania ambrosioides* (L.) Mosyakin et Clemants

【分类地位】藜科

【形态特征】1年生或多年生草本。有强烈香气。茎直立，高60～100cm，多分枝，有纵棱。叶互生，有短柄；叶片矩圆状披针形至披针形，先端急尖或渐尖，边缘具稀疏不整齐的大锯齿，基部渐狭具短柄，上面平滑无毛，下面有散生油点并沿叶脉稍有毛，下部的叶长达15cm，宽达5cm，上部叶逐渐狭小而近全缘。花两性及雌性，通常3～5个团集，生于上部叶腋；花被裂片5，绿色，果时通常闭合；雄蕊5。胞果扁球形，完全包于花被内；种子横生或斜生，黑色或暗红色，有光泽，径0.7mm。花果期夏季至秋末。

【生境与发生频率】生于村旁、路边、河岸等处。发生频率：橘园0.28，棉田0.20，茶园0.09。

80 天葵 *Semiaquilegia adoxoides* (DC.) Makino

【分类地位】毛茛科

【形态特征】多年生小草本。茎1～5条，高10～32cm，直径1～2mm，被稀疏的白色柔毛。基生叶多数为掌状三出复叶，叶片卵圆形至肾形，长1.2～3cm；小叶扇状菱形或倒卵状菱形，长0.6～2.5cm，宽1～2.8cm，三深裂，两面均无毛；叶柄长3～12cm，基部扩大呈鞘状；茎生叶与基生叶相似，唯较小。花小，直径4～6mm；苞片小，倒披针形至倒卵圆形，不裂或三深裂；花梗纤细，被伸展的白色短柔毛；萼片白色，常带淡紫色，狭椭圆形，顶端急尖；花瓣匙形，顶端近截形，基部突起呈囊状；雄蕊约2枚，线状披针形，白膜质，与花丝近等长；心皮无毛。蓇葖果卵状长椭圆形，表面具突起的横向脉纹，种子卵状椭圆形，褐色至黑褐色，表面有许多小瘤状突起。花期3—4月，果期4—5月。

【生境与发生频率】生于疏林下、路旁或山谷地的较阴处。发生频率：茶园0.27，油菜田0.18，橘园0.16，梨园0.14，棉田0.03。

81 扁穗莎草　　*Cyperus compressus* L.

【分类地位】莎草科

【形态特征】1年生草本。根丛生。秆稍纤细，高5～25cm，锐三棱形，基部具较多叶。叶短于秆，或与秆几等长，宽1.5～3mm，折合或平张，灰绿色；叶鞘紫褐色。苞片3～5枚，叶状；长侧枝聚伞花序简单，具1～7个辐射枝，辐射枝最长达5cm；穗状花序近于头状；花序轴很短，具3～10个小穗；小穗排列紧密，斜展，线状披针形具8～20朵花；鳞片紧贴的覆瓦状排列，稍厚，卵形，顶端具稍长的芒，背面具龙骨状突起，中间较宽部分为绿色，两侧苍白色或麦秆色，有时有锈色斑纹，脉9～13条；雄蕊3，花药线形，药隔突出于花药顶端；花柱长，柱头3，较短。小坚果倒卵状三棱形，侧面凹陷，深棕色，表面具密的细点。花果期7—12月。

【生境与发生频率】多生长于河岸草地或湿地。发生频率：橘园0.16，稻田0.15，棉田0.11，梨园0.07。

82 蜜甘草　　*Phyllanthus ussuriensis* Rupr.

【分类地位】大戟科

【形态特征】1年生草本。株高达60cm，全株无毛。叶纸质，椭圆形，长0.5～1.5cm，基部近圆，下面白绿色，侧脉5～6对；叶柄极短或几无柄，托叶卵状披针形。花单性，雌雄同株，腋生，无花瓣；雄花花柄长1～2mm，花萼4片，花盘腺体4个，分离，与萼片互生，雄蕊2枚，花丝联合，无退化子房；雌花花柄长1～2mm，花萼6片，花盘腺体6个，圆柱形，子房无毛，6室，花柱6个。蒴果扁球状，径约2.5mm，平滑，果柄短。花期4—7月，果期7—10月。

【生境与发生频率】生于山坡或路旁草地。发生频率：茶园0.32，橘园0.18，梨园0.14，棉田0.09。

83 台湾翅果菊 *Lactuca formosana* Maxim.

【分类地位】菊科

【形态特征】1年生草本。茎直立，单生，高0.5～1.5m。下部及中部茎叶全形椭圆形、长椭圆形、披针形或倒披针形，羽状深裂或几全裂，全部裂片边缘有锯齿；上部茎叶边缘全缘；全部叶两面粗糙，下面沿脉有小刺毛。头状花序多数，在茎枝顶端排成伞房状花序；总苞卵球形，总苞片4～5层；舌状小花约21枚，黄色。瘦果椭圆形，压扁，棕黑色，边缘有宽翅，顶端急尖成长2.8mm的细丝状喙。花果期4—11月。

【生境与发生频率】生于山坡草地及田间、路旁。发生频率：棉田0.49，橘园0.04，油菜田0.04，稻田0.02。

84 蛇葡萄 *Ampelopsis glandulosa* (Wall.) Momiy.

【分类地位】葡萄科

【形态特征】多年生木质藤本。小枝圆柱形，有纵棱纹，无毛。卷须2叉分枝，相隔2节间断与叶对生。叶片卵圆形或卵椭圆形，不分裂或上部微3浅裂，顶端急尖或渐尖，基部心形或微心形，边缘每侧有急尖锯齿，上面绿色，下面浅绿色，两面均无毛；基出脉5，中脉有侧脉4～6对，网脉两面均不明显突出；叶柄无毛。复二歧聚伞花序，疏散，花序梗、花梗无毛；花蕾椭圆形，萼浅碟形，萼齿不明显，边缘呈波状，外面无毛；花瓣5，长椭圆形，雄蕊5；花盘明显，5浅裂；子房圆锥形，花柱明显，基部略粗，柱头不明显扩大。果实近球圆形，有种子3～4颗，种子倒卵椭圆形，顶端圆钝，基部有短喙。花期4—6月，果期7—8月。

【生境与发生频率】生于山谷林中或山坡灌丛阴处。发生频率：梨园0.29，棉田0.29，橘园0.10，茶园0.09。

85　野灯心草　*Juncus setchuensis* Buchen.

【分类地位】灯心草科

【形态特征】多年生草本。株高25～65cm。根状茎短而横走，具黄褐色稍粗的须根。茎丛生，直立，圆柱形，有较深而明显的纵沟，直径1～1.5mm，茎内充满白色髓心。叶基生或近基生；叶片大多退化呈刺芒状；叶鞘中部以下紫褐色至黑褐色；叶耳缺。聚伞花序假侧生；花多朵排列紧密或疏散；总苞片生于顶端，圆柱形，似茎的延伸，长5～15cm，顶端尖锐；小苞片2枚，三角状卵形，膜质，长1～1.2mm，宽约0.9mm；花淡绿色；花被片卵状披针形，长2～3mm，宽约0.9mm，顶端锐尖，边缘宽膜质，内轮与外轮者等长。蒴果通常卵形，比花被片长，顶端钝，成熟时黄褐色至棕褐色。种子斜倒卵形，长0.5～0.7mm，棕褐色。花期5—7月，果期6—9月。

【生境与发生频率】生于山沟、林下阴湿地、溪旁、道旁的浅水处。发生频率：橘园0.24，梨园0.14，油菜田0.07，棉田0.06，茶园0.05，稻田0.05。

86　大狗尾草　*Setaria faberi* R. A. W. Herrmann

【分类地位】禾本科

【形态特征】1年生草本。通常具支柱根。秆粗壮而高大，直立或基部膝曲，高50～120cm，径达6mm，光滑无毛。叶鞘松弛，边缘具细纤毛，部分基部叶鞘边缘膜质无毛；叶舌具密集纤毛；叶片线状披针形，长10～40cm，宽5～20mm，无毛或上面具较细疣毛，少数下面具细疣毛，先端渐尖细长，基部钝圆或渐窄狭几呈柄状，边缘具细锯齿。圆锥花序紧缩呈圆柱状，长5～24cm，宽6～13mm（芒除外），通常垂头，主轴具较密长柔毛，花序基部通常不间断，偶有间断；小穗椭圆形，顶端尖，下托以1～3枚较粗而直的刚毛，刚毛通常绿色，少具浅褐紫色，粗糙；第1颖长为小穗的1/3～1/2，宽卵形，顶端尖，具3脉；第2颖长为小穗的3/4或稍短于小穗，少数长为小穗的1/2，顶端尖，具5～7脉；第1外稃与小穗等长，具5脉，其内稃膜质，披针形，长为其1/3～1/2；第2外稃与第1外稃等长，具细横皱纹，顶端尖，成熟后背部极膨胀隆起；鳞被楔形，花柱基部分离。颖果椭圆形，顶端尖。

【生境与发生频率】生于山坡、路旁、田园或荒野。发生频率：茶园0.27，橘园0.16，梨园0.14，棉田0.11。

87 金樱子 *Rosa laevigata* Michx.

【分类地位】蔷薇科

【形态特征】多年生常绿攀援灌木。株高达5m。小枝粗壮，散生扁弯皮刺，无毛，幼时被腺毛，老时渐脱落。小叶革质，通常3，长2～6cm，宽1.2～3.5cm，连叶柄长5～10cm，椭圆状卵形、倒卵形或披针卵形，先端急尖或圆钝，稀边缘有锐锯齿，上面亮绿色无毛，下面黄绿色，幼时沿中肋有腺毛，老时渐脱落无毛；小叶柄和叶轴有皮刺和腺毛；托叶离生或基部与叶柄合生，披针形，边缘有细齿，齿尖有腺体，早落。花单生叶腋，径5～7cm；花梗和萼筒密被腺毛，随果实成长变为针刺；萼片卵状披针形，先端叶状，边缘羽状浅裂或全缘，常有刺毛和腺毛，内面密被柔毛，比花瓣稍短；花瓣白色，宽倒卵形，先端微凹；雄蕊多数；心皮多数；花柱离生，有毛，比雄蕊短。果梨形或倒卵圆形，紫褐色，密被刺毛，萼片宿存。花期4—6月，果期7—11月。

【生境与发生频率】生于向阳山坡、田埂和荒坡。发生频率：橘园0.24，茶园0.23，梨园0.21。

88 水芹 *Oenanthe javanica* (Bl.) DC.

【分类地位】伞形科

【形态特征】多年生草本。株高15～80cm，茎直立或基部匍匐。基生叶有柄，柄长达10cm，基部有叶鞘；叶片三角形，1至2回羽状分裂，末回裂片卵形至菱状披针形，长2～5cm，宽1～2cm，边缘有牙齿或圆齿状锯齿；茎上部叶无柄，裂片和基生叶的裂片相似，较小。顶生复伞形花序，花序梗长2～16cm；无总苞；伞辐6～16，不等长，长1～3cm，直立和展开；小总苞片2～8，线形；小伞形花序有花20余朵；萼齿线状披针形；花瓣白色，倒卵形，有一长而内折的小舌片；花柱基圆锥形，花柱直立或两侧分开。果实近于四角状椭圆形或筒状长圆形，侧棱较背棱和中棱隆起，木栓质，分生果横剖面近于五边状的半圆形。花期6—7月，果期8—9月。

【生境与发生频率】生于浅水低洼地或池沼、水沟旁。发生频率：油菜田0.18，茶园0.14，稻田0.11，棉田0.03。

89　青葙　*Celosia argentea* Linn.

【分类地位】苋科

【形态特征】1年生草本。株高0.3~1m，全体无毛。茎直立，有分枝，绿色或红色，具明显条纹。叶片矩圆状披针形、披针形或披针状条形，少数卵状矩圆形，长5~8cm，宽1~3cm，绿色常带红色，顶端急尖或渐尖，具小芒尖，基部渐狭；叶柄长2~15mm，或无叶柄。花多数，密生，在茎端或枝端成单一、无分枝的塔状或圆柱状穗状花序，长3~10cm；苞片及小苞片披针形，长3~4mm，白色，光亮，顶端渐尖，延长成细芒，具1中脉，在背部隆起；花被片矩圆状披针形，长6~10mm，初为白色，顶端带红色，或全部粉红色，后成白色，顶端渐尖，具1中脉，在背面突起；花丝长5~6mm，分离部分长2.5~3mm，花药紫色；子房有短柄，花柱紫色，长3~5mm。胞果卵形，长3~3.5mm，包裹在宿存花被片内。种子凸透镜状肾形，直径约1.5mm。花期5—8月，果期6—10月。

【生境与发生频率】生于平原、田边、丘陵、山坡。发生频率：橘园0.28，棉田0.14，稻田0.02。

90　小二仙草　*Gonocarpus micranthus* Thunb.

【分类地位】小二仙草科

【形态特征】多年生陆生草本。株高5~45cm。茎直立或下部平卧，具纵槽，多分枝，多少粗糙，带赤褐色。叶对生，卵形或卵圆形，长6~17mm，宽4~8mm，基部圆形，先端短尖或钝，边缘具稀疏锯齿，通常两面无毛，淡绿色，背面带紫褐色，具短柄；茎上部的叶有时互生，逐渐缩小而变为苞片。花序为顶生圆锥花序，由纤细总状花序组成；花两性，极小，直径约1mm，基部具1苞片与2小苞片；萼筒4深裂，宿存，绿色，裂片较短，三角形；花瓣4，淡红色，比萼片长2倍；雄蕊8，花丝短，花药线状椭圆形；子房下位，2~4室。坚果近球形，小型，有8纵钝棱，无毛。花期4—8月，果期5—10月。

【生境与发生频率】生于荒坡与沙地。发生频率：茶园0.41，梨园0.29，橘园0.14。

91 山麦冬 *Liriope spicata* (Thunb.) Lour.

【分类地位】百合科

【形态特征】多年生草本。株有时丛生。根稍粗，直径1～2mm，有时分枝多，近末端处常膨大成矩圆形、椭圆形或纺锤形的肉质小块根。根状茎短，木质，具地下走茎。叶长25～60cm，宽4～6mm，先端急尖或钝，基部常包以褐色的叶鞘，上面深绿色，背面粉绿色，具5条脉，中脉比较明显，边缘具细锯齿。花葶近浑圆，稍短于乃至稍长于叶簇；总状花序长6～15cm；苞片卵状披针形，下部的稍长于花梗；花黄白色或稍带紫色，通常3～5朵簇生于苞片内；花梗长2～4mm，关节位于其中上部或近顶端；花被片长圆形或长圆状披针形，长4～5mm，先端圆钝；雄蕊着生于花被片的基部，花丝明显，花药长圆形，长约1.5mm，几与花丝等长，顶端钝；花柱长约2mm，稍弯，柱头不明显。种子近圆球形，小核果状，直径约5mm。花期6—8月，果期9—10月。

【生境与发生频率】生于山坡灌丛、山谷林下、路旁或湿地。发生频率：梨园0.36，棉田0.14，橘园0.12，茶园0.09，油菜田0.04。

92 飞扬草 *Euphorbia hirta* Linn.

【分类地位】大戟科

【形态特征】1年生草本。根纤细，长5～11cm，直径3～5mm，常不分枝，偶3～5分枝。茎单一，自中部向上分枝或不分枝，高30～60cm，直径约3mm，被褐色或黄褐色的多细胞粗硬毛。叶对生，披针状长圆形、长椭圆状卵形或卵状披针形，长1～5cm，宽5～13mm，先端极尖或钝，基部略偏斜；边缘于中部以上有细锯齿，中部以下较少或全缘；叶面绿色，叶背灰绿色，有时具紫色斑，两面均具柔毛，叶背面脉上的毛较密；叶柄极短，长1～2mm。花序多数，于叶腋处密集成头状，基部无梗或仅具极短的柄，变化较大，且具柔毛；总苞钟状，被柔毛，边缘5裂，裂片三角状卵形；腺体4，近于杯状，边缘具白色附属物；雄花数枚，微达总苞边缘；雌花1枚，具短梗，伸出总苞之外；子房三棱状，被少许柔毛；花柱3，分离；柱头2浅裂。蒴果三棱状，被短柔毛，成熟时分裂为3个分果爿。种子近圆状四棱，每个棱面有数个纵槽，无种阜。花果期6—12月。

【生境与发生频率】生于路旁、草丛、灌丛及山坡，多见于沙质土。发生频率：橘园0.30，梨园0.07，稻田0.03，棉田0.03。

93 **檵木** *Loropetalum chinense* (R. Br.) Oliv.

【分类地位】金缕梅科

【形态特征】多年生灌木，有时为小乔木。多分枝，小枝有星毛。叶革质，卵形，长 2 ~ 5cm，先端尖锐，基部钝，不等侧，上面略有粗毛或秃净，干后暗绿色，无光泽，下面被星毛，稍带灰白色，侧脉约5对，在上面明显，在下面突起，全缘；叶柄长 2 ~ 5mm，有星毛。花 3 ~ 8 朵簇生，有短花梗，白色，花序柄长约 1cm，被毛；花瓣4片，带状，先端圆或钝。蒴果卵圆形，被褐色星状茸毛。花期 3—4 月。

【生境与发生频率】生于山坡草丛。发生频率：茶园 0.27，橘园 0.22，梨园 0.14。

94 **千里光** *Senecio scandens* Buch.-Ham. ex D. Don

【分类地位】菊科

【形态特征】多年生攀援草本。茎长 2 ~ 5m，多分枝，被柔毛或无毛。叶卵状披针形或长三角形，边缘常具齿；上部叶变小，披针形或线状披针形。头状花序有舌状花，排成复聚伞圆锥花序；总苞圆柱状钟形，外层苞片约8，线状钻形；总苞片 12 ~ 13，线状披针形；舌状花 8 ~ 10，舌片黄色，长圆形；管状花多数，花冠黄色。瘦果圆柱形，被柔毛；冠毛白色。花期8月至翌年4月，果期 2—5 月。

【生境与发生频率】生于森林、灌丛中，攀援于灌木、岩石上或溪边。发生频率：茶园 0.27，橘园 0.22，梨园 0.14。

95 　**乌蕨**　　*Odontosoria chinensis* J. Sm.

【分类地位】鳞始蕨科

【形态特征】多年生常绿蕨类植物。植株高矮不一，小的约30cm，大的可达1m。根状茎短而横走，密生赤褐色钻状鳞片。叶近生，厚草质，无毛；叶柄禾秆色至棕禾秆色，有光泽；叶片披针形或矩圆状披针形，4回羽状细裂；末回裂片阔楔形，截头或圆截头，有不明显的小牙齿或浅裂成2～3个小圆裂片；叶脉在小裂片上二叉分枝。孢子囊群位于裂片顶部，顶生于小脉上，每裂片1～2枚；囊群盖厚纸质，杯形或浅杯形，口部全缘或多少啮断状。

【生境与发生频率】生于林下或路边。发生频率：茶园0.36，橘园0.18，梨园0.14。

96 　**北美独行菜**　　*Lepidium virginicum* Linn.

【分类地位】十字花科

【形态特征】1年或2年生草本。成株高30～50cm。茎单一，分枝，被柱状腺毛。基生叶倒披针形，长1～5cm，羽状分裂或大头羽裂，裂片长圆形或卵形，有锯齿，被短伏毛，叶柄长1～1.5cm；茎生叶倒披针形或线形，长1.5～5cm，先端尖，基部渐窄。总状花序顶生；萼片椭圆形，长约1mm；花瓣白色，倒卵形，与萼片等长或稍长；雄蕊2或4。短角果近圆形，长2～3mm，顶端微缺，有窄翅；宿存花柱极短。种子卵圆形，长约1mm，红棕色，有窄翅。花期4—6月，果期5—9月。

【生境与发生频率】生于农田、路边、荒草地。发生频率：梨园0.43，橘园0.16，茶园0.14，棉田0.06。

97 　画眉草　　*Eragrostis pilosa* (Linn.) Beauv.

【分类地位】禾本科

【形态特征】1年生草本。秆丛生，直立或基部膝曲，高15～60cm，径1.5～2.5mm，通常具4节，光滑。叶鞘松裹茎，长于或短于节间，扁压，鞘缘近膜质，鞘口有长柔毛；叶舌为1圈纤毛，长约0.5mm；叶片线形扁平或卷缩，长6～20cm，宽2～3mm，无毛。圆锥花序开展或紧缩，长10～25cm，宽2～10cm；分枝单生、簇生或轮生，多直立向上，腋间有长柔毛；小穗具柄，长3～10mm，宽1～1.5mm，含4～14小花；颖膜质，披针形，先端渐尖；第1颖长约1mm，无脉，第2颖长约1.5mm，具1脉；第1外稃长约1.8mm，广卵形，先端尖，具3脉；内稃长约1.5mm，稍作弓形弯曲，脊上有纤毛，迟落或宿存；雄蕊3枚，花药长约0.3mm。颖果长圆形，长约0.8mm。花果期8—11月。

【生境与发生频率】生于荒芜田野草地。发生频率：橘园0.24，茶园0.14，梨园0.14，棉田0.03。

98 　知风草　　*Eragrostis ferruginea* (Thunb.) Beauv.

【分类地位】禾本科

【形态特征】多年生草本。秆直立或基部膝曲，高30～110cm。叶鞘两侧极压扁，基部相互跨覆，鞘口与两侧密生柔毛，主脉上生有腺点；叶舌退化为1圈短毛；叶片平展或折叠，长20～40cm。圆锥花序大而开展，分枝节密，每节生枝1～3个，向上，枝腋间无毛；小穗长圆形，有7～12小花，多带黑紫色，有时也出现黄绿色；颖卵状披针形，第2颖长于第1颖；外稃卵状披针形，长于内稃。颖果棕红色，长圆形。花果期8—12月。

【生境与发生频率】生于路边、山坡草地、田边。发生频率：茶园0.23，梨园0.21，橘园0.16，棉田0.03。

| 99 | 异叶蛇葡萄 | *Ampelopsis glandulosa* var. *heterophylla* (Thunb.) Momiy. |

【分类地位】 葡萄科

【形态特征】 多年生木质藤本。小枝圆柱形，有纵棱纹，被疏柔毛。卷须2～3叉分枝，相隔2节间断与叶对生。叶为单叶，心形或卵形，3～5中裂和兼有不裂，长3.5～14cm，顶端急尖，基部心形，边缘有急尖锯齿，上面绿色，无毛，下面浅绿色，脉上有疏柔毛；基出脉5，中央脉有侧脉4～5对，网脉不明显突出；叶柄被疏柔毛；花序被疏柔毛；花疏生短柔毛；花蕾卵圆形，顶端圆形；萼碟形，边缘波状浅齿，外面疏生短柔毛；花瓣5，卵椭圆形外面几无毛；雄蕊5；花盘明显，边缘浅裂；子房下部与花盘合生，花柱明显，基部略粗，柱头不扩大。果实近球形，有种子2～4颗；种子长椭圆形，顶端近圆形，基部有短喙。花期4—6月，果期7—10月。

【生境与发生频率】 生于山谷林中或山坡灌丛阴处。发生频率：茶园0.23，橘园0.18，梨园0.14，稻田0.02。

| 100 | 华东葡萄 | *Vitis pseudoreticulata* W. T. Wang |

【分类地位】 葡萄科

【形态特征】 多年生木质藤本。小枝圆柱形，有显著纵棱纹，嫩枝疏被蛛丝状茸毛，后脱落近无毛。卷须2叉分枝，每隔2节间断与叶对生。叶卵圆形或肾状卵圆形，长6～13cm，宽5～11cm，顶端急尖或短渐尖，基部心形，每侧边缘16～25个锯齿，齿端尖锐，初时疏被蛛丝状茸毛，后脱落；基生脉5出，中脉有侧脉3～5对，下面沿侧脉被白色短柔毛，网脉在下面明显；叶柄长，初时被蛛丝状茸毛，后脱落，并有短柔毛；托叶早落。圆锥花序疏散，与叶对生，基部分枝发达，杂性异株；花梗无毛；花蕾倒卵圆形，顶端圆形；萼碟形，萼齿不明显，无毛；花瓣5，呈帽状黏合脱落；雄蕊5；花盘发达；雌蕊1，子房锥形，花柱不明显扩大。果实成熟时紫黑色；种子倒卵圆形，顶端微凹，基部有短喙。花期4—6月，果期6—10月。

【生境与发生频率】 生于河边、山坡荒地、草丛、灌丛或林中。发生频率：茶园0.23，橘园0.16，梨园0.14，棉田0.06。

101　阿穆尔莎草　*Cyperus amuricus* Maxim.

【分类地位】莎草科

【形态特征】1年生草本。根为须根。秆丛生，纤细，高5～50cm，扁三棱形，平滑，基部叶较多。叶短于秆，宽2～4mm，平张，边缘平滑。叶状苞片3～5枚，下面两枚常长于花序；简单长侧枝聚伞花序具2～10个辐射枝，辐射枝最长达12cm；穗状花序蒲扇形、宽卵形或长圆形，长10～25mm，宽8～30mm，具5至多数小穗；小穗排列疏松，斜展，后期平展，线形或线状披针形，长5～15mm，宽1～2mm，具8～20朵花，小穗轴具白色透明的翅，翅宿存；鳞片排列稍松，膜质，近于圆形或宽倒卵形，顶端具由龙骨状突起延伸出的稍长的短尖，中脉绿色，具5条脉，两侧紫红色或褐色，稍具光泽；雄蕊3，花药短，椭圆形，药隔突出于花药顶端，红色；花柱极短，柱头3，也较短。小坚果倒卵形或长圆形、三棱形，几与鳞片等长，顶端具小短尖，黑褐色，具密的微突起细点。花果期7—10月。

【生境与发生频率】生于田间或湿地，为平地田园中的杂草。发生频率：棉田0.17，橘园0.14，茶园0.14，稻田0.02。

102　糯米团　*Gonostegia hirta* (Bl.) Miq.

【分类地位】荨麻科

【形态特征】多年生草本，有时茎基部变木质。茎蔓生、铺地或渐升，长50～160cm，不分枝或分枝，上部带四棱形，有短柔毛。叶对生，叶片草质或纸质，宽披针形至狭披针形、狭卵形、稀卵形或椭圆形，顶端长渐尖至短渐尖，基部浅心形或圆形，边缘全缘，上面稍粗糙，有稀疏短伏毛或近无毛，下面沿脉有疏毛或近无毛，基出脉3～5条；托叶钻形。团伞花序腋生，通常两性，有时单性，雌雄异株；苞片三角形；雄花花被片5，分生，倒披针形，雄蕊5，退化雌蕊极小，圆锥状。雌花花被菱状狭卵形，顶端有2小齿，有疏毛，果期呈卵形，有10条纵肋，柱头有密毛。瘦果卵球形，白色或黑色，有光泽。花期5—9月。

【生境与发生频率】生于丘陵或低山林、灌丛、沟边草地。发生频率：茶园0.32，橘园0.10，梨园0.07，油菜田0.07，稻田0.03。

103　白背叶　*Mallotus apelta* (Lour.) Müll. Arg.

【分类地位】大戟科

【形态特征】小乔木或灌木状。小枝、叶柄及花序均密被淡黄色星状柔毛。叶互生，卵形或宽卵形，长宽均6～25cm，先端骤尖或渐尖，基部平截或稍心形，疏生齿，下面被灰白色星状茸毛，散生橙黄色腺体，基脉5出，侧脉6～7对；叶柄长5～15cm。花单性，排列成穗状花序；雄花序顶生，长15～30cm，有短花柄或近无柄，花萼3～6片，外面密生茸毛，雄蕊多数，花丝分离；雌花序顶生，雌花苞片近三角形。蒴果近球形，密生长0.5～1cm线形软刺，密被灰白色星状毛。花期6—9月，果期8—11月。

【生境与发生频率】生于山坡或山谷灌丛中。发生频率：梨园0.29，茶园0.27，橘园0.12。

104　葛　*Pueraria montana* (Lour.) Merr.

【分类地位】蝶形花科

【形态特征】粗壮藤本。藤长可达8m，全体被黄色长硬毛，茎基部木质，有粗厚的块状根。小叶3片，顶生小叶菱状卵形，长6～15cm，宽4.5～14cm，顶端长渐尖，基部圆形或宽楔形，全缘或微波状，有时浅裂，上面疏被伏柔毛，下面毛较密，侧生小叶偏斜；托叶盾形，小托叶线状披针形。总状花序长15～30cm，中部以上有颇密集的花；苞片线状披针形至线形，远比小苞片长，早落；小苞片卵形；花2～3朵聚生于花序轴的节上；花萼钟形，被黄褐色柔毛，裂片披针形，渐尖，比萼管略长；花冠长10～12mm，紫色，旗瓣倒卵形，基部有2耳及一黄色硬痂状附属体，具短瓣柄，翼瓣镰状，基部有线形、向下的耳，龙骨瓣镰状长圆形，基部有极小、急尖的耳；对旗瓣的1枚雄蕊仅上部离生。荚果长椭圆形，长5～9cm，宽8～11mm，扁平，被褐色长硬毛。花期9—10月，果期11—12月。

【生境与发生频率】生于山地林中。发生频率：梨园0.21，茶园0.18，橘园0.12，油菜田0.04，棉田0.03，稻田0.02。

105　鸭嘴草　*Ischaemum aristatum* var. *glaucum* (Honda) T. Koyama

【分类地位】禾本科

【形态特征】多年生草本。秆直立或基部膝曲，高60～100cm。叶鞘无毛；叶舌干膜质，常撕裂；叶片线形或线状披针形，长4～20cm。总状花序成对相互贴生于茎顶端；穗轴节间与小穗柄等长，均粗糙，但无毛；无柄小穗无毛；第1颖边缘内卷，上部有脊；第2颖与第1颖等长，脊上粗糙，先端尖；第1小花雄性，外稃与内稃等长，稍短于第1颖，雄蕊3；第2小花两性，有3不孕雄蕊，其外稃先端浅2裂。花果期7—10月。

【生境与发生频率】生于路旁或潮湿草地以及山坡、田埂上。发生频率：梨园0.21，橘园0.20，茶园0.05，稻田0.03。

106　牡荆　*Vitex negundo* var. *cannabifolia* (Sieb. et Zucc.) Hand.-Mazz.

【分类地位】马鞭草科

【形态特征】黄荆的变种。多年生落叶灌木或小乔木。小枝四棱形。叶对生，掌状复叶，小叶5，少有3；小叶片披针形或椭圆状披针形，顶端渐尖，基部楔形，边缘有粗锯齿，表面绿色，背面淡绿色，通常被柔毛。顶生圆锥花序，长10～20cm；花萼钟形，顶端有5齿裂；花冠淡紫色。果实近球形，黑色。花期6—7月，果期8—11月。

【生境与发生频率】生于山坡、路边灌丛中。发生频率：梨园0.29，橘园0.18，茶园0.14。

107 **乌蔹莓** *Causonis japonica* (Thunb.) Raf.

【分类地位】葡萄科

【形态特征】多年生草质藤本。小枝圆柱形，有纵棱纹，无毛或微被疏柔毛。卷须2～3叉分枝，相隔2节间断与叶对生。叶为鸟足状5小叶，中央小叶长椭圆形或椭圆状披针形，顶端急尖或渐尖，基部楔形，侧生小叶椭圆形或长椭圆形，顶端急尖或圆形，基部楔形或近圆形，边缘每侧有锯齿，上面绿色，无毛，下面浅绿色，无毛或微被毛；侧脉5～9对，网脉不明显。腋生复二歧聚伞花序，花序梗无毛或微被毛，花梗几无毛；花蕾卵圆形，顶端圆形；萼碟形，边缘全缘或波状浅裂，外被乳突状毛或几无毛；花瓣4，三角状卵圆形，外被乳突状毛；雄蕊4；花盘发达，4浅裂；子房下部与花盘合生，花柱短，柱头微扩大。果实近球形，有种子2～4颗。种子三角状倒卵形。花期3—8月，果期8—11月。

【生境与发生频率】生于山谷林中或山坡灌丛。发生频率：梨园0.21，茶园0.14，橘园0.12，棉田0.11。

108 **六月雪** *Serissa japonica* (Thunb.) Thunb.

【分类地位】茜草科

【形态特征】多年生小灌木。株高达90cm。叶革质，卵形或倒披针形，长0.6～2.2cm，宽3～6mm，先端短尖或长尖，全缘，无毛；叶柄短。花单生或数朵簇生小枝顶部或腋生；苞片被毛，边缘浅波状；花萼裂片锥形，被毛；花冠淡红或白色，长0.6～1.2cm，花冠筒比萼裂片长，花冠裂片扩展，先端3裂；雄蕊伸出冠筒喉部；花柱长，伸出，柱头2，直，略分开。花期5—7月，果期6—8月。

【生境与发生频率】生于河溪边或丘陵的杂木林内。发生频率：梨园0.29，茶园0.18，橘园0.14，棉田0.03。

109　过山枫　*Celastrus aculeatus* Merr.

【分类地位】卫矛科

【形态特征】多年生常绿藤本。幼枝褐色，或红棕色，有时被柔毛，小枝无毛，皮孔圆形，稀疏或密布，髓实心，白色；冬芽圆锥形，长2.5mm，最外两枚芽鳞片特化成三角形刺。叶片近革质，椭圆形或宽卵状椭圆形，先端急尖，基部楔形或圆形，边缘具疏细锯齿，近基部全缘，侧脉4～5对，网脉不明显，无毛。聚伞花序腋生或侧生，通常有3花，总花梗长3～6mm，花梗长约3mm，关节位于花梗顶端；花单性异株，黄绿色；萼卵状三角形，先端钝圆；花瓣长椭圆形至倒披针形，先端钝圆，边缘啮蚀状；花盘肉质杯状，边缘不裂。蒴果近球形，直径7～8mm。种子新月形至半环形，一端圆钝另一端略尖，深褐色，具稠密的疣点，具橙红色假种皮。花期3、4月，果期9—10月。

【生境与发生频率】生于山坡、路旁疏林中或灌丛下。发生频率：梨园0.29，茶园0.27，橘园0.12。

110　直立婆婆纳　*Veronica arvensis* Linn.

【分类地位】玄参科

【形态特征】1年生小草本。茎直立或上升，不分枝或铺散分枝，高5～30cm，有两列多细胞白色长柔毛。叶常3～5对，下部的有短柄，中上部的无柄，卵形至卵圆形，长5～15mm，宽4～10mm，具3～5脉，边缘具圆或钝齿，两面被硬毛。总状花序长而多花，长可达20cm，各部分被多细胞白色腺毛；苞片互生，下部的长卵形而疏具圆齿至上部的长椭圆形而全缘；花梗极短；花萼长3～4mm，裂片条状椭圆形，前方2枚长于后方2枚；花冠蓝紫色或蓝色，长约2mm，裂片圆形至长矩圆形；雄蕊短于花冠。蒴果倒心形，强烈侧扁，长2.5～3.5mm，宽略过之，边缘有腺毛，凹口很深，几乎为果半长，裂片圆钝，宿存的花柱不伸出凹口。种子矩圆形，长近1mm。花期4—5月。

【生境与发生频率】生于路边及荒野草地。发生频率：橘园0.14，棉田0.11，茶园0.09，梨园0.07，油菜田0.07。

111 井栏边草 *Pteris multifida* Poir.

【分类地位】凤尾蕨科

【形态特征】多年生蕨类植物。植株高30～45cm。根状茎短而直立，先端生黑褐色鳞片。叶多数，密而簇生，明显二型；不育叶柄长15～25cm，禾秆色或暗褐色而有禾秆色的边，略有光泽，光滑；叶片卵状长圆形，长20～40cm，宽15～20mm，1回羽状；羽片通常3对，对生，斜向上，无柄，线状披针形，长8～15cm，宽6～10mm，先端渐尖，叶缘有不整齐的尖锯齿并有软骨质的边，下部1～2对通常分叉，有时近羽状；能育叶的羽片4～6对，狭线形，长10～15cm，宽4～7mm，仅不育部分具锯齿，余均全缘，基部一对有时近羽状，有长约1cm的柄，余均无柄，下部2～3对通常2～3叉，上部几对的基部常下延，在叶轴两侧形成宽3～4mm的翅。主脉两面均隆起，禾秆色，侧脉明显，稀疏，单一或分叉，有时在侧脉间具有或多或少的与侧脉平行的细条纹。

【生境与发生频率】生于石灰岩地区的岩隙间或林下灌丛中。发生频率：橘园0.20，茶园0.09，棉田0.06，稻田0.02。

112 狼尾草 *Pennisetum alopecuroides* (L.) Spreng.

【分类地位】禾本科

【形态特征】多年生草本。秆直立，丛生，高30～120cm。叶鞘光滑，两侧压扁；叶舌具长约2.5mm纤毛；叶片线形，长10～80cm。圆锥花序紧密，呈圆柱状，直立；主轴密生柔毛；总梗长2～3mm；刚毛粗糙，淡绿色或紫色，长1.5～3 cm；小穗通常单生，线状披针形；第1颖微小或缺；第2颖卵状披针形，先端短尖，具3～5脉；第1小花中性，第1外稃与小穗等长，具7～11脉；第2外稃与小穗等长，披针形，具5～7脉。颖果长圆形。花果期夏秋季。

【生境与发生频率】生于田岸、荒地、道旁及小山坡上。发生频率：橘园0.16，棉田0.11，梨园0.07，茶园0.05，稻田0.02。

113 野菊 *Chrysanthemum indicum* Thunb.

【分类地位】菊科

【形态特征】多年生草本。高25～100cm，有地下长或短匍匐茎。茎直立或铺散，分枝或仅在茎顶有伞房状花序分枝，茎枝被稀疏的毛。叶互生，卵形，羽状半裂、浅裂或分裂不明显而边缘有浅锯齿；上部叶渐小；叶表有腺体及疏柔毛。头状花序多数，在茎枝顶端排成疏松的伞房圆锥花序或伞房花序；总苞片约5层；舌状花黄色，雌性，筒状花两性。瘦果倒卵形。花期6—11月。

【生境与发生频率】生于山坡草地、灌丛、河边水湿地、滨海盐渍地、田边及路旁。发生频率：梨园0.21，橘园0.14，茶园0.09，棉田0.06，油菜田0.04。

114 细柄草 *Capillipedium parviflorum* (R. Br.) Stapf

【分类地位】禾本科

【形态特征】多年生草本。秆细弱，高30～100cm，直立或基部倾斜，单生或稍分枝。叶片扁平，线形，长10～20cm，宽2～7mm。圆锥花序长圆形，长7～10cm，分枝簇生，可具1～2回小枝，小枝为具1～3节的总状花序；无柄小穗基部具髯毛；第1颖背腹扁，先端钝，背面稍下凹，被短糙毛，具4脉，边缘狭窄，内折成脊，脊上部具糙毛；第2颖舟形，与第1颖等长，先端尖，具3脉，第1外稃长为颖的1/4～1/3；第2外稃线形，先端具一膝曲的芒。花果期8—12月。

【生境与发生频率】生于山坡草地、河边、灌丛中。发生频率：橘园0.22，茶园0.09，梨园0.07。

115 **结缕草** *Zoysia japonica* Steud.

【分类地位】禾本科

【形态特征】多年生草本。秆直立，高15～20cm，基部常有宿存枯萎叶鞘。叶鞘无毛，下部者松散而互相跨覆，上部者紧密抱茎；叶舌纤毛状；叶扁平或稍内卷，长2.5～5cm，上面疏生柔毛，下面近无毛。总状花序穗状；小穗柄通常弯曲；小穗长2.5～3.5mm，卵形，淡黄绿或带紫褐色；第1颖退化，第2颖质硬，1脉，于近先端处背部中脉延伸成小刺芒。外稃膜质，长圆形；花丝短，花柱2，柱头帚状。颖果卵圆形。花果期5—8月。

【生境与发生频率】生于平原、山坡或海滨草地。发生频率：橘园0.20，梨园0.07，棉田0.06，茶园0.05。

116 **栝楼** *Trichosanthes kirilowii* Maxim.

【分类地位】葫芦科

【形态特征】多年生攀援藤本。茎粗大，多分枝。叶纸质，近圆形，径5～20cm，常3～5浅至中裂。雌雄异株；雄总状花序单生，或与单花并存，被柔毛，顶端具5～8花；萼筒筒状，被柔毛，裂片披针形，全缘；花冠白色，裂片倒卵形，具丝状流苏；花丝被柔毛；雌花单生。果椭圆形或圆形，黄褐或橙黄色。种子卵状椭圆形。花期5—8月，果期8—10月。

【生境与发生频率】生于山坡林下、灌丛中、草地和村旁田边。发生频率：茶园0.23，橘园0.14，梨园0.14。

117 　三脉紫菀　　*Aster trinervius* subsp. *ageratoides* (Turcz.) Grierson

【分类地位】菊科

【形态特征】多年生草本。茎直立，高40～100cm，被柔毛或粗毛。下部叶宽卵圆形，骤窄成长柄；中部叶窄披针形或长圆状披针形，基部骤窄成楔形具宽翅的柄，边缘有锯齿；上部叶有浅齿或全缘；叶纸质，离基三出脉。头状花序排成伞房或圆锥伞房状；总苞倒锥状或半球状，总苞片3层；舌状花舌片线状长圆形，紫、浅红或白色；管状花黄色。瘦果倒卵状长圆形，灰褐色。花果期7—12月。

【生境与发生频率】生于林下、林缘、灌丛及山谷湿地。发生频率：橘园0.22，梨园0.14，茶园0.05。

118 　秋鼠曲草　　*Gnaphalium hypoleucum* DC.

【分类地位】菊科

【形态特征】1年生草本。茎直立，高30～60cm，上部有斜升的分枝，有沟纹，被白色厚绵毛。下部叶线形，无柄，稍抱茎，顶端渐尖，上面有腺毛，下面厚，被白色绵毛；中部和上部叶较小。头状花序多数，在枝端密集成伞房花序；花黄色；总苞球形，总苞片4层，全部金黄色或黄色；雌花多数，花冠丝状，无毛；两性花较少数，花冠管状。瘦果卵形或卵状圆柱形，顶端截平。花期8—12月。

【生境与发生频率】生于空旷沙土地或山地路旁及山坡上。发生频率：茶园0.32，橘园0.10，梨园0.07，棉田0.03。

119　酸模叶蓼　*Polygonum lapathifolium* Linn.

【分类地位】蓼科

【形态特征】1年生草本。株高40～90cm。茎直立，具分枝，无毛，节部膨大。叶披针形或宽披针形，长5～15cm，宽1～3cm，顶端渐尖或急尖，基部楔形，上面绿色，常有一个大的黑褐色新月形斑点，两面沿中脉被短硬伏毛，全缘，边缘具粗缘毛；叶柄短，具短硬伏毛；托叶鞘筒状，膜质，淡褐色，无毛，具多数脉，顶端截形，无缘毛，稀具短缘毛。顶生或腋生总状花序呈穗状，近直立，花紧密，通常由数个花穗再组成圆锥状，花序梗被腺体；苞片漏斗状，边缘具稀疏短缘毛；花被淡红色或白色，4（5）深裂，花被片椭圆形，外面两片较大，脉粗壮，顶端叉分，外弯；雄蕊通常6。瘦果宽卵形，双凹，黑褐色，有光泽，包于宿存花被内。花期6—8月，果期7—9月。

【生境与发生频率】生于路旁湿地和沟渠水边。发生频率：梨园0.14，棉田0.14，茶园0.05，稻田0.05，橘园0.04，油菜田0.04。

120　雾水葛　*Pouzolzia zeylanica* (Linn.) Benn.

【分类地位】荨麻科

【形态特征】多年生草本。茎直立或渐升，高达40cm，常下部分枝，被伏毛或兼有开展柔毛。叶对生，卵形或宽卵形，长1.2～3.8cm，宽0.8～2.6cm，先端短渐尖，基部圆，全缘，两面疏被伏毛，侧脉1对；叶柄长0.3～1.6cm。花两性；团伞花序径1～2.5mm；雄花4基数，花被片基部合生；雌花花被椭圆形或近菱形，顶端具2小齿，密被柔毛。瘦果卵球形，淡黄白色，上部褐色或全部黑色，有光泽。花期秋季，果期秋冬季。

【生境与发生频率】生于草地、田边、丘陵或低山灌丛中或疏林中。发生频率：茶园0.23，橘园0.10，稻田0.05，棉田0.03。

121　扁担杆　*Grewia biloba* G. Don

【分类地位】椴树科

【形态特征】灌木或小乔木。株高1～4m，多分枝；嫩枝被粗毛。叶薄革质，椭圆形或倒卵状椭圆形，长3～9cm，宽2～4cm，侧脉3～5对，边缘有细锯齿，两面有稀疏星状粗毛，基出脉3条；两侧脉上行过半；叶柄长4～8mm，有粗毛；托叶钻形，长3～4mm。聚伞花序腋生，多花，花序柄长不到1cm；花柄长3～6mm；苞片钻形，长3～5mm；萼片狭长圆形，长4～7mm，外面被毛，内面无毛；花瓣长1～1.5mm；雌雄蕊柄长0.5mm，有毛；雄蕊长2mm；子房有毛，花柱与萼片平齐，柱头扩大，盘状，有浅裂。核果红色，有2～4颗分核。花期5—7月。

【生境与发生频率】生于平原、低山灌丛、低山丘陵灌丛或疏林。发生频率：橘园0.24，茶园0.05。

122　阴地蒿　*Artemisia sylvatica* Maxim.

【分类地位】菊科

【形态特征】多年生草本。茎少数或单生，直立，高80～130cm，有纵纹。茎下部叶具长柄，叶片卵形或宽卵形，2回羽状深裂；中部叶具柄，叶片卵形或长卵形，1～2回羽状深裂，每侧有裂片2～3枚；上部叶小，有短柄，羽状深裂或近全裂，每侧有裂片1～2枚。头状花序多数，近球形或宽卵形，在分枝上排成复总状花序；总苞片3～4层，外层略小；雌花4～7朵，花冠狭管状；两性花8～14朵，花冠管状。瘦果小，狭卵形。花果期9—10月。

【生境与发生频率】生于低海拔湿润地区的林下、林缘或灌丛下荫蔽处。发生频率：橘园0.14，梨园0.14，棉田0.06，茶园0.05，稻田0.02。

123　毛茛　*Ranunculus japonicus* Thunb.

【分类地位】毛茛科

【形态特征】多年生草本。茎直立，高30～70cm，中空，有槽，具分枝，生开展或贴伏的柔毛。基生叶叶片圆心形或五角形，长与宽均为3～10cm，基部心形或截形；叶柄长达15cm，生开展柔毛；下部叶与基生叶相似，渐向上叶柄变短，叶片较小，3深裂，裂片披针形；最上部叶线形，全缘，无柄。聚伞花序有多数花，疏散；花直径1.5～2.2cm；花梗长达8cm，贴生柔毛；萼片椭圆形，生白柔毛；花瓣5，倒卵状圆形，基部有长约0.5mm的爪；花药长约1.5mm；花托短小，无毛。聚合果近球形，直径6～8mm；瘦果扁平，长2～2.5mm，边缘有棱，无毛，喙短直或外弯。花果期4—9月。

【生境与发生频率】生于田沟旁和林缘路边的湿草地。发生频率：茶园0.27，橘园0.08，稻田0.03。

124　阔叶丰花草　*Spermacoce alata* Aubl.

【分类地位】茜草科

【形态特征】株型披散、枝条粗壮草本。茎和枝被毛，均为明显的四棱柱形，棱上具狭翅。叶椭圆形或卵状长圆形，长2～7.5cm，宽1～4cm，顶端锐尖或钝，基部阔楔形而下延，边缘波浪形，鲜时黄绿色，叶面平滑；侧脉每边5～6条，略明显；叶柄长4～10mm，扁平；托叶膜质，被粗毛，顶部有数条长于鞘的刺毛。花数朵丛生于托叶鞘内，无梗；小苞片略长于花萼；萼管圆筒形，被粗毛，萼檐4裂；花冠漏斗形，浅紫色，罕有白色，里面被疏散柔毛，基部具1毛环，顶部4裂；花柱柱头2，裂片线形。蒴果椭圆形，被毛，成熟时从顶部纵裂至基部，隔膜不脱落或1个分果爿的隔膜脱落；种子近椭圆形，两端钝，干后浅褐色或黑褐色，无光泽，有小颗粒。花果期5—7月。

【生境与发生频率】生于废墟和荒地。发生频率：橘园0.18，茶园0.09，稻田0.03。

125　半夏　*Pinellia ternata* (Thunb.) Makino

【分类地位】天南星科

【形态特征】多年生草本。块茎圆球形，直径1～2cm，具须根。叶2～5枚，有时1枚；叶柄长15～20cm，基部具鞘，鞘内、鞘部以上或叶片基部（叶柄顶头）有直径3～5mm的珠芽，珠芽在母株上萌发或落地后萌发；幼苗叶片卵状心形至戟形，为全缘单叶，长2～3cm，宽2～2.5cm；老株叶片3全裂，裂片绿色，背淡，长圆状椭圆形或披针形，两头锐尖，全缘或具不明显的浅波状圆齿，侧脉8～10对，细弱，细脉网状，密集，集合脉2圈。花序柄长于叶柄；佛焰苞绿色或绿白色，管部狭圆柱形；檐部长圆形，绿色，有时边缘青紫色，钝或锐尖；肉穗花序；附属器绿色变青紫色，直立，有时S形弯曲。浆果卵圆形，黄绿色，先端渐狭为明显的花柱。花期5—7月，果8月成熟。

【生境与发生频率】喜温暖潮湿，耐荫蔽环境，常见于草坡、荒地、玉米田、田边或疏林下。发生频率：茶园0.23，梨园0.07，油菜田0.07，橘园0.06，棉田0.06。

126　地锦草　*Euphorbia humifusa* Willd. ex Schlecht.

【分类地位】大戟科

【形态特征】1年生草本。根纤细，常不分枝。茎匍匐，自基部以上多分枝，偶尔先端斜向上伸展，基部常红色或淡红色，被柔毛或疏柔毛。叶对生，矩圆形或椭圆形，长5～10mm，宽3～6mm，先端钝圆，基部偏斜，略渐狭，边缘常于中部以上具细锯齿；叶面绿色，叶背淡绿色，有时淡红色，两面被疏柔毛；叶柄极短，长1～2mm。花序单生于叶腋，基部具1～3mm的短柄；总苞陀螺状，边缘4裂，裂片三角形；腺体4，矩圆形，边缘具白色或淡红色附属物。蒴果三棱状卵球形，成熟时分裂为3个分果爿，花柱宿存。种子三棱状卵球形，灰色，每个棱面无横沟，无种阜。花果期5—10月。

【生境与发生频率】生于原野荒地、路旁、田间、沙丘、海滩、山坡等。发生频率：茶园0.18，橘园0.10，棉田0.09。

127 决明 *Senna tora* (L.) Roxb.

【分类地位】蝶形花科

【形态特征】1年生亚灌木状草本。茎直立、粗壮，株高1～2m。羽状复叶有4～8枚小叶；叶柄长1.5～3cm；在最下两小叶间的叶轴上有1钻形腺体；托叶线形，长8～13mm，被长柔毛，早落；小叶片倒卵形或倒卵状长圆形，长1.5～6.5cm，宽0.8～3cm，顶端一对较大，先端圆钝，有小尖头，基部不对称，幼时两面疏生长柔毛，后渐脱落，仅具缘毛。花腋生，通常2朵聚生；总花梗长6～10mm；萼片稍不等大，卵形或卵状长圆形，膜质，外面被柔毛，长约8mm；花瓣黄色，下面两片略长，长12～15mm，宽5～7mm；能育雄蕊7枚，花药四方形，顶孔开裂，花丝短于花药；子房无柄，被白色柔毛。荚果纤细，近四棱形，两端渐尖，膜质；种子约25颗，菱形，光亮。花果期8—11月。

【生境与发生频率】生于山坡、旷野及河滩沙地。发生频率：梨园0.21，茶园0.14，橘园0.08，棉田0.06。

128 木防己 *Cocculus orbiculatus* (L.) DC.

【分类地位】防己科

【形态特征】木质藤本。茎木质化，纤细而韧，上部分枝表面有纵棱纹，小枝被茸毛至疏柔毛，或有时近无毛，有条纹。叶互生；叶片纸质，宽卵形或卵状椭圆形，长3～14cm，宽2～9cm，先端急尖，圆钝状或微凹，基部略为心形或截形，全缘，或呈微波状，两面均被柔毛，老时上面毛脱落，下面毛仍较密，中脉明显，侧脉1～2对；叶柄表面有细纵棱及细柔毛。聚伞花序少花，腋生，或排成多花，狭窄聚伞圆锥花序，顶生或腋生，长可达10cm或更长，被柔毛；雄花小苞片2或1，紧贴花萼，被柔毛；萼片6，外轮卵形或椭圆状卵形，内轮阔椭圆形至近圆形；花瓣6，下部边缘内折，抱花丝，顶端2裂，裂片叉开，渐尖或短尖；雄蕊6，比花瓣短；雌花萼片和花瓣与雄花相同；退化雄蕊6，微小；心皮6，无毛。核果近球形，红色至紫红色。花期6—7月，果期9—10月。

【生境与发生频率】生于灌丛、村边、林缘等处。发生频率：茶园0.27，橘园0.08，梨园0.07，棉田0.03。

129 三裂蛇葡萄 *Ampelopsis delavayana* var. *delavayana*

【分类地位】葡萄科

【形态特征】多年生木质藤本。小枝圆柱形，有纵棱纹，疏生短柔毛，后脱落。卷须2～3叉分枝，相隔2节间断与叶对生。叶为3小叶，中央小叶披针形或椭圆状披针形，顶端渐尖，基部近圆形，侧生小叶卵状椭圆形或卵状披针形，基部不对称，近截形，边缘有粗锯齿，齿端通常尖细，上面绿色，嫩时被稀疏柔毛，后脱落几无毛，下面浅绿色，侧脉5～7对，网脉两面均不明显；中央小叶有柄或无柄，侧生小叶无柄，被稀疏柔毛。多歧聚伞花序与叶对生，花序梗被短柔毛；花梗伏生短柔毛；花蕾卵形，顶端圆形；萼碟形，边缘呈波状浅裂，无毛；花瓣5，卵状椭圆形，外面无毛，雄蕊5；花盘明显，5浅裂；子房下部与花盘合生；花柱明显，柱头不明显扩大。果实近球形，有种子2～3颗；种子倒卵圆形，顶端近圆形，基部有短喙。花期6—8月，果期9—11月。

【生境与发生频率】生于山谷林中或山坡灌丛或林中。发生频率：橘园0.18，茶园0.09，梨园0.07。

130 龙牙草 *Agrimonia pilosa* Ledeb.

【分类地位】蔷薇科

【形态特征】多年生草本。根状茎短，基部常有1至数个地下芽。茎高达1.2m，被疏柔毛及短柔毛。叶为间断奇数羽状复叶，常有3～4对小叶，叶柄被稀疏柔毛或短柔毛；小叶片无柄或有短柄，倒卵形、倒卵状椭圆形或倒卵状披针形，长1.5～5cm，宽1～2.5cm，上面被疏柔毛，稀脱落近无毛，下面脉上常伏生疏柔毛，稀脱落近无毛，有显著腺点；托叶草质，镰形，边缘有尖锐锯齿或裂片，茎下部托叶卵状披针形，全缘。穗状总状花序顶生，花序轴被柔毛；花梗被柔毛，苞片3裂，小苞片对生；花直径6～9mm；萼片5，三角状卵形；花瓣黄色，长圆形；雄蕊5～15枚；花柱2，丝状，柱头头状。瘦果倒卵状圆锥形，外面有10条肋，被疏柔毛，顶端有数层钩刺，幼时直立，成熟后靠合。花果期5—12月。

【生境与发生频率】生于田埂、路旁、沟边、山谷。发生频率：茶园0.23，棉田0.09，橘园0.06。

131 **灰白毛莓** *Rubus tephrodes* Hance

【分类地位】蔷薇科

【形态特征】多年生攀援灌木。株高3～4m。枝密被灰白色茸毛,疏生微弯皮刺,并具刺毛和腺毛。单叶,近圆形,长宽均5～11cm,顶端急尖或圆钝,基部心形,上面有疏柔毛或疏腺毛,基脉掌状5出,有5～7钝圆裂片和不整齐锯齿;叶柄长1～3cm,具茸毛,疏生小皮刺、刺毛及腺毛,托叶离生,脱落,深条裂或梳齿状深裂,有茸毛状柔毛。顶生大型圆锥花序,总花梗和花梗密被茸毛或茸毛状柔毛,仅总花梗下部疏生刺毛或腺毛;花梗短;苞片与托叶相似;花直径约1cm;花萼密被灰白色茸毛,通常无刺毛和腺毛;萼片卵形,先端急尖,全缘;花瓣小,白色,近圆形或长圆形;雄蕊多数;雌蕊30～50,无毛。果实球形,紫黑色,无毛,由多数小核果组成;核有皱纹。花期6—8月,果期8—10月。

【生境与发生频率】生于山坡、路旁或灌丛中。发生频率:茶园0.23,橘园0.12,梨园0.07。

132 **蕺菜** *Houttuynia cordata* Thunb.

【分类地位】三白草科

【形态特征】多年生草本。株高30～60cm。茎下部伏地,节上轮生小根,上部直立,无毛或节上被毛,有时带紫红色。叶薄纸质,有腺点,背面尤甚,卵形或阔卵形,长4～10cm,宽2.5～6cm,顶端短渐尖,基部心形,两面有时除叶脉被毛外均无毛,背面常呈紫红色;叶脉5～7;叶柄长1～3.5cm,无毛;托叶膜质,长1～2.5cm,顶端钝,下部与叶柄合生而成长8～20mm的鞘,且常有缘毛,基部扩大,略抱茎。花序长约2cm,宽5～6mm;总花梗长1.5～3cm,无毛;总苞片长圆形或倒卵形,顶端钝圆;雄蕊长于子房,花丝长为花药的3倍。蒴果顶端有宿存的花柱。花期4—7月。

【生境与发生频率】生于沟边、溪边或林下湿地。发生频率:茶园0.14,油菜田0.11,梨园0.07,橘园0.06,稻田0.03。

133 **苎麻** *Boehmeria nivea* (L.) Hook. f. & Arn.

【分类地位】荨麻科

【形态特征】多年生亚灌木或灌木。株高0.5～1.5m。茎上部与叶柄均密被开展的长硬毛和近开展或贴伏的短糙毛。叶互生，叶片草质，通常圆卵形或宽卵形，长6～15cm，宽4～11cm，顶端骤尖，基部近截形或宽楔形，边缘在基部之上有牙齿；侧脉约3对；托叶分生，钻状披针形，背面被毛。圆锥花序腋生，或植株上部的为雌性，其下的为雄性，或同一植株的全为雌性；雄花花被片4，狭椭圆形，合生至中部，顶端急尖，外面有疏柔毛，雄蕊4，退化雌蕊狭倒卵球形，顶端有短柱头；雌花花被片椭圆形，外面有短柔毛，果期菱状倒披针形，柱头丝状。瘦果近球形，光滑，基部突缩成细柄。花期8—10月。

【生境与发生频率】生于山谷、林边或草坡。发生频率：橘园0.16，梨园0.14，茶园0.09。

134 **临时救** *Lysimachia congestiflora* Hemsl.

【分类地位】报春花科

【形态特征】多年生匍匐草本。高15～25cm。茎基部节间短，常生不定根，上部及分枝上升，茎密被长柔毛。叶对生；叶片卵形至宽卵形，长1.5～3.5cm，宽0.7～2cm，先端急尖至渐尖，基部宽楔形或近圆形，两面疏具伏毛，边缘散生红色或黑色腺点；叶柄长0.6～1.5cm。花2～4朵集生茎端和枝端，呈近头状的总状花序，在花序下方的1对叶腋有时具单生之花；花梗极短或长至2mm；花萼长5～8.5mm，分裂近达基部，裂片披针形，宽约1.5mm，背面被疏柔毛；花冠黄色，内面基部紫红色，长9～11mm，基部合生部分长2～3mm。蒴果球形，直径3～4mm，无毛，有稀疏黑色腺条。花期5—7月，果期7—8月。

【生境与发生频率】生于沟边、路旁阴湿处和山坡林下。发生频率：茶园0.14，梨园0.07，油菜田0.07，棉田0.06，橘园0.04，稻田0.02。

135　石香薷　*Mosla chinensis* Maxim.

【分类地位】唇形科

【形态特征】1年生直立草本。茎高10～40cm，纤细，不分枝或自基部多分枝，四棱形，有下向白色疏柔毛。叶片线状披针形，长1.5～3.5cm，宽1.5～5mm，先端渐尖或急尖，基部渐狭，边缘具不明显的疏浅锯齿；两面均疏生短柔毛及棕色凹陷腺点；叶柄长2～4mm，疏生柔毛。总状花序头状，长1～3cm；苞片覆瓦状排列或疏散排列，倒卵圆形，先端短尾尖，全缘，两面被柔毛，下面被腺点，具缘毛，掌状5脉；花梗疏被短柔毛；花萼被白色绵毛及腺体，喉部以上内面被白色绵毛，下部无毛；萼齿5，钻形；花冠紫红、淡红或白色，稍伸出苞片，被微柔毛，下唇内面下方冠筒稍被微柔毛，余无毛。小坚果灰褐色，球形，无毛，具深凹雕纹。花期6—9月，果期7—11月。

【生境与发生频率】生于草坡或林下。发生频率：橘园0.14，梨园0.14，茶园0.09。

136　橘草　*Cymbopogon goeringii* (Steud.) A. Camus

【分类地位】禾本科

【形态特征】多年生有香气草本。秆直立，无毛，高60～90cm，节上有白粉状微小毛茸。叶鞘无毛，下部的多破裂而聚集于秆基，并向外反卷而内面为红棕色；叶舌顶端钝圆，长1～2.5mm；叶片线形，长12～40cm，宽3～4mm，无毛，平展。伪圆锥花序稀疏，狭窄，较单纯，由成对的总状花序托以佛焰苞状总苞所形成；总状花序带紫色，长1～2cm；小穗成对生于各节，在每对总状花序之一的基部一对小穗不孕，其余各对有柄的不孕，无柄的结实；结实无柄小穗长5～6mm，基盘钝；第1颖背部扁平，两侧有脊；芒自第2外稃裂齿间伸出。花果期7—10月。

【生境与发生频率】生于丘陵山坡草地、荒野和平原路旁。发生频率：橘园0.18，梨园0.14。

137 　**华泽兰** 　*Eupatorium chinense* Linn.

【分类地位】菊科

【形态特征】多年生草本。高100～150cm。茎直立，被污白色柔毛。叶对生，中部茎生叶卵形、宽卵形、3全裂或3深裂；上部茎生叶不裂，披针形或长椭圆形；茎生叶均两面无毛无腺点，或下面疏被柔毛，羽状脉，有粗齿或不规则细齿。总苞钟状，总苞片2～3层，外层短，卵状披针形，中内层苞片渐长，长椭圆形。花白或带微红色。瘦果长椭圆形，熟时黑褐色。花果期7—11月。

【生境与发生频率】生于荒地、村旁、路边。发生频率：橘园0.16，茶园0.14。

138 　**白头婆** 　*Eupatorium japonicum* Thunb. ex Murray

【分类地位】菊科

【形态特征】多年生草本。高50～200cm。茎直立，通常不分枝，或仅上部有伞房状花序分枝，全部茎枝被白色皱波状短柔毛。叶对生，有柄，椭圆形或披针形。头状花序在茎顶或枝端排成紧密的伞房花序，总苞钟状，含5个小花；花白色或带红紫色或粉红色，花冠外面有较稠密的黄色腺点。瘦果淡黑褐色，椭圆状。花果期6—11月。

【生境与发生频率】生于山坡草地、林下、灌丛中、水湿地及河岸水旁。发生频率：茶园0.27，橘园0.08，梨园0.07。

139　轮叶蒲桃　*Syzygium grijsii* (Hance) Merr. et Perry

【分类地位】桃金娘科

【形态特征】多年生灌木。株高不及1.5m。嫩枝纤细，有4棱，干后黑褐色。叶片革质，细小，常3叶轮生，狭窄长圆形或狭披针形，长1.5～2cm，宽5～7mm，先端钝或略尖，基部楔形，上面干后暗褐色，无光泽，下面稍浅色，多腺点，侧脉密，以50°开角斜行，彼此相隔1～1.5mm，在下面比上面明显，边脉极接近边缘；叶柄长1～2mm。聚伞花序顶生，长1～1.5cm，少花；花梗长3～4mm，花白色；萼管长2mm，萼齿极短；花瓣4，分离，近圆形，长约2mm；雄蕊长约5mm；花柱与雄蕊同长。果实球形，直径4～5mm。花期5—6月。

【生境与发生频率】生长于山坡阳处、路旁草地。发生频率：茶园0.18，橘园0.12，梨园0.07。

140　矮冷水花　*Pilea peploides* (Gaudich.) Hook. et Arn.

【分类地位】荨麻科

【形态特征】1年生小草本。无毛，常丛生。茎肉质，带红色，纤细，高3～20cm，下部裸露，节间疏长，上部节间较密，不分枝或有少数分枝。叶膜质，常集生于茎和枝的顶部，同对的近等大，菱状圆形，稀扁圆状菱形或三角状卵形，先端钝，稀近锐尖，基部常楔形，边缘全缘或波状，两面生紫褐色斑点，在下面更明显；基出脉3条，在近先端边缘处消失，二级脉不明显；叶柄纤细；托叶很小，三角形。雌雄同株，雌花序与雄花序常同生于叶腋，或分别单生于叶腋；聚伞花序密集成头状；雄花具梗，淡黄色；花被片4，卵形；雄蕊4；退化雌蕊不明显；雌花具短梗，淡绿色；花被片2，不等大，腹生的一枚较大，近船形或倒卵状长圆形。瘦果，卵形，顶端稍歪斜，熟时黄褐色，光滑。花期4—7月，果期7—8月。

【生境与发生频率】生于山坡石缝阴湿处或长苔藓的石上。发生频率：茶园0.18，橘园0.06，棉田0.06，油菜田0.04，稻田0.02。

141　风轮菜　*Clinopodium chinense* (Benth.) O. Kuntze

【分类地位】唇形科

【形态特征】多年生草本。茎基部匍匐，上部上升，有时直立，高20～80cm，四棱形，具细条纹，直径可达3mm，密被向下白色具节柔毛，棱上尤密，老时渐秃净，仅棱上有毛。叶片卵形或长卵形，有时宽卵形，长1.5～5cm，宽0.5～3cm，先端急尖或稍钝，基部圆形或宽楔形，边缘具整齐的锯齿，两面均有平伏短或长柔毛，下面脉上较密，侧脉5～7对，下面隆起；叶柄长0.3～1cm。轮伞花序多花密集，腋生，球形或半球形，径达2cm，下部疏离，上部有时稍密集，有时分枝成圆锥状；苞片线状钻形，长3～7mm，具长缘毛，无明显中脉；花冠紫红色，长约9mm，上唇直伸，顶端微缺，下唇3裂。小坚果倒卵形。花期5—10月，果期6—11月。

【生境与发生频率】生于路旁或草丛中。发生频率：茶园0.23，橘园0.08，梨园0.07。

142　网络鸡血藤　*Callerya reticulata* (Benth.) Schot

【分类地位】蝶形花科

【形态特征】多年生藤本。小枝有细棱，初被黄色细柔毛，后变秃净，老枝褐色。羽状复叶长10～20cm，叶柄长2～5cm，无毛，托叶锥形，基部贴茎向下突起成一对短而硬的距，叶腋常有多数宿存钻形芽鳞；小叶7～9，硬纸质，卵状椭圆形或长圆形，长5～6cm，先端钝，渐尖或微凹，基部圆，两面无毛或有稀疏柔毛，侧脉6～7对，两面均隆起；小托叶刺毛状，宿存。圆锥花序顶生或着生枝梢叶腋，长10～20cm，常下垂，花序梗及花序轴被黄色柔毛；苞片早落，小苞片贴萼生；花单生，花萼宽钟形，无毛，萼齿短钝，边缘有黄色绢毛；花冠紫红色，旗瓣卵状长圆形，无毛，无胼胝体，翼瓣和龙骨瓣稍长于旗瓣；子房无毛，胚珠多数。荚果线形，长达15cm，扁平，干后黑褐色，缝线不增厚，果瓣薄革质，开裂后卷曲，具3～6粒种子。种子长圆形。花期5—11月。

【生境与发生频率】生于山地灌丛及沟谷。发生频率：茶园0.27，梨园0.21，橘园0.02。

143 长萼鸡眼草 *Kummerowia stipulacea* (Maxim.) Makino

【分类地位】蝶形花科

【形态特征】1年生草本。株高7～15cm。茎平伏，上升或直立，多分枝，茎和枝上被疏生向上的白毛，有时仅节处有毛。小叶片常为倒卵形，有时为倒卵状长圆形，长5～12mm，宽3～7mm，先端常微凹；下面中脉及边缘有毛，侧脉多而密。花常1～2朵腋生；小苞片4，较萼筒稍短、稍长或近等长，生于萼下，其中1枚很小，生于花梗关节之下，常具1～3条脉；花梗有毛；花萼膜质，阔钟形，5裂，裂片宽卵形，有缘毛；花冠上部暗紫色，长5.5～7mm，旗瓣椭圆形，先端微凹，下部渐狭成瓣柄，较龙骨瓣短，翼瓣狭披针形，与旗瓣近等长，龙骨瓣钝，上面有暗紫色斑点；雄蕊二体。荚果椭圆形或卵形，稍侧偏，常是萼长的1.5～3倍。花期7—8月，果期8—10月。

【生境与发生频率】生于路旁、草地、山坡、固定或半固定沙丘等处。发生频率：梨园0.21，橘园0.10，茶园0.05，棉田0.03。

144 美丽胡枝子 *Lespedeza thunbergii* subsp. *formosa* (Vogel) H. Ohashi

【分类地位】蝶形花科

【形态特征】直立灌木。株高1～3m。多分枝，小枝黄色或暗褐色，有条棱，被疏短毛。羽状复叶具3小叶；托叶2枚，线状披针形，长3～4.5mm；叶柄长2～7cm；小叶质薄，卵形、倒卵形或卵状长圆形，长1.5～6cm，宽1～3.5cm，先端钝圆或微凹，稀稍尖，具短刺尖，基部近圆形或宽楔形，全缘，上面绿色，无毛，下面色淡，被疏柔毛，老时渐无毛。总状花序腋生，长于复叶，或圆锥花序顶生；总花梗长1～5cm；苞片和小苞片卵形或卵状披针形，密被短柔毛；花萼钟状，5齿裂，萼齿卵形或椭圆形，具3脉，长于或等长于萼筒，外面密被短柔毛；花冠紫红色，长1～1.3cm，旗瓣近圆形或长圆状卵形，先端钝圆，基部具耳及短瓣柄，翼瓣倒卵状长圆形，较旗瓣短，基部具耳及细长瓣柄，龙骨通常稍长于或等长于旗瓣；子房线形，密被柔毛。荚果斜倒卵形，稍扁，长约10mm，宽约5mm，表面具网纹，密被短柔毛。花期7—9月，果期9—10月。

【生境与发生频率】生于山坡、林缘、路旁、灌丛及杂木林间。发生频率：茶园0.23，橘园0.08，棉田0.03。

145 　台湾剪股颖　　*Agrostis sozanensis* Hayata

【分类地位】禾本科

【形态特征】多年生草本。具根状茎。秆丛生，直立或基部稍倾斜上升，具3～5节。叶鞘无毛，上部稍短于节间；叶舌干膜质，先端钝或平截，长2～6mm；叶片线形，长7～20cm，宽2～5mm，扁平或先端内卷成锥状，微粗糙。圆锥花序尖塔形或长圆形，疏松开展，分枝多至10余枚，少者2～4枚，平展或上举，下部有1/2～2/3裸露无小穗，细弱，微粗糙；两颖近等长或第1颖稍长；外稃先端钝或平截，微具齿，5脉明显，中部以下着生1芒；内稃长约0.5mm。花果期夏秋季。

【生境与发生频率】生于山坡、田野的潮湿处。发生频率：茶园0.27，梨园0.07，橘园0.06。

146 　白顶早熟禾　　*Poa acroleuca* Steud.

【分类地位】禾本科

【形态特征】1年生或越年生草本。秆高30～50cm，径约1mm，3～4节。叶鞘闭合，顶生叶鞘短于叶片；叶舌膜质，长0.5～1mm；叶片长7～15cm，宽2～6mm。圆锥花序金字塔形，长10～20cm；分枝2～5，细弱，微糙涩，基部主枝长3～8cm，中部以下裸露；小穗卵圆形，具2～4小花，灰绿色；颖披针形，质薄，具窄膜质边缘，脊上部微粗糙，第1颖长1.5～2mm，1脉，第2颖长2～2.5mm，3脉；外稃长圆形，脊与边脉中部以下具长柔毛，间脉稍明显，无毛，第1外稃长2～3mm；内稃较短于外稃，脊具长柔毛；花药淡黄色，长0.8～1mm。颖果纺锤形，长约1.5mm。花果期5—6月。

【生境与发生频率】生于沟边阴湿草地。发生频率：梨园0.21，茶园0.18，橘园0.04，油菜田0.04。

147　天名精　*Carpesium abrotanoides* Linn.

【分类地位】菊科

【形态特征】多年生草本。高50～100cm。茎直立。叶互生；下部叶宽椭圆形或矩圆形，顶端尖或钝，基部狭成具翅的叶柄，边缘有不规则的锯齿，或全缘，上面有贴短毛，下面有短柔毛和腺点；上部叶渐小，矩圆形，无叶柄。头状花序多数，沿茎枝腋生；总苞钟状球形；总苞片3层；花黄色，外围的雌花花冠丝状，3～5齿裂，中央的两性花花冠筒状，顶端5齿裂。瘦果条形。花期6—8月，果期9—10月。

【生境与发生频率】生于山坡路旁或草坪。发生频率：橘园0.12，梨园0.07，茶园0.05，油菜田0.04，棉田0.03。

148　虎杖　*Reynoutria japonica* Houtt.

【分类地位】蓼科

【形态特征】多年生草本。株高1～2m。根状茎粗壮，横走。茎直立，粗壮，空心，具明显的纵棱，具小突起，无毛，散生红色或紫红斑点。叶宽卵形或卵状椭圆形，长5～12cm，宽4～9cm，近革质，顶端渐尖，基部宽楔形、截形或近圆形，边缘全缘，疏生小突起，两面无毛，沿叶脉具小突起；叶柄长1～2cm，具小突起；托叶鞘膜质，偏斜，褐色，具纵脉，无毛，顶端截形，无缘毛，常破裂，早落。花单性，雌雄异株；花序圆锥状，长3～8cm，腋生；苞片漏斗状，顶端渐尖，无缘毛，每苞内具2～4花；花梗中下部具关节；花被5深裂，淡绿色，雄花花被片具绿色中脉，无翅，雄蕊8；雌花花被片外面3片背部具翅，果时增大，翅扩展下延，花柱3，柱头流苏状。瘦果卵形，具3棱，黑褐色，有光泽，包于宿存花被内。花期8—9月，果期9—10月。

【生境与发生频率】生于山坡灌丛、山谷、路旁、田边湿地。发生频率：茶园0.27，橘园0.04，棉田0.03，稻田0.02。

149 　　**四叶葎**　　*Galium bungei* Steud.

【分类地位】茜草科

【形态特征】多年生丛生直立草本。株高5～50cm。根红色丝状。茎4棱，不分枝或稍分枝，常无毛或节上有微毛。叶纸质，4片轮生，叶形变化较大，卵状长圆形、卵状披针形、披针状长圆形或线状披针形，长0.6～3.4cm，宽2～6mm，顶端尖或稍钝，基部楔形，中脉和边缘常有刺状硬毛，有时两面亦有糙伏毛，1脉，近无柄或有短柄。顶生和腋生聚伞花序，稠密或稍疏散，总花梗纤细，常3歧分枝，再形成圆锥状花序；花小；花梗纤细；花冠黄绿色或白色，辐状，无毛，花冠裂片卵形或长圆形。果爿近球状，常双生，有小疣点、小鳞片或短钩毛，稀无毛。花期4—9月，果期5月至翌年1月。

【生境与发生频率】生于山地、丘陵、旷野、田间、沟边的林中。发生频率：橘园0.14，茶园0.09，油菜田0.04。

150 　　**白车轴草**　　*Trifolium repens* L.

【分类地位】蝶形花科

【形态特征】多年生草本。生长期达5年，株高10～30cm。茎匍匐蔓生，上部稍上升，节上生根，全株无毛。掌状三出复叶；托叶卵状披针形，膜质，基部抱茎成鞘状，离生部分锐尖；叶柄较长，长10～30cm；小叶倒卵形至近圆形，先端凹头至钝圆，基部楔形渐窄至小叶柄，中脉在下面隆起，侧脉约13对，两面均隆起，近叶边分叉并伸达锯齿齿尖。总花梗常长于叶柄，具棱线；小苞片卵形；花萼管状，萼齿5枚，披针形，上方2齿与萼筒等长，下方3齿短于萼筒，有微毛；花冠通常白色，旗瓣椭圆形，先端圆钝，基部具短瓣柄，具耳及细瓣柄，龙骨瓣最短，具小耳及瓣柄；雄蕊二体；子房线形，花柱长而稍弯。荚果倒卵状长圆形，长约3mm；有2～5粒种子。种子褐色，近球形。花果期5—10月。

【生境与发生频率】生于湿润草地、河岸、路边。发生频率：梨园0.29，棉田0.06，油菜田0.04，稻田0.03。

151 甜麻 *Corchorus aestuans* L.

【分类地位】椴树科

【形态特征】1年生草本。株高约1m。茎红褐色，稍被淡黄色柔毛；枝细长，披散。叶卵形或阔卵形，长4.5～6.5cm，宽3～4cm，顶端短渐尖或急尖，基部圆形，两面均被稀疏的长粗毛，边缘有锯齿，近基部一对锯齿往往延伸成尾状的小裂片，基出脉5～7条；叶柄长0.9～1.6cm，被淡黄色的长粗毛。花单一或数朵排列成腋生的聚伞花序，或腋外生，有短花序梗和花柄；花萼5片，狭长圆形，长约5mm，上部半凹陷像船，先端有角，外面紫红色；花瓣5片，倒卵状长圆形，与萼片近等长，黄色；雄蕊多数，长约3mm，黄色；子房有毛，长圆柱形，花柱棒状，柱头像喙。蒴果圆柱形，长1.5～3cm，直径约5mm，有6～8棱，其中3～4棱有狭翅，先端有3～5个喙，成熟时3～4瓣裂；在种子间有横隔；种子多数。花期夏季。

【生境与发生频率】生长于荒地、旷野、村旁。发生频率：橘园0.10，梨园0.07，茶园0.05，棉田0.03，稻田0.02。

152 铺地黍 *Panicum repens* Linn.

【分类地位】禾本科

【形态特征】多年生草本。秆直立，高50～100cm。叶鞘光滑，边缘有毛；叶舌顶端被睫毛；叶片质硬，线形，长5～25cm。圆锥花序开展，长5～20cm，分枝斜上，粗糙，具棱槽；小穗长圆形，无毛，顶端尖；第1颖薄膜质，长约为小穗的1/4；第2颖约与小穗近等长，具7脉；第1小花雄性，其外稃与第2颖等长；雄蕊3；第2小花结实，长圆形。花果期6—11月。

【生境与发生频率】生于海边、溪边以及潮湿之处。发生频率：橘园0.08，稻田0.08。

153 如意草 *Viola arcuata* Blume

【分类地位】堇菜科

【形态特征】多年生草本。根状茎横走。地上茎通常数条丛生；匍匐枝蔓生。基生叶片三角状心形或卵状心形，先端急尖。花淡紫色或白色，萼片卵状披针形，花瓣狭倒卵形，侧方花瓣具暗紫色条纹，下方花瓣较短，有明显的暗紫色条纹。蒴果长圆形，花果期较长。

【生境与发生频率】生于溪谷潮湿地、沼泽地、灌丛林缘。发生频率：茶园0.09，油菜田0.07，稻田0.05，橘园0.04。

154 剑叶耳草 *Hedyotis caudatifolia* Merr. et Metcalf

【分类地位】茜草科

【形态特征】多年生直立灌木，全株无毛。株高30～90cm，基部木质；老枝干后灰色或灰白色，圆柱形，嫩枝绿色，具浅纵纹。叶对生，革质，通常披针形，上面绿色，下面灰白色，长6～13cm，宽1.5～3cm，顶部尾状渐尖，基部楔形或下延；叶柄长1～1.5cm；侧脉每边4条，纤细，不明显；托叶阔卵形。聚伞花序排成疏散的圆锥花序式；苞片披针形或线状披针形，短尖；花4数，具短梗；萼管陀螺形，萼檐裂片卵状三角形；花冠白色或粉红色，里面被长柔毛，冠管管形，喉部略扩大；花柱与花冠等长或稍长，柱头2。蒴果长圆形或椭圆形，光滑无毛，成熟时开裂为2果爿，果爿腹部直裂，内有种子数粒；种子小，近三角形，干后黑色。花期5—6月。

【生境与发生频率】生于丛林下比较干旱的沙质土壤或悬崖石壁上，也见于黏质土壤的草地。发生频率：茶园0.14，橘园0.10，梨园0.07。

155 白英 *Solanum lyratum* Thunb.

【分类地位】茄科

【形态特征】多年生草质藤本。长0.5～1m；茎及小枝密被具节的长柔毛。叶互生，多为琴形，长3.5～5.5cm，宽2.5～4.8cm，基部常3～5深裂，裂片全缘，侧裂片愈近基部的愈小，端钝，中裂片较大，通常卵形，先端渐尖，两面均被白色发亮的长柔毛；中脉明显，侧脉在下面较清晰，每边5～7条；叶柄长1～3cm。顶生或腋外生聚伞花序，疏花；总花梗被具节的长柔毛，花梗无毛，顶端稍膨大，基部具关节；花萼环状，萼齿5，圆形；花冠蓝紫色或白色，直径1.1cm，花冠筒隐于萼内，5深裂；雄蕊5；子房卵形。浆果球形，成熟时黑红色，直径8mm。花期7—8月，果期10—11月。

【生境与发生频率】生于山谷草地、路旁和田边。发生频率：茶园0.14，橘园0.10，稻田0.02。

156 忍冬 *Lonicera japonica* Thunb.

【分类地位】忍冬科

【形态特征】多年生半常绿藤本。幼枝暗红褐色，密被硬直糙毛、腺毛和柔毛，下部常无毛。叶纸质，卵形或长圆状卵形，长3～9.5cm，基部圆或近心形，有糙缘毛，下面淡绿色，小枝上部叶两面均密被糙毛，下部叶常无毛，下面多少带青灰色；叶柄长4～8mm，密被柔毛。总花梗常单生小枝上部叶腋，密被柔毛，兼有腺毛；苞片卵形或椭圆形，两面均有柔毛或近无毛。小苞片先端圆或平截，有糙毛和腺毛；萼筒无毛，萼齿卵状三角形或长三角形，有长毛，外面和边缘有密毛；花冠白色，后黄色，唇形，冠筒稍长于唇瓣，被倒生糙毛和长腺毛，上唇裂片先端钝，下唇带状反曲；雄蕊和花柱高出花冠。果圆形，径6～7mm，熟时蓝黑色。花期4—6月（秋季亦常开花），果期10—11月。

【生境与发生频率】生于路旁、山坡灌丛或疏林中。发生频率：茶园0.18，橘园0.10。

157 芫花 *Daphne genkwa* Sieb. et Zucc.

【分类地位】瑞香科。

【形态特征】多年生落叶灌木。株高达1m。多分枝，小枝圆柱形，细瘦，干燥后多具皱纹，幼枝黄绿色或紫褐色，密被淡黄色丝状柔毛，老枝紫褐色或紫红色，无毛。叶对生，纸质，卵形或卵状披针形至椭圆状长圆形，长3～4cm，宽1～1.5cm，边缘全缘，上面绿色，下面淡绿色，幼时密被绢状黄色柔毛，老时则仅叶脉基部散生绢状黄色柔毛，侧脉5～7对；叶柄短或几无，具灰色柔毛。先花后叶，花紫色或淡紫蓝色，无香味，常3～6朵簇生于叶腋或侧生，花梗短，具灰黄色柔毛；花萼筒细瘦筒状，外面具丝状柔毛，裂片4，卵形或长圆形，外面疏生短柔毛；雄蕊8，2轮，花丝短，花药黄色，卵状椭圆形；花盘环状，不发达；子房长倒卵形，密被淡黄色柔毛，花柱短或无，柱头头状，橘红色。果实肉质，白色，椭圆形，包藏于宿存的花萼筒下部，具种子1粒。花期3—5月，果期6—7月。

【生境与发生频率】生于山坡、路边和疏林中。发生频率：梨园0.29，橘园0.10。

158 球柱草 *Bulbostylis barbata* (Rottb.) C. B. Clarke

【分类地位】莎草科

【形态特征】1年生草本。无根状茎。秆丛生，细，无毛，高6～25cm。叶纸质，线形，极细，长4～8cm，宽0.4～0.8mm，全缘，边缘微外卷，顶端渐尖，背面叶脉间疏被微柔毛；叶鞘薄膜质，具白色长柔毛状缘毛，顶端部分毛较长。苞片2～3枚，线形，极细，边缘外卷，背面疏被微柔毛；长侧枝聚伞花序头状，具密聚的无柄小穗3至数个；小穗披针形或卵状披针形，基部钝或几圆形，顶端急尖，具花7～13；鳞片膜质，卵形或近宽卵形，棕色或黄绿色，顶端有向外弯的短尖，仅被疏缘毛或有时背面被疏微柔毛，背面具龙骨状突起，有黄绿色脉1条，罕3条；雄蕊1罕为2，花药长圆形，顶端急尖。小坚果倒卵形、三棱形，白色或淡黄色，表面细胞排列成方形网纹状，顶端截形或微凹，具盘状的花柱基。花果期4—10月。

【生境与发生频率】生长于海边沙地或河滩沙地上，有时亦生长于田边、沙田中的湿地上。发生频率：橘园0.10，梨园0.07，棉田0.06，稻田0.02。

159 垂穗石松 *Palhinhaea cernua* (Linn.) Vasc. et Franco

【分类地位】石松科

【形态特征】多年生蕨类植物。须根白色。主茎直立，基部有次生匍匐茎，长30～50cm或更长。叶稀疏，螺旋状排列，通常向下弯弓，侧枝上斜，多回不等位二叉分枝，有毛；分枝上的叶密生，线状钻形，长2～3mm，全缘，通常向上弯曲。孢子囊穗单生于小枝顶端，矩圆形或圆柱形，长8～20mm，淡黄色，常下垂；孢子叶覆瓦状排列，卵状菱形，先端渐尖，具不规则锯齿；孢子囊圆肾形，生于叶腋；孢子四面体球形，有网纹。

【生境与发生频率】生于林下、灌丛下、草坡、路边或岩石上。发生频率：茶园0.18，橘园0.10。

160 石蒜 *Lycoris radiata* (L'Hér.) Herb.

【分类地位】石蒜科

【形态特征】多年生草本。鳞茎近球形，径1～3cm。叶深绿色，秋季出叶，窄带状，长约15cm，宽约5mm，先端钝，中脉具粉绿色带。花茎高约30cm，顶生伞形花序有4～7花；总苞片2，披针形，长约35cm，宽约5mm；花两侧对称，鲜红色；花被筒绿色，长约5mm；花被裂片窄倒披针形，长约3cm，宽约5mm，外弯，边缘被波状；雄蕊伸出花被，比花被长约1倍。花期8—9月，果期10月。

【生境与发生频率】多生于阴湿的山坡及河岸草丛中。发生频率：梨园0.14，油菜田0.14，茶园0.05，橘园0.04。

161　饭包草　*Commelina benghalensis* L.

【分类地位】鸭跖草科

【形态特征】1年生或多年生草本。茎大部分匍匐，节生根，上部及分枝上部上升，长达70cm，被疏柔毛。叶有柄；叶片卵形，长3～7cm，宽1.5～3.5cm，近无毛；叶鞘口沿有疏而长的睫毛。佛焰苞漏斗状，与叶对生，常数个集于枝顶，下部边缘合生，长0.8～1.2cm，被疏毛，柄极短；花序下面一枝具细长梗，具1～3不孕花，伸出总苞片，上面一枝有数花，结实，不伸出总苞片；萼片膜质，披针形，长2mm，无毛；花瓣蓝色，圆形，长3～5mm；内面2枚具长爪。蒴果椭圆状，长4～6mm，3室，腹面2室，每室2种子，开裂，后面一室1种子，或无种子，不裂。种子长约2mm，多皱，有不规则网纹，黑色。花果期7—9月。

【生境与发生频率】生于山地、阴湿地、林下及荒地。发生频率：橘园0.16，梨园0.07。

162　救荒野豌豆　*Vicia sativa* Guss.

【分类地位】蝶形花科

【形态特征】1年生或2年生草本。株高0.15～1m。茎斜升或攀援，单一或多分枝，具棱，被微柔毛。偶数羽状复叶长2～10cm，卷须有2～3分枝；托叶戟形，通常有2～4裂齿；小叶2～7对，长椭圆形或近心形，先端圆或平截，有凹，具短尖头，基部楔形，侧脉不甚明显，两面被贴伏黄柔毛。花1～2朵腋生；总花梗极短，疏被毛，花萼外被黄色短柔毛，萼齿5枚，线状披针形；花冠紫红色，旗瓣宽卵形，有宽瓣柄，翼瓣倒卵状长圆形，有耳，龙骨瓣先端稍弯，与翼瓣均具瓣柄；子房有短柄，被黄色短柔毛，花柱上部背面有1簇黄色髯毛。荚果扁平，线形，长3～5cm，宽4～7mm，近无毛；有6～9粒种子。种子熟时黑褐色，球形。花期4—7月，果期7—9月。

【生境与发生频率】生于荒山、田边草丛及林中。发生频率：梨园0.29，油菜田0.11，橘园0.02。

163　金线吊乌龟　*Stephania cephalantha* Hayata

【分类地位】防己科

【形态特征】多年生缠绕藤本。全株光滑无毛。藤蔓长通常1～2m；块根团块状或近圆锥状，有时不规则，褐色，生有许多突起的皮孔。小枝紫红色，纤细。叶纸质，三角状扁圆形至近圆形，长通常2～6cm，宽2.5～6.5cm，顶端具小凸尖，基部圆或近截平，边全缘或多少浅波状；掌状脉7～9条，向下的极纤细；叶柄长1.5～7cm，纤细。雄花序为头状聚伞花序，着花18～20朵，再组成总状花序式排列，腋生；总花梗丝状，花小，淡绿色；雄花：萼片4～6，匙形；花瓣3～5，近圆形；雄蕊6，花丝愈合成柱状体，花药合生成圆盘状，环列于柱状体的顶部；雌花：萼片3～5，花瓣3～5，无退化雄蕊，子房上位，卵圆形，柱头3～5裂。核果阔倒卵形，成熟时紫红色，有小疣状突起及横槽纹。花期6—7月，果期8—9月。

【生境与发生频率】常见于村边、旷野、林缘等处土层深厚肥沃的地方（块根常入土很深），又见于石灰岩地区的石缝或石砾中（块根浮露地面）。发生频率：茶园0.09，橘园0.08，梨园0.07，棉田0.03。

164　五节芒　*Miscanthus floridulus* (Lab.) Warb. ex Schum. et Laut.

【分类地位】禾本科

【形态特征】多年生草本。秆高2～4m。叶片条状披针形，宽1.5～3cm。圆锥花序长椭圆形，长30～50cm，主轴长达花序的2/3以上；总状花序长10～20cm，穗轴不断落，节间与小穗柄都无毛；小穗成对生于各节，一柄长，一柄短，均结实且同形，长3～3.5mm，含2小花，仅第2小花结实；基盘的毛稍长于小穗；第1颖两侧有脊，背部无毛；芒自膜质的第2外稃裂齿间伸出，膝曲；雄蕊3；柱头自小穗两侧伸出。花果期5—10月。

【生境与发生频率】生于低海拔撂荒地、潮湿谷地、山坡、河边和灌丛中。发生频率：橘园0.10，茶园0.09，梨园0.07。

165　荻　*Miscanthus sacchariflorus* (Maxim.) Hackel

【分类地位】禾本科

【形态特征】多年生草本。具发达被鳞片的长匍匐根状茎，节处生有粗根与幼芽。秆直立，高1～1.5m，直径约5mm，具10多节，节生柔毛。叶鞘无毛，长于或上部者稍短于其节间；叶舌短，具纤毛；叶片扁平，宽线形，长20～50cm，宽5～18mm，边缘锯齿状粗糙，基部常收缩成柄，顶端长渐尖，中脉白色，粗壮。圆锥花序疏展成伞房状，长10～20cm，宽约10cm；主轴无毛，具10～20枚较细弱的分枝，腋间生柔毛，直立而后开展；总状花序；小穗柄顶端稍膨大，基部腋间常生有柔毛；小穗线状披针形，成熟后带褐色，基盘具丝状柔毛；第1颖2脊间具1脉或无脉，顶端膜质长渐尖，边缘和背部具长柔毛；第2颖与第1颖近等长，顶端渐尖，与边缘皆为膜质，并具纤毛，有3脉，背部无毛或有少数长柔毛；第1外稃稍短于颖，先端尖，具纤毛；第2外稃狭窄披针形，短于颖片的1/4，顶端尖，具小纤毛，无脉或具1脉，稀有1芒状尖头；第2内稃长约为外稃之半，具纤毛。颖果长圆形，长1.5mm。花果期8—10月。

【生境与发生频率】生于山坡草地和平原岗地、河岸湿地。发生频率：梨园0.21，茶园0.09，橘园0.04，棉田0.03。

166　裂稃草　*Schizachyrium brevifolium* (Sw.) Nees ex Buse

【分类地位】禾本科

【形态特征】1年生草本。秆纤细多枝，基部平卧或斜升，秆高10～70cm。叶鞘短于节间，松弛，无毛，压扁，具1脊；叶舌短，膜质，上缘撕裂并具睫毛；叶片条形，顶端钝，宽1～4mm。总状花序细弱，长0.5～2cm，单生，托以鞘状苞片；穗轴逐节断落，顶端膨大并有2齿；无柄小穗长约3mm；第1颖两侧有脊；芒自第2外稃裂片间伸出；有柄小穗退化仅存1颖，顶端有细直芒。

【生境与发生频率】生于阴湿山坡、草地。发生频率：茶园0.18，橘园0.06，棉田0.03。

167　七星莲　*Viola diffusa* Ging.

【分类地位】堇菜科

【形态特征】1年生草本。根状茎短。匍匐枝先端具莲座状叶丛。叶基生，莲座状，或互生于匍匐枝上；叶卵形或卵状长圆形，长1.5～3.5cm，先端钝或稍尖，基部宽楔形或平截，稀浅心形，边缘具钝齿及缘毛；叶柄具翅，有毛。花较小，淡紫或浅黄色；萼片披针形；侧瓣倒卵形或长圆状倒卵形，下瓣连距长约6mm，距极短。蒴果长圆形。花期3—5月，果期5—8月。

【生境与发生频率】生于山地林下、林缘、草坡、溪谷旁、岩石缝隙中。发生频率：茶园0.14，橘园0.10。

168　牛膝菊　*Galinsoga parviflora* Cav.

【分类地位】菊科

【形态特征】1年生草本。高10～80cm。叶对生，卵形或长椭圆状卵形，向上及花序下部的叶披针形，具浅或钝锯齿或波状浅锯齿，花序下部的叶有时全缘或近全缘。头状花序半球形，排成疏散伞房状，总苞半球形或宽钟状；舌状花4～5，舌片白色，先端3齿裂；管状花黄色。瘦果具3棱或中央瘦果4～5棱，熟时黑或黑褐色。花果期7—10月。

【生境与发生频率】生于田边、路旁、庭园空地或荒坡。发生频率：茶园0.18，橘园0.08。

169　毛果珍珠茅　*Scleria levis* Retz.

【分类地位】莎草科

【形态特征】多年生草本。匍匐根状茎木质，被紫色鳞片。秆疏丛生或散生，三棱形，高70～90cm，直径3～5mm，被微柔毛，粗糙。叶线形，向顶端渐狭，长约30cm，宽7～10mm，无毛，粗糙；叶鞘纸质，无毛，在近秆基部的鞘褐色，无翅，鞘口具约3个三角形齿，在秆中部以上的鞘绿色，具翅；叶舌近半圆形，稍短，具髯毛。圆锥花序由顶生和1～2个相距稍远的侧生枝圆锥花序组成；花序轴与分枝或多或少被微柔毛，有棱；小苞片刚毛状，基部有耳，耳上具髯毛；小穗单生或2个生在一起，无柄，褐色，全部单性。小坚果球形或卵形，钝三棱形，顶端具短尖，白色，表面具隆起的横皱纹。花果期6—10月。

【生境与发生频率】生于干燥处、山坡草地、密林下、灌木丛中。发生频率：茶园0.05，橘园0.04。

170　绵毛酸模叶蓼　*Polygonum lapathifolium* var. *salicifolium* Sibth.

【分类地位】蓼科

【形态特征】1年生草本。高40～90cm。茎直立，具分枝，节部膨大。叶披针形或宽披针形，长5～15cm，宽1～3cm，顶端渐尖或急尖，基部楔形，叶片下面密被灰白色绵毛；叶柄短，具短硬伏毛；托叶鞘筒状，长1.5～3cm，膜质，淡褐色，具多数脉，顶端截形，无缘毛，稀具短缘毛。总状花序呈穗状，顶生或腋生，近直立，花紧密，通常由数个花穗再组成圆锥状，花序梗被腺体；苞片漏斗状，边缘具稀疏短缘毛；花被淡红色或白色，4(5)深裂，花被片椭圆形，外面两面较大，脉粗壮；雄蕊通常6。瘦果宽卵形，双凹，长2～3mm，黑褐色，有光泽，包于宿存花被内。花期6—8月，果期7—9月。

【生境与发生频率】生于农田、路旁、河床等湿润处或低湿地。发生频率：梨园0.14，茶园0.05，橘园0.04，棉田0.03，稻田0.03。

171 萹蓄 *Polygonum aviculare* Linn.

【分类地位】 蓼科

【形态特征】 1年生草本。株高10～40cm。茎平卧、上升或直立，自基部多分枝，具纵棱。叶椭圆形、狭椭圆形或披针形，长1～4cm，宽3～12mm，顶端钝圆或急尖，基部楔形，边缘全缘，两面无毛，下面侧脉明显；叶柄短或近无柄，基部具关节；托叶鞘膜质，下部褐色，上部白色，撕裂脉明显。花单生或数朵簇生于叶腋，遍布于植株，苞片薄膜质；花梗细，顶部具关节；花被5深裂；花被片椭圆形，绿色，边缘白色或淡红色；雄蕊8，花丝基部扩展；花柱3，柱头头状。瘦果卵形，具3棱，黑褐色，密被由小点组成的细条纹，无光泽，与宿存花被近等长或稍超过。花期5—7月，果期6—8月。

【生境与发生频率】 生于湿地、荒地、农田。发生频率：梨园0.14，棉田0.09，橘园0.04，油菜田0.04。

172 萝藦 *Metaplexis japonica* (Thunb.) Makino

【分类地位】 萝藦科

【形态特征】 多年生草质藤本。长达8米，具乳汁。茎圆柱状，下部木质化，上部较柔韧，表面淡绿色，有纵条纹，幼时密被短柔毛，老时被毛渐脱落。叶膜质，卵状心形，长5～12cm，宽4～7cm，顶端短渐尖，基部心形，叶耳圆，两叶耳展开或紧接，叶面绿色，叶背粉绿色，两面无毛，或幼时被微毛，老时被毛脱落；侧脉每边10～12条，在叶背略明显；叶柄顶端具丛生腺体。腋生或腋外生总状式聚伞花序，具长总花梗，花梗亦被短柔毛，着花10～15朵；小苞片膜质，披针形；花蕾圆锥状，顶端尖；花萼裂片披针形，外面被微毛；花冠白色，有淡紫红色斑纹，近辐状，花冠筒短；花冠裂片披针形，张开，顶端反折，内面被柔毛；副花冠环状，着生于合蕊冠上，短5裂，裂片兜状；雄蕊连生成圆锥状，并包围雌蕊在其中。种子扁平，卵圆形，有膜质边缘，褐色，顶端具白色绢质种毛。花期7—8月，果期9—12月。

【生境与发生频率】 生长于林边荒地、山脚、河边、路旁灌木丛中。发生频率：梨园0.14，棉田0.09，橘园0.06。

173 伞房花耳草 *Hedyotis corymbosa* (Linn.) Lam.

【分类地位】茜草科

【形态特征】1年生柔弱披散草本。株高10～40cm。茎和枝方柱形，无毛或棱上疏被短柔毛，分枝多，直立或蔓生。叶对生，近无柄，膜质，线形，罕有狭披针形，长1～2.5cm，宽1～3mm，顶端短尖，基部楔形，干时边缘背卷，两面略粗糙或上面的中脉上有极稀疏短柔毛；中脉在上面下陷，在下面平坦或微凸；托叶膜质，鞘状，顶端有数条短刺。腋生伞房花序，有花2～4朵，具纤细如丝的总花梗；苞片微小，钻形；花4数，有纤细的花梗；萼管球形，被极稀疏柔毛，基部稍狭，萼檐裂片狭三角形，具缘毛；花冠白色或粉红色，管形，喉部无毛，花冠裂片长圆形，短于冠管；雄蕊生于冠管内，花丝极短，花药内藏；花柱中部被疏毛，柱头2裂。蒴果膜质，球形，有不明显纵棱数条，顶部平，成熟时顶部室背开裂。种子每室10粒以上，有棱，种皮平滑，干后深褐色。花果期几乎全年。

【生境与发生频率】生于水田、田埂和湿润的草地上。发生频率：橘园0.16。

174 酸浆 *Physalis alkekengi* Linn.

【分类地位】茄科

【形态特征】多年生草本。基部常匍匐生根。茎高40～80cm，基部略带木质，分枝稀疏或不分枝，茎节不甚膨大，常被柔毛，尤其以幼嫩部分较密。叶长5～15cm，宽2～8cm，长卵形至阔卵形，有时菱状卵形，顶端渐尖，基部不对称狭楔形下延至叶柄，全缘波状或有粗齿，两面被柔毛，沿叶脉较密，上面的毛常不脱落，沿叶脉亦有短硬毛；叶柄长1～3cm。花梗开花时直立，后向下弯曲，密生柔毛且果时也不脱落；花萼阔钟状，密生柔毛，萼齿三角形，边缘有硬毛；花冠辐状，白色，直径1.5～2cm，裂片开展，阔而短，顶端骤然狭窄成三角形尖头，外面有短柔毛，边缘有缘毛；雄蕊及花柱均较花冠短。果梗多少被宿存柔毛；果萼卵状，薄革质，网脉显著，有10纵肋，橙色或火红色，被宿存的柔毛，顶端闭合，基部凹陷；浆果球状，橙红色，1～1.5cm，柔软多汁。种子肾脏形，淡黄色。花期5—9月，果期6—10月。

【生境与发生频率】生于空旷地或山坡。发生频率：橘园0.16。

175　青绿薹草　*Carex breviculmis* R.Br.

【分类地位】莎草科

【形态特征】1年生草本。根状茎短。秆丛生，高8～40cm，纤细，三棱形，上部稍粗糙，基部叶鞘淡褐色，撕裂成纤维状。叶短于秆，宽2～5mm，平张，边缘粗糙，质硬。最下部的苞片叶状，长于花序，具短鞘，其余的刚毛状，近无鞘；小穗2～5个，顶生小穗雄性，长圆形，近无柄，紧靠近其下面的雌小穗；侧生小穗雌性，长圆形或长圆状卵形，少有圆柱形，具稍密生的花，无柄或最下部的具短柄；雄花鳞片倒卵状长圆形，顶端渐尖，具短尖，膜质，黄白色，背面中间绿色；雌花鳞片长圆形，倒卵状长圆形，先端截形或圆形，膜质，苍白色，背面中间绿色，具3条脉，向顶端延伸成长芒，花柱基部膨大成圆锥状，柱头3个。果囊近等长于鳞片，倒卵形，钝三棱形，膜质，淡绿色，具多条脉，上部密被短柔毛，基部渐狭，具短柄，顶端急缩成圆锥状的短喙，喙口微凹；小坚果紧包于果囊中，卵形，栗色，顶端缢缩成环盘。花果期3—6月。

【生境与发生频率】生于山坡草地、路边、山谷沟边。发生频率：茶园0.18，橘园0.08。

176　长叶蝴蝶草　*Torenia asiatica* Linn.

【分类地位】玄参科

【形态特征】1年生草本。植株匍匐或近直立，节上生根。茎多分枝，分枝细长。叶三角状卵形、窄卵形或卵状圆形，长1.5～3.2cm，先端渐尖，稀急尖，基部楔形或宽楔形，边缘具圆齿或锯齿，两面无毛或被疏柔毛；叶柄长2～8mm。单花腋生或束生；花梗长0.5～2cm；花萼长0.8～1.5cm，果期长达1.2～2cm，二唇形，具5翅，萼唇窄三角形，先端渐尖，进而裂成5小齿，翅宽超过1mm，多少下延；花冠紫红或蓝紫色，长1.5～2.5cm，伸出花萼0.4～1cm；前方雄蕊附属物线形。蒴果长1～1.3cm。花果期6—9月。

【生境与发生频率】生于沟边湿润处。发生频率：茶园0.27，橘园0.04。

177 博落回 *Macleaya cordata* (Willd.) R. Br.

【分类地位】罂粟科

【形态特征】多年生直立草本。植株基部木质化，高达3m。茎上部多分枝。叶宽卵形或近圆形，长5～27cm，先端尖、钝或圆，7深裂或浅裂，裂片半圆形、三角形或方形，边缘波状或具粗齿，上面无毛，下面被白粉及易脱落细茸毛，侧脉2或3对，细脉常淡红色；叶柄长1～12cm，具浅槽。圆锥花序长15～40cm；花梗长2～7mm；苞片窄披针形；花芽棒状，长约1cm；萼片倒卵状长圆形，长约1cm，舟状，黄白色；雄蕊24～30，花药与花丝近等长。果窄倒卵形或倒披针形，长1.3～3cm，无毛。种子4～8，生于腹缝两侧，卵球形，长1.5～2mm，具蜂窝状孔穴，种阜窄。花果期6—11月。

【生境与发生频率】生于丘陵或低山草地或林边。发生频率：茶园0.23，梨园0.14，橘园0.02。

178 夏枯草 *Prunella vulgaris* Linn.

【分类地位】唇形科

【形态特征】多年生草本。具匍匐根茎，茎基部伏地，上部直立或斜升，高15～40cm，四棱形，常带紫红色，疏被糙毛或近无毛。叶片卵形或卵状长圆形，长1.5～6cm，宽0.5～2.5cm，先端钝，基部圆形至宽楔形，下延至叶柄成狭翅，边缘具不明显的波状齿或几全缘，上面深绿色，下面淡绿色，两面疏被毛或几无毛，侧脉3～4对；叶柄长1～3cm，向上渐缩短至近无柄。花冠紫、蓝紫或红紫色，长约13mm，下唇中裂片宽大，边缘具流苏状小裂片；花丝二齿，一齿具药。小坚果矩圆状卵形。花期5—6月，果期7—8月。

【生境与发生频率】生于荒坡、草地、溪边。发生频率：梨园0.14，茶园0.09，橘园0.06。

179 假地豆 *Desmodium heterocarpon* (Linn.) DC.

【分类地位】蝶形花科

【形态特征】小灌木或亚灌木。株高0.3～1.5m，基部多分枝，多少被糙伏毛。顶生小叶片椭圆形、长椭圆形或倒卵状椭圆形，长2～6cm，宽1.3～3cm，先端圆钝或微凹，基部圆形或宽楔形，上面无毛，下面多少被伏毛，侧生小叶片较小；小叶柄密被伏毛；小托叶钻形。总状花序长2.5～7cm，花序梗密被淡黄色开展的钩状毛；花极密，2朵生于每节上；花萼裂片较萼筒稍短，上部裂片先端微2裂；花冠紫或白色，旗瓣倒卵状长圆形，基部具短瓣柄，翼瓣倒卵形，具耳和瓣柄，龙骨瓣极弯曲。荚果密集，窄长圆形，长1.2～2cm，腹缝线浅波状，沿两缝线被钩状毛，有4～7荚节；荚节近方形。花期7—10月，果期10—11月。

【生境与发生频率】生于山坡草地、水旁、灌丛或林中。发生频率：茶园0.14，梨园0.07，橘园0.06。

180 大叶胡枝子 *Lespedeza davidii* Pranch.

【分类地位】蝶形花科

【形态特征】灌木。株高1～3m。小枝密被长柔毛。3小叶复叶，顶生小叶卵状椭圆形、卵圆形或长圆形，长3～9cm，宽2～7cm，先端圆钝或微凹，基部阔楔形或近圆形，两面密生黄白色绢状柔毛，侧生小叶较小，复叶柄长2～8cm，密生柔毛。总状花序比叶长或于枝顶组成圆锥花序，花序梗长4～7cm，密被长柔毛；花萼长6mm，5深裂，裂片披针形或线状披针形，被长柔毛；花冠红紫色，长1～1.1cm，旗瓣倒卵状长圆形，基部具耳和短瓣柄，翼瓣窄长圆形，具弯钩形耳和细长瓣柄，龙骨瓣略呈弯刀形，具耳和瓣柄；子房密被毛。荚果卵形，长0.8～1cm，稍歪斜，先端具短尖，具网纹和稍密丝状毛。花期7—9月，果期9—10月。

【生境与发生频率】生于干旱山坡、路旁或灌丛中。发生频率：梨园0.14，橘园0.08，茶园0.05。

181 龙爪茅 *Dactyloctenium aegyptium* (L.) Willd.

【分类地位】禾本科

【形态特征】1年生草本。具细弱的须根。秆直立，有时平卧并于节处生根及分枝，高15～60cm。叶鞘松弛，鞘口具柔毛；叶舌膜质，长1～2mm，具纤毛；叶片扁平，长2～10cm，宽2～5mm，具疣基柔毛或于老时渐脱落。穗状花序2～7个指状排列于秆顶；小穗长3～4mm，含3小花；第1颖沿脊龙骨状突起，上具短硬纤毛，第2颖顶端具短芒，芒长1～2mm；外稃中脉成脊，脊上被短硬毛，第1外稃长约3mm；有近等长的内稃，其顶端2裂，背部具2脊，背缘有翼，翼缘具细纤毛。囊果球状。花果期5—10月。

【生境与发生频率】多生于山坡或草地。发生频率：橘园0.10，棉田0.06。

182 苦荬菜 *Ixeris polycephala* Cass. ex DC.

【分类地位】菊科

【形态特征】1年生草本。茎直立，高达10～80cm。基生叶线形或线状披针形，连叶柄长7～12cm，基部渐窄成柄；中下部茎生叶披针形或线形，长5～15cm，基部箭头状半抱茎，叶两面无毛，全缘。头状花序排成伞房状花序；总苞圆柱形，总苞片3层，外层及中层卵形，内层卵状披针形；舌状小花黄色，稀白色。瘦果长椭圆形，有10条突起尖翅肋，顶端喙细丝状。花果期3—6月。

【生境与发生频率】生于路边或低地，管理粗放田及田埂有少量分布。发生频率：油菜田0.18，稻田0.02，橘园0.02。

183 　　**豨莶**　　*Sigesbeckia orientalis* L.

【分类地位】菊科

【形态特征】1年生草本。茎直立，高30～100cm，有分枝，暗紫色，被白色柔毛。叶对生，有柄或无柄；叶片宽卵状、卵状三角形或卵状披针形，先端尖，基部下延成具翼的柄，边缘有粗齿，具腺点，两面被毛。头状花序多数，聚生枝端，排成具叶圆锥花序；总苞宽钟状，总苞片2层；花黄色；边花舌状，先端3裂，裂片整齐，心花筒状。瘦果倒卵圆形。花期4—9月，果期6—11月。

【生境与发生频率】生于山野、荒草地、灌丛、林缘及林下。发生频率：茶园0.18，梨园0.07，橘园0.04。

184 　　**刺蓼**　　*Polygonum senticosum* (Meisn.) Franch. et Savat.

【分类地位】蓼科

【形态特征】1年生攀援草本。茎蔓延或上升，长达1.5m，四棱形，沿棱被倒生皮刺。叶三角形或长三角形，长4～8cm，先端尖或渐尖，基部戟形，两面被柔毛，下面沿叶脉疏被倒生皮刺；叶柄粗，长2～7cm，被倒生皮刺；托叶鞘筒状，具叶状肾圆形翅，具缘毛。头状花序，花序梗密被腺毛；苞片长卵形，具缘毛；花梗粗，较苞片短；花被5深裂，淡红色，花被片椭圆形；雄蕊8，2轮，较花被短；花柱3，中下部连合。瘦果近球形，微具3棱，黑褐色，无光泽，包于宿存花被内。花期6—7月，果期7—9月。

【生境与发生频率】生于沟边、路旁以及山谷灌丛下。发生频率：梨园0.07，橘园0.06，棉田0.06，稻田0.02。

185　灰毛大青　*Clerodendrum canescens* Wall.

【分类地位】马鞭草科

【形态特征】多年生灌木。株高1～3.5m。幼枝稍四棱，密被灰褐色长柔毛，髓疏松，干后不中空。叶心形或宽卵形，长6～18cm，宽4～5cm，顶端渐尖，基部心形或近平截，两面被长柔毛，脉上密被灰褐色平展柔毛，背面尤显著；叶柄长1.5～12cm。聚伞花序密集成头状，常2～5枝生于枝顶；苞片叶状，卵形或椭圆形；花萼由绿变红色，钟状，具5棱，疏被腺点，5深裂，裂片卵形或宽卵形，边缘重叠；花冠白色或淡红色，外有腺毛或柔毛，冠筒长约2cm，纤细，裂片向外平展，倒卵状长圆形；雄蕊4，与花柱均伸出花冠外。核果近球形，绿色，成熟时深蓝色或黑色，藏于红色增大的宿萼内。花果期4—10月。

【生境与发生频率】生于山坡路边或疏林中。发生频率：茶园0.23，梨园0.14。

186　豆腐柴　*Premna microphylla* Turcz.

【分类地位】马鞭草科

【形态特征】多年生直立灌木。幼枝有柔毛，老枝变无毛。叶揉之有臭味，卵状披针形、椭圆形、卵形或倒卵形，长3～13cm，先端尖或渐长尖，基部渐窄下延至叶柄成翅，全缘或具不规则粗齿，无毛或被短柔毛。聚伞花序组成塔形圆锥花序；花萼5浅裂，绿色，有时带紫色，密被毛或近无毛，具缘毛；花冠淡黄色，长7～9mm，被柔毛及腺点，内面被柔毛，喉部较密。果球形或倒圆卵形，紫色。花果期5—10月。

【生境与发生频率】生于山坡林下或林缘。发生频率：梨园0.21，茶园0.09，橘园0.04。

187　钱苔　*Riccia glauca* L.

【分类地位】钱苔科

【形态特征】藓类。体扁平，放射状匍匐，圆盘状，淡绿色或灰绿色，直径1～2cm。叶状体1～3次二歧分枝成心形或楔形，背面具沟，腹面略凸；同化组织厚约占横切面的一半，营养丝直立单列细胞，平行排列，顶端细胞壁薄、梨形，营养丝之间形成狭长气道，基本组织厚，无色。腹鳞片少，无色，有时不明显。雌雄同株。颈卵器和精子器均单个埋于叶状体内，多在同化组织中。孢蒴球形；孢子暗褐色，具规则的网状突起花纹，嵌边宽、黄色。

【生境与发生频率】生于肥沃湿润的农田和庭园中。发生频率：棉田0.14，梨园0.07，油菜田0.04。

188　地榆　*Sanguisorba officinalis* L.

【分类地位】蔷薇科

【形态特征】多年生草本。株高0.5～1.5m。茎直立，无毛，有槽。基生叶为羽状复叶，小叶9～13枚，对生，具叶柄，长椭圆形至长圆状卵形，长2～6cm，先端圆钝，基部心形或近截形，边缘有尖锯齿，常无毛；茎生叶较少，小叶片有短柄至几无柄，长圆形至长圆披针形，狭长，基部微心形至圆形，顶端急尖。顶生穗状花序，倒卵形或圆柱形；萼片4，紫红色，花瓣状卵圆形，开张，基部有毛；无花瓣；雄蕊4，短于萼片；花丝红色，丝状，花药黑色；花柱4，柱头4裂。瘦果褐色，有细毛，具纵棱，包于宿存萼筒内。种子卵圆形。花期6—7月，果期8—9月。

【生境与发生频率】生于山坡、谷地、草丛、林缘和林内。发生频率：橘园0.14。

189　天胡荽　*Hydrocotyle sibthorpioides* Lam.

【分类地位】伞形科

【形态特征】多年生草本。茎细长而匍匐，平铺地上成片，节上生根。叶片膜质至草质，圆形或肾圆形，长0.5～1.5cm，宽0.8～2.5cm，基部心形，两耳有时相接，不裂或5～7浅裂，裂片阔倒卵形，边缘有钝齿，表面光滑，背面脉上疏被粗伏毛，有时两面光滑或密被柔毛；叶柄长0.7～9cm，无毛或顶端有毛；托叶略呈半圆形，薄膜质，全缘或稍有浅裂。伞形花序与叶对生，单生于节上；花序梗纤细，小总苞片卵形至卵状披针形，膜质，有黄色透明腺点，背部有一条不明显的脉；小伞形花序有花5～18，花无梗或梗极短；花瓣绿白色，卵形，有腺点；花丝与花瓣同长或稍超出，花药卵形；花柱长0.6～1mm。果实略呈心形，两侧扁压，中棱在果熟时极为隆起，幼时表面草黄色，成熟时有紫色斑点。花果期4—9月。

【生境与发生频率】生于湿润的草地、河沟边、林下。发生频率：橘园0.10，茶园0.09。

190　薯蓣　*Dioscorea polystachya* Thunb.

【分类地位】薯蓣科

【形态特征】多年生缠绕草质藤本。块茎长圆柱形，垂直生长，长达1m多，断面干后白色。茎右旋，有时带紫红色。叶在茎下部互生，在中上部有时对生，稀3叶轮生，卵状三角形、宽卵形或戟形，长3～9cm，宽2～7cm，先端渐尖，基部深心形、宽心形或近平截，边缘常3浅裂至深裂，中裂片椭圆形或披针形，侧裂片长圆形或圆耳形；叶腋常有具疏刺状突起的珠芽。雄花序为穗状花序，2～8序生于叶腋，稀呈圆锥状，花序轴呈之字状；苞片和花被片有紫褐色斑点；雄花外轮花被片宽卵形，内轮卵形，较小；雄蕊6；雌花序为穗状花序，1～3序生于叶腋。蒴果不反折，三棱状扁圆形或三棱状圆形，有白粉；每室种子着生果轴中部。种子四周有膜质翅。花期6—9月，果期7—11月。

【生境与发生频率】生于向阳山坡林边或灌丛中。发生频率：梨园0.21，茶园0.14，橘园0.02。

191 打碗花 *Calystegia hederacea* Wall. ex Roxb.

【分类地位】旋花科

【形态特征】1年生草本。植株全体不被毛，矮小，高8～40cm，常自基部分枝，具细长白色的根。茎细，平卧，有细棱。基部叶片长圆形，长2～5.5cm，宽1～2.5cm，顶端圆，基部戟形，上部叶片3裂，中裂片长圆形或长圆状披针形，侧裂片近三角形，全缘或2～3裂，叶片基部心形或戟形；叶柄长1～5cm。花腋生，1朵，花梗长于叶柄，有细棱；苞片宽卵形，顶端钝或锐尖至渐尖；萼片长圆形，顶端钝，具小短尖头，内萼片稍短；花冠淡紫色或淡红色，钟状，长2～4cm，冠檐近截形或微裂；雄蕊近等长，花丝基部扩大，贴生花冠管基部，被小鳞毛；子房无毛，柱头2裂，裂片长圆形，扁平。蒴果卵球形，宿存萼片与之近等长或稍短。种子黑褐色，表面有小疣。花期5—8月，果期8—10月。

【生境与发生频率】生于田野、路旁及草丛中。发生频率：橘园0.10，茶园0.09。

192 光叶山黄麻 *Trema cannabina* Lour.

【分类地位】榆科

【形态特征】多年生小乔木或灌木。小枝被平伏短柔毛，后渐脱落。叶近膜质，卵形或卵状长圆形，稀披针形，长4～9cm，先端尾尖或渐尖，基部圆或浅心形，稀宽楔形，具圆齿状锯齿，上面疏生糙毛，下面脉上疏被柔毛，余无毛，基脉三出，侧生的1对达中上部，侧脉2（3）对；叶柄长4～8mm，被平伏柔毛。雌花序常生于花枝上部叶腋，雄花序常生于花枝下部叶腋，或雌雄同序，花序长不及叶柄；花被片近无毛。果近球形或宽卵圆形，微扁，径2～3mm，橘红色；花被宿存。花期3—6月，果期9—10月。

【生境与发生频率】生于河边、旷野或山坡疏林、灌丛较向阳湿润土地。发生频率：橘园0.14。

193 　绵枣儿　　*Barnardia japonica* (Thunb.) Schult. & Schult. f.

【分类地位】百合科

【形态特征】多年生草本。鳞茎卵形或近球形，高2～5cm，宽1～3cm，鳞茎皮黑褐色。基生叶通常2～5，狭带状，长15～40cm，宽2～9mm，柔软。花葶通常比叶长；总状花序多花；基部苞片膜质，线形；花被片粉红色至紫红色，长圆形，长约4mm开展，有深紫红色中脉1条；雄蕊几与花被片等长；花丝基部常扩大，扩大部分边缘具细乳头状突起；花柱长1～1.8mm；子房卵状球形，长1.7～2.8mm，基部变狭成短柄，每室有1胚珠。蒴果倒卵形，直立，长约5mm。种子黑色，狭长。花果期8—10月。

【生境与发生频率】生于山坡、草地、路边或林缘处。发生频率：茶园0.09，梨园0.07，橘园0.04，棉田0.03。

194 　华鼠尾草　　*Salvia chinensis* Benth.

【分类地位】唇形科

【形态特征】1年生草本。根圆柱形，紫褐色。茎直立或基部倾卧，高20～80cm，被短或长柔毛，单一或有分枝。单叶或下部为羽状3小叶，叶片卵圆形或卵圆状椭圆形，长1.3～8cm，宽0.5～5cm，先端钝或急尖，基部心形或圆形，边缘具钝锯齿，两面疏被柔毛或近无毛；叶柄长2～7cm，疏被长柔毛。轮伞花序具6花，下部疏散，上部密集，组成长5～24cm总状或圆锥状花序，被短柔毛；花梗长1.5～2mm；花冠蓝紫或紫色，长约1cm，伸出，被短柔毛，冠筒内具斜向柔毛环，长约6.5mm，基部径不及1mm，喉部径达3mm，上唇长圆形，下唇中裂片倒心形，具小圆齿，先端微缺，侧裂片半圆形。小坚果褐色，椭圆状卵球形，长约1.5mm。花期8—10月，果期9—11月。

【生境与发生频率】生于山坡或平地的林荫处或草丛中。发生频率：梨园0.14，橘园0.08。

195　石岩枫　*Mallotus repandus* (Willd.) Müll. Arg.

【分类地位】大戟科

【形态特征】攀援状灌木。叶互生，叶片三角状卵形，长5～9cm，宽4～7cm，先端短渐尖，基部圆形或截形，全缘或有波状锯齿，上面初有星状毛，后无毛而有细点，下面密生星状毛，基部三出脉，侧脉2～3对；叶柄长2～4cm，有锈色短茸毛。花雌雄异株，总状花序或下部有分枝；雄花序顶生，稀腋生，花萼裂片3～4，卵状长圆形，雄蕊40～75枚；雌花序顶生，花萼裂片5，卵状披针形；花柱2～3。蒴果具2～3分果爿。种子卵形，黑色，有光泽。花期3—5月，果期8—9月。

【生境与发生频率】生于山地疏林中或林缘。发生频率：茶园0.14，橘园0.06。

196　小槐花　*Ohwia caudata* (Thunb.) Ohashi

【分类地位】蝶形花科

【形态特征】灌木或亚灌木。株高达2m。羽状三出复叶；叶柄长1～3.5cm，两侧具狭翅；托叶三角状钻形，疏被长柔毛；小叶片披针形、宽披针形或长椭圆形、稀椭圆形，长2.5～9cm，宽1～4cm，先端渐尖或尾尖，稀钝尖，基部楔形或宽楔形、稀圆形，上面浓绿色，疏被短柔毛，下面粉绿色，毛稍密，两面脉上的毛较密；小叶柄短；小托叶钻形，与小叶柄近等长，宿存。总状花序长5～30cm，花序轴密被柔毛并混生小钩状毛，每节生2花，具小苞片；花萼窄钟形，裂片披针形；花冠绿白或黄白色，有明显脉纹，旗瓣椭圆形，翼瓣窄长圆形，龙骨瓣长圆形，均具瓣柄。荚果线形，扁平，长5～7cm，被伸展钩状毛，背腹缝线浅缢缩，有4～8荚节；荚节长椭圆形。花期7—9月，果期9—11月。

【生境与发生频率】生于山坡、路旁草地、沟边、林缘或林下。发生频率：橘园0.08，梨园0.07，茶园0.05。

197 **田麻** *Corchoropsis crenata* Sieb. et Zucc.

【分类地位】椴树科

【形态特征】1年生草本。株高40～60cm；分枝有星状短柔毛。叶卵形或狭卵形，长2.5～6cm，宽1～3cm，边缘有钝牙齿，两面均密生星状短柔毛，基出脉3条；叶柄长0.2～2.3cm；托叶钻形，长2～4mm，脱落。花两性，单生于叶腋，直径1.5～2cm；花萼5片，狭披针形，长约5mm，有星状柔毛；花瓣5，倒卵形，黄色；能育雄蕊15枚，3枚一束，退化雄蕊5枚，与萼对生，匙状线形，长约1cm，子房有茸毛。蒴果角状圆柱形，长3～4cm，密生白色星状柔毛。种子长卵形，深棕色。果期秋季。

【生境与发生频率】生长于荒地、旷野、村旁。发生频率：梨园0.14，茶园0.09，橘园0.04。

198 **毛臂形草** *Brachiaria villosa* (Lam.) A. Camus

【分类地位】禾本科

【形态特征】1年生草本。秆高10～20cm，基部常倾斜，全体密被柔毛。叶舌退化为长约1mm的纤毛；叶片卵状披针形，基部钝圆，长1～3.5cm，宽3～10mm，边缘呈波状皱褶，两面密生柔毛。圆锥花序由4～8枚总状花序组成；总状花序长1～3cm；主轴与穗轴密生柔毛；小穗卵形；第1颖长为小穗之半，具3脉；第2颖等长或略短于小穗，具5脉；第1小花中性，其外稃与小穗等长，具5脉，内稃膜质，狭窄；第2外稃革质，稍包卷同质内稃，具横细皱纹。花果期7—10月。

【生境与发生频率】生于田野和山坡草地。发生频率：茶园0.14，橘园0.06。

199　黄背草　*Themeda triandra* Forsk.

【分类地位】禾本科

【形态特征】多年生簇生草本。秆高0.5～1.5m，圆形，压扁或具棱，光滑无毛，具光泽，黄白色或褐色，实心，髓白色，有时节处被白粉。叶鞘紧裹秆，背部具脊，通常生疣基硬毛；叶舌坚纸质，顶端钝圆，有睫毛；叶片线形，长10～50cm，宽4～8mm，基部通常近圆形，顶部渐尖，中脉显著，两面无毛或疏被柔毛，背面常粉白色，边缘略卷曲，粗糙。大型伪圆锥花序多回复出，由具佛焰苞的总状花序组成；佛焰苞长2～3cm；总状花序具花序梗，由7小穗组成；下部总苞状小穗对轮生于一平面，无柄，雄性，长圆状披针形；第1颖背面上部常生瘤基毛，具多数脉；无柄小穗两性，1枚，纺锤状圆柱形基盘被褐色髯毛，锐利；第1颖革质，背部圆形，顶端钝，被短刚毛，第2颖与第1颖同质，等长，两边为第1颖所包卷，第1外稃短于颖，第2外稃退化为芒的基部，1～2回膝曲；颖果长圆形，胚线形；有柄小穗形似总苞状小穗，但较短，雄性或中性。花果期6—12月。

【生境与发生频率】生于干燥山坡、草地、路旁、林缘等处。发生频率：梨园0.21，橘园0.06。

200　佛甲草　*Sedum lineare* Thunb.

【分类地位】景天科

【形态特征】多年生草本。全株无毛。茎高10～20cm。3叶轮生，稀4叶轮生或对生，叶线形，长2～2.5cm。花序聚伞状，顶生，疏生花，径4～8cm，中央有1朵花具短梗，另有2～3分枝，分枝常再2分枝，着生花无梗；萼片5，线状披针形，长1.5～7mm，不等长，无距，有时有短距，先端钝；花瓣5，黄色，披针形；雄蕊10，较花瓣短；蓇葖略叉开，花柱短。花期4—5月，果期6—7月。

【生境与发生频率】生于低山阴湿处或石缝中。发生频率：橘园0.10，油菜田0.04。

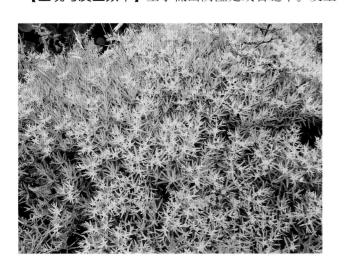

201 **假臭草** *Praxelis clematidea* (Griseb.) R. M. King et H. Rob.

【分类地位】菊科

【形态特征】1年生草本。全株被长柔毛。茎直立，高0.3～1m，多分枝。叶对生，卵圆形至菱形，具腺点；边缘齿状，先端急尖，基部圆楔形，具3脉；叶柄长0.3～2cm。头状花序着生于茎、枝端，总苞钟形，小花25～30，蓝紫色；花冠长3.5～4.8mm。瘦果长2～3mm，黑色，具白色冠毛。花果期5—11月。

【生境与发生频率】生于荒地、荒坡、滩涂、林地、果园等处。发生频率：茶园0.09，梨园0.07，橘园0.04，棉田0.03。

202 **黄花蒿** *Artemisia annua* L.

【分类地位】菊科

【形态特征】1年生草本。茎单生，高100～200cm，有纵棱，多分枝；全体近于无毛。叶互生，基部及下部叶在花期枯萎，中部叶卵形，3回栉齿状羽状深裂，裂片及小裂片长圆形或倒卵形，开展，基部裂片常抱茎，两面被微毛；上部叶渐小，1回羽状分裂。头状花序球形，多数，有短梗，排成总状或复总状花序，总苞片3～4层，内、外层近等长；花深黄色，筒状。瘦果小，椭圆状卵形。花果期8—11月。

【生境与发生频率】生于路旁、荒地、山坡、林缘等处。发生频率：茶园0.14，梨园0.07，棉田0.03，橘园0.02。

203 菊芋 *Helianthus tuberosus* Parry

【分类地位】菊科

【形态特征】多年生草本。茎直立，高1～3m。基部叶对生，上部叶互生，长卵圆形，顶端渐细尖，边缘有粗锯齿，上面被白色短粗毛，下面被柔毛，叶柄狭翅状。头状花序较大，单生于枝端；舌状花通常12～20，舌片黄色，管状花花冠黄色。瘦果小，楔形，上端有2～4有毛的锥状扁芒。花果期7～9月。

【生境与发生频率】生于废墟、宅边、路边。发生频率：茶园0.14，梨园0.14，棉田0.03。

204 南苦苣菜 *Sonchus lingianus* C. Shih

【分类地位】菊科

【形态特征】1年生草本。茎直立，单生，高40～100cm。全部叶两面光滑无毛；基生叶多数，匙形、长椭圆形或长倒披针状椭圆形，长9.5～22cm，宽2～6cm，边缘有锯齿或不明显锯齿；中下部茎生叶与基生叶同形，基部半抱茎，向上的叶渐小，宽或狭线形或钻形。头状花序少数，在茎枝顶端排成伞房状花序；总苞宽钟状，长1.5cm，宽1cm，基部被白色茸毛；总苞片3层，外层长披针形，长4～7mm，宽1～1.5mm，中内层长披针形，长15mm，宽2mm；全部总苞片顶端急尖或渐尖，背面沿中脉有1行头状具柄的腺毛；舌状小花多数，黄色。瘦果长椭圆形，稍压扁，每面有5条细肋。花果期7—10月。

【生境与发生频率】生于山坡荒地或林下、林缘或灌丛中或田边。发生频率：橘园0.10，茶园0.05。

205　兰香草　　*Caryopteris incana* (Thunb.) Miq.

【分类地位】马鞭草科

【形态特征】多年生小灌木。株高26～60cm。嫩枝圆柱形，略带紫色，被灰白色柔毛，老枝毛渐脱落。叶片厚纸质，披针形、卵形或长圆形，长1.5～9cm，基部宽楔形或近圆形至截平，边缘有粗齿，很少近全缘，被短柔毛，表面色较淡，两面有黄色腺点，背脉明显。腋生和顶生密集聚伞花序，无苞片及小苞片；花萼杯状，外面密被短柔毛；花冠淡蓝或淡紫色，二唇形，外面具短柔毛，花冠管长约3.5mm，喉部被毛环，花冠5裂，下唇中裂片较大，边缘流苏状；雄蕊4，开花时与花柱均伸出花冠管外；子房顶端被短毛，柱头2裂。蒴果倒卵状球形，被粗毛，果瓣有宽翅。花果期6—10月。

【生境与发生频率】生于较干旱的山坡、路旁或林边。发生频率：茶园0.14，梨园0.07，橘园0.04。

206　菱叶葡萄　　*Vitis hancockii* Hance

【分类地位】葡萄科

【形态特征】多年生木质藤本。小枝圆柱形，有纵棱纹，密被褐色长柔毛。卷须2叉分枝或不分枝，疏被褐色柔毛，每隔2节间断与叶对生。叶菱状卵形或菱状长椭圆形，不分裂，顶端急尖，基部常不对称，楔形或阔楔形，边缘每侧有粗锯齿，齿尖锐，上面暗绿色，仅中脉上伏生疏短柔毛，下面绿色，疏生淡褐色柔毛，基生脉三出，中脉有侧脉3～5对，网脉在上面不明显，下面微突出；叶柄被淡褐色长柔毛；托叶膜质，褐色，三角状披针形。花杂性异株，圆锥花序疏散，与叶对生，花序梗密被淡褐色长柔毛，花梗无毛；花蕾倒卵圆形，顶端圆形；萼碟形，全缘，无毛；花瓣5，呈帽状黏合脱落；雄蕊5，在雌花内雄蕊显著短，败育；花盘发达，5裂；雌蕊1，子房卵圆形，花柱短，柱头扩大。果实圆球形。种子倒卵形，顶端微凹，基部有短喙。花期4—5月，果期5—6月。

【生境与发生频率】生于山坡林下或灌丛中。发生频率：梨园0.14，橘园0.06，茶园0.05。

207　毛牵牛　*Ipomoea biflora* (L.) Pers.

【分类地位】旋花科

【形态特征】1年生草本。植株攀援或缠绕。茎细长，有细棱，被灰白色倒向硬毛。叶心形或心状三角形，长4～9.5cm，宽3～7cm，顶端渐尖，基部心形，全缘，两面被长硬毛，侧脉6～7对，在两面稍突起；叶柄毛被同茎。花序腋生，短于叶柄，或有时更短则花梗近于簇生，毛被同叶柄，通常着生2朵花；苞片小，线状披针形，被疏长硬毛；花梗纤细，毛被同叶柄；萼片5，外萼片三角状披针形，基部耳形，外面被灰白色疏长硬毛，具缘毛，在内的2萼片线状披针形；花冠白色，狭钟状，冠檐浅裂，裂片圆，瓣中带被短柔毛；雄蕊5，内藏，花丝向基部渐扩大，花药卵状三角形，基部箭形；子房圆锥状，无毛，花柱棒状，柱头头状，2浅裂。蒴果近球形，果瓣内面光亮。种子4，卵状三棱形，毛被不尽相同，被微毛或被短茸毛，沿两边有时被白色长绵毛。

【生境与发生频率】生于山坡、山谷、路旁或林下，常见于较干燥处。发生频率：梨园0.14，橘园0.06，茶园0.05。

208　狭叶香港远志　*Polygala hongkongensis* var. *stenophylla* (Hayata) Migo

【分类地位】远志科

【形态特征】多年生草本或亚灌木。植株高达50cm。茎、枝被卷曲柔毛。叶纸质或膜质，叶狭披针形，小，长1.5～3cm，宽3～4mm，内萼片椭圆形，花丝4/5以下合生成鞘。总状花序顶生，长3～6cm，被柔毛；花梗长1～2mm；小苞片脱落；萼片宿存，外3枚，内2枚；花瓣白或紫色，2/5以下合生，侧瓣基部内侧被柔毛；龙骨瓣盔状，具流苏状附属物；花丝2/3以下合生成鞘。蒴果近球形，径4mm，具宽翅。种子被柔毛，种阜3裂，长达种子1/2。花期5—6月，果期6—7月。

【生境与发生频率】生于沟谷林下、林缘或山坡草地。发生频率：茶园0.18，梨园0.07，橘园0.02。

209 **黄花草** *Arivela viscosa* (L.) Raf.

【分类地位】白花菜科

【形态特征】1年生直立草本。高0.3～0.9m，有臭味。茎分枝，有黄色柔毛及黏质腺毛。总叶柄长1～2cm；托叶线状披针形，长5～8mm，先端长渐尖，小叶长圆形至倒披针形，长1～2cm，宽5～10mm，先端截形，中脉突出成短尖头，基部楔形，边缘有疏细齿，下面散生贴伏柔毛；小叶柄长约1mm，淡黄褐色，疏被柔梗毛，托叶线形，长约5mm。总状花序有毛；苞片叶状，3～5裂，萼片披针形，长4mm；花瓣4，黄色，基部紫色，倒卵形，长8～10mm，无爪；雄蕊10～20，较花瓣稍短；子房密生淡黄色腺毛，无子房柄。蒴果圆柱形，长4～10cm，有明显的纵条纹，有黏质腺毛。种子多数，褐色，有皱纹。花果期8—11月。

【生境与发生频率】生于干燥气候条件下的山坡、路边。发生频率：梨园0.14，橘园0.04，棉田0.03。

210 **假婆婆纳** *Stimpsonia chamaedryoides* Wright ex A. Gray

【分类地位】报春花科

【形态特征】1年生草本。茎单一或基部分枝成簇生状，高10～20cm，具多节细柔毛，基部带淡紫色。基生的叶片卵形或卵状长圆形，长1～2.5cm，宽0.7～1.3cm，先端急尖或圆钝，基部平截或圆形，边缘具圆锯齿或浅锯齿，两面具毛及锈色腺点或短腺条；茎生的叶片近圆形或宽卵形；边缘有缺刻状锯齿，上部逐渐变小成苞片状。花多数，单生于茎上部苞片状叶腋，成总状花序状；花萼5深裂近基部，线状长圆形；花冠白色，高脚碟状，喉部不缢缩，有柔毛，裂片楔状倒卵形，先端微凹，在花蕾中覆瓦状排列。蒴果球形，径约2.5mm，5瓣裂达基部，比宿存花萼短。花期4—5月，果期6—7月。

【生境与发生频率】生于丘陵和低山草坡和林缘。发生频率：茶园0.14，梨园0.07，橘园0.02。

211 **铁马鞭** *Lespedeza pilosa* (Thunb.) Sieb. et Zucc.

【分类地位】蝶形花科

【形态特征】多年生草本。全株密被长柔毛。茎平卧，长0.6～0.8m。叶柄长3～20mm；托叶钻形；顶生小叶片宽卵形或倒卵形，长0.8～2.5cm，宽0.6～2.2cm，先端钝圆、截形或微凹，有短尖，基部圆形或宽楔形，两面密被长柔毛；侧生小叶片明显较小。总状花序比叶短；花序梗极短；花萼5深裂，上部2裂片基部合生，上部分离；花冠黄白或白色，长7～8mm，旗瓣椭圆形，具瓣柄，翼瓣较旗瓣、龙骨瓣短；闭锁；花常1～3集生于茎上部叶腋，无梗或几无梗，结实。荚果宽卵形，长3～4mm，先端具喙，两面密被长柔毛。花期7—9月，果期9—10月。

【生境与发生频率】生于荒山坡及草地。发生频率：茶园0.09，梨园0.07，橘园0.04。

212 **囊颖草** *Sacciolepis indica* (Linn.) A. Chase

【分类地位】禾本科

【形态特征】1年生草本。通常丛生。秆基常膝曲，秆高20～100cm。叶鞘具棱脊，短于节间；叶舌膜质，顶端被短纤毛；叶片线形，长5～20cm，无毛或被毛。圆锥花序紧缩成圆筒状，长1～16cm，主轴无毛，具棱，分枝短；小穗卵状披针形，绿色或染以紫色；第1颖为小穗长的1/3～2/3，具3脉，第2颖背部囊状，与小穗等长，7～11脉；第1外稃等长于第2颖，通常9脉；第1内稃退化；第2外稃平滑而光亮，长约为小穗的1/2。颖果椭圆形。花果期7—11月。

【生境与发生频率】生于湿地或淡水中，常见于稻田边、林下等地。发生频率：梨园0.07，茶园0.05，稻田0.04，橘园0.02。

213 **蚰子草** *Leptochloa panicea* (Retz.) Ohwi

【分类地位】禾本科

【形态特征】1年生草本。秆较细弱，高30～60cm。叶鞘疏生有疣基的柔毛；叶舌膜质，多撕裂，或顶端作不规则齿裂，长约2mm；叶片质薄，扁平，长6～18cm，宽3～6mm，无毛或疏生疣毛。圆锥花序长10～30cm，分枝细弱，微粗糙；小穗灰绿色或带紫色，长1～2mm，含2～4小花；颖膜质，具1脉，脊上粗糙，第1颖较狭窄，顶端渐尖，长约1mm，第2颖较宽，长约1.4mm；外稃具3脉，脉上被细短毛，第1外稃长约1mm，顶端钝；内稃稍短于外稃，脊上具纤毛；花药长约0.2mm。颖果圆球形，长约0.5mm。花果期7—10月。

【生境与发生频率】生于田野路边和园圃内。发生频率：橘园0.08，梨园0.07。

214 **皱叶狗尾草** *Setaria plicata* (Lam.) T. Cooke

【分类地位】禾本科

【形态特征】多年生草本。秆高80～130cm。叶片椭圆状披针形，基部渐狭呈柄状，宽1～3cm，有纵向皱褶。圆锥花序疏散，长达30cm，分枝斜举，长1～7cm；小穗长3～3.5mm，有刚毛状小枝1条或有时不显著，成熟时与宿存的刚毛分离而脱落；第2外稃草质，有明显的横皱纹，边缘卷抱内稃。花果期6—10月。

【生境与发生频率】生于阴湿处或林下。发生频率：茶园0.09，梨园0.07，橘园0.04。

215 梵天花 *Urena procumbens* L.

【分类地位】锦葵科

【形态特征】多年生小灌木。高达1m。小枝被星状茸毛。茎下部叶近卵形，长1.5～6cm，掌状3～5深裂达叶中部以下，中裂片倒卵形或近菱形，先端钝，基部圆或近心形，具锯齿；小枝上部叶中部浅裂呈葫芦形，两面被星状毛；叶柄长0.4～5cm，被星状柔毛。花单生或簇生叶腋；小苞片5裂，基部合生；花萼被星状柔毛；花冠淡红色，花瓣5，倒卵形。果实圆球形。花果期6—9月。

【生境与发生频率】生于丘陵低山、草坡或草丛中。发生频率：橘园0.08，茶园0.05。

216 艾 *Artemisia argyi* Lévl. et Van.

【分类地位】菊科

【形态特征】多年生草本。植株有浓香。茎直立，高达80～150cm，密被白色茸毛，中部以上或仅上部有开展及斜升的花序枝。基生叶具长柄；中部叶羽状深裂或浅裂，裂片宽，边缘有齿，叶面被丝状毛，有白色腺点；上部叶渐小，三裂或不裂。头状花序多数，排列成复总状；总苞卵形，总苞片4～5层，边缘膜质，背部有毛；花筒状，略带红色。瘦果椭圆形。花果期7—10月。

【生境与发生频率】生于荒地林缘路旁。发生频率：梨园0.14，橘园0.06。

217 马兜铃 *Aristolochia debilis* Sieb. et Zucc.

【分类地位】马兜铃科

【形态特征】多年生草质藤本。茎柔弱，无毛，暗紫色或绿色，有腐肉味。叶纸质，卵状三角形、长圆状卵形或戟形，长3～6cm，基部宽1.5～3.5cm，上部宽1.5～2.5cm，顶端钝圆或短渐尖，基部心形，两侧裂片圆形，两面无毛；基出脉5～7条，邻近中脉的两侧脉平行向上，略开叉，其余向侧边延伸，各级叶脉在两面均明显；叶柄长1～2cm，柔弱。花单生或2朵聚生于叶腋；花梗开花后期近顶端常稍弯，基部具小苞片；小苞片三角形，易脱落；花被基部膨大呈球形，与子房连接处具关节，向上收狭成一长管，管口扩大呈漏斗状，黄绿色；舌片卵状披针形，向上渐狭，顶端钝；花药卵形；子房圆柱形，6棱；合蕊柱顶端6裂，稍具乳头状突起。蒴果近球形，顶端圆形而微凹，具6棱，成熟时黄绿色。种子扁平，钝三角形，边缘具白色膜质宽翅。花期7—8月，果期9—10月。

【生境与发生频率】生于山谷、沟边、路旁阴湿处及山坡灌丛中。发生频率：茶园0.09，梨园0.07，棉田0.03，橘园0.02。

218 茜草 *Rubia cordifolia* Linn.

【分类地位】茜草科

【形态特征】多年生草质攀援藤本，长1.5～3.5m。茎数条至多条，有4棱，棱有倒生皮刺，中部以上多分枝。叶4片轮生，纸质，披针形或长圆状披针形，长0.7～3.5cm，先端渐尖或钝尖，基部心形，边缘有皮刺，两面粗糙，脉有小皮刺；基出脉3；叶柄长1～2.5cm，有倒生皮刺。腋生和顶生聚伞花序，多回分枝，有花十余朵至数十朵，花序梗和分枝有小皮刺；花冠淡黄色，干后淡褐色，裂片近卵形，微伸展，无毛。果球形，成熟时橘黄色。花期8—9月，果期10—11月。

【生境与发生频率】生于疏林、林缘、灌丛或草地。发生频率：梨园0.07，橘园0.06，茶园0.05。

219 翻白草 *Potentilla discolor* Bunge

【分类地位】蔷薇科

【形态特征】多年生草本。花茎直立，上升或微铺散，高达45cm，密被白色绵毛。基生叶有2～4对小叶，连叶柄长4～20cm，叶柄密被白色绵毛，有时并有长柔毛，小叶长圆形或长圆状披针形，长1～5cm，先端圆钝，基部楔形、宽楔形或偏斜圆，边缘具圆钝锯齿，上面暗绿色，疏被白色绵毛或脱落近无毛，下面密被白或灰白色绵毛；脉不显或微显；茎生叶1～2，有掌状3～5小叶；基生叶托叶膜质，褐色。聚伞花序有花数朵至多朵，疏散；花梗被绵毛；花直径1～2cm；萼片三角状卵形，副萼片披针形，短于萼片；花瓣黄色，倒卵形；花柱近顶生，基部乳头状膨大，柱头微扩大。瘦果近肾形。花果期5—9月。

【生境与发生频率】生于荒地、山谷、沟边、山坡草地、草甸及疏林下。发生频率：橘园0.10。

220 红腺悬钩子 *Rubus sumatranus* Miq.

【分类地位】蔷薇科

【形态特征】多年生直立或攀援灌木。小枝、叶轴、叶柄、花梗和花序均被紫红色腺毛、柔毛和皮刺；腺毛长短不等，长者达4～5mm，短者1～2mm。小叶5～7枚，卵状披针形至披针形，长3～8cm，宽1.5～3cm，顶端渐尖，基部圆形，两面疏生柔毛，沿中脉较密，下面沿中脉有小皮刺，边缘具不整齐的尖锐锯齿；叶柄长3～5cm，顶生小叶柄长达1cm；托叶披针形或线状披针形，有柔毛和腺毛。花3朵或数朵成伞房状花序，稀单生；花梗长2～3cm；苞片披针形；花直径1～2cm；花萼被长短不等的腺毛和柔毛；萼片披针形，顶端长尾尖，在果期反折；花瓣长倒卵形或匙状，白色，基部具爪；花丝线形；雌蕊数可达400，花柱和子房均无毛。果实长圆形，长1.2～1.8cm，橘红色，无毛。花期4—6月，果期7—8月。

【生境与发生频率】生于靠近山地、林缘的果茶园中。发生频率：茶园0.024，橘园0.02。

221 了哥王 *Wikstroemia indica* (Linn.) C. A. Mey.

【分类地位】瑞香科

【形态特征】多年生灌木，高达2m。枝红褐色，无毛。叶对生，纸质至近革质，倒卵形、椭圆状长圆形或披针形，长2～5cm，宽0.5～1.5cm，先端钝或急尖，基部宽楔形或楔形，无毛，侧脉细密。顶生短总状花序；花黄绿色，花序梗长0.5～1cm，无毛；萼筒筒状，长6～8mm，几无毛，裂片4，宽卵形或长圆形；雄蕊8，2轮，着生于萼筒中部以上；子房倒卵形或长椭圆形，无毛或顶端被淡黄色茸毛，花柱极短，柱头头状，花盘鳞片通常2或4。果椭圆形，长7～8mm，成熟时暗紫黑或鲜红色。花果期夏秋。

【生境与发生频率】生于丘陵果茶园中。发生频率：茶园0.14，橘园0.06。

222 刺子莞 *Rhynchospora rubra* (Lour.) Makino

【分类地位】瑞香科

【形态特征】多年生草本。秆丛生，直立，圆柱状，高30～65cm或稍长，平滑，径0.8～2mm，具细条纹，基部不具无叶片的鞘。叶基生，叶片钻状线形，长达秆1/2或2/3，宽1.5～3.5mm，纸质，三棱形，稍粗糙；苞片4～10，叶状，长1～5(～8.5)cm，下部或近基部具密缘毛，上部或基部以上粗糙且多少反卷，背面中脉隆起粗糙，先端渐尖。头状花序顶生，球形，径1.5～1.7cm，棕色，小穗多数；小穗钻状披针形，长约8mm，鳞片7～8，有2～3单性花；鳞片卵状披针形或椭圆状卵形，有花鳞片较大，棕色，中脉隆起，上部几龙骨状，具短尖，最上部1或2鳞片具雄花，其下1枚具雌花；下位刚毛4～6，长为小坚果1/3～1/2；雄蕊2～3，花丝短或微露出鳞片，花药线形，药隔突出；花柱细长，柱头2。小坚果倒卵形，长1.5～1.8mm，双凸状，近顶端被短柔毛，上部边缘具细缘毛，成熟后黑褐色，具细点；宿存花柱三角形。花果期5—11月。

【生境与发生频率】生于果茶园低洼地及田埂。发生频率：茶园0.18，橘园0.02。

223 菟丝子 *Cuscuta chinensis* Lam.

【分类地位】菟丝子科

【形态特征】1年生寄生草本。茎缠绕，黄色，纤细，直径约1mm，无叶。花序侧生，少花或多花簇生成小伞形或小团伞花序，近于无总花序梗；苞片及小苞片小，鳞片状；花梗稍粗壮，长约1mm；花萼杯状，中部以下连合，裂片三角状，长约1.5mm，顶端钝；花冠白色，壶形，长约3mm，裂片三角状卵形，顶端锐尖或钝，向外反折，宿存；雄蕊着生花冠裂片弯缺微下处；鳞片长圆形，边缘长流苏状；子房近球形，花柱2，等长或不等长，柱头球形。蒴果球形，直径约3mm，几乎全为宿存的花冠所包围，成熟时整齐地周裂。种子2～49，淡褐色，卵形，长约1mm，表面粗糙。花果期7—11月。

【生境与发生频率】生于田边、山坡阳处、路边灌丛，通常寄生于蝶形花科、菊科、藜科等多种植物上。发生频率：茶园0.06，棉田0.05，橘园0.04。

224 乌毛蕨 *Blechnum orientale* L.

【分类地位】乌毛蕨科

【形态特征】多年生草本蕨类植物。植株高0.5～2m。根茎粗短，直立，木质，黑褐色，顶端及叶柄下部密被鳞片，鳞片窄披针形，先端纤维状，全缘，中部深棕或褐棕色，边缘棕色，有光泽。叶二型，簇生；叶柄长3～80cm，径0.3～1cm，坚硬，基部黑褐色，向上棕禾秆色或棕绿色，无毛；叶片卵状披针形，长达1m，宽20～60cm，1回羽状，羽片多数，互生，下部的圆耳状，长约数毫米，不育，向上的羽片长，中上部的能育，线形或线状披针形，长10～30cm，宽0.5～1.8cm，基部下侧与叶轴合生，全缘或微波状，干后反卷，上部羽片渐短，基部与叶轴合生下延，顶生羽片与侧生的同形，较长；叶脉上面明显，主脉隆起，有纵沟，小脉分离，单一或2叉，斜展或近平展，平行，密接；叶干后棕色，近革质，光滑；叶轴粗，棕禾秆色，无毛。孢子囊群线形，羽片上部不育；囊群盖线形，开向主脉，宿存。

【生境与发生频率】生于灌丛或溪边果园中，赣南居多。发生频率：橘园0.06，茶园0.05。

225　刺苋　*Amaranthus spinosus* Linn.

【分类地位】苋科

【形态特征】1年生草本。株高30～100cm。茎直立，圆柱形或钝棱形，多分枝，有纵条纹，绿色或带紫色，无毛或稍有柔毛。叶片菱状卵形或卵状披针形，长3～12cm，宽1～5.5cm，顶端圆钝，具微凸头，基部楔形，全缘，无毛或幼时沿叶脉稍有柔毛；叶柄长1～8cm，无毛，在其旁有2刺，刺长5～10mm。圆锥花序腋生及顶生，长3～25cm，下部顶生花穗常全部为雄花；苞片在腋生花簇及顶生花穗的基部者变成尖锐直刺，长5～15mm，在顶生花穗的上部者狭披针形，长1.5mm，顶端急尖，具凸尖，中脉绿色；小苞片狭披针形，长约1.5mm；花被片绿色，顶端急尖，具凸尖，边缘透明，中脉绿色或带紫色，在雄花者矩圆形，长2～2.5mm，在雌花者矩圆状匙形，长1.5mm；雄蕊花丝略和花被片等长或较短；柱头3，有时2。胞果矩圆形，长1～1.2mm，在中部以下不规则横裂，包裹在宿存花被片内。种子近球形，直径约1mm，黑色或带棕黑色。花果期7—11月。

【生境与发生频率】生于管理粗放果茶园及田埂。发生频率：茶园0.09，棉田0.06，橘园0.02。

226　小花黄堇　*Corydalis racemosa* (Thunb.) Pers.

【分类地位】紫堇科

【形态特征】1年生草本。株高达50cm。茎具棱，分枝，具叶。枝条花葶梃状，对叶生。基生叶具长柄，常早枯萎；茎生叶具短柄，叶2回羽状全裂，1回羽片3～4对，具短柄，2回羽片1～2对，宽卵形，长约2cm，2回3深裂，裂片圆钝。总状花序长3～10cm，多花密集；苞片披针形或钻形，与花梗近等长；花梗长3～5mm；萼片卵形；花冠黄或淡黄色，外花瓣较窄，无鸡冠状突起，先端稍圆，具短尖，上花瓣长6～7mm，距短囊状，长1.5～2mm，蜜腺长约距1/2；子房与花柱近等长，柱头具4乳突。蒴果线形，种子1列。种子近肾形。花果期3—9月。

【生境与发生频率】生于丘陵果茶园中。发生频率：梨园0.07，茶园0.05，橘园0.04。

227 **醉鱼草** *Buddleja lindleyana* Fortune

【分类地位】醉鱼草科

【形态特征】多年生直立灌木。株高达3m。小枝4棱，具窄翅；幼枝、幼叶下面、叶柄及花序均被星状毛及腺毛。叶对生（萌条叶互生或近轮生），膜质，卵形、椭圆形或长圆状披针形，长3～11cm，先端渐尖或尾尖，基部宽楔形或圆，全缘或具波状齿，侧脉6～8对；叶柄长0.2～1.5cm。穗状聚伞花序顶生，长4～40cm；苞片长达1cm；小苞片长2～3.5mm；花紫色，芳香；花萼钟状，长约4mm，与花冠均被星状毛及小鳞片，花萼裂片长约1mm；花冠长1.3～2cm，内面被柔毛，花冠筒弯曲，1.1～1.7cm，裂片长约3.5mm；雄蕊着生花冠筒基部。蒴果长圆形或椭圆形，长5～6mm，无毛，被鳞片，花萼宿存。种子小，淡褐色。花期4—10月，果期8月至翌年4月。

【生境与发生频率】生于丘陵果茶园中。发生频率：茶园0.09，橘园0.06。

228 **红花酢浆草** *Oxalis corymbosa* DC.

【分类地位】酢浆草科

【形态特征】多年生直立草本，高约32cm。根肉质，半透明，圆锥状，后萎缩成硬质主根，着生于老鳞茎下面；老鳞茎鳞片白色，肉质，半透明，有1～3条褐色脉纹，后萎缩成干膜质，褐色；小鳞茎多数，近球形，着生于鳞片间，易与老鳞茎脱离而萌生成新植株。无地上茎。掌状三出复叶，基生；叶柄长15～24cm，基部绿色或稍带淡紫色，有开展长柔毛；小叶片倒心形，宽大于长，长约3.5cm，宽约4.5cm，上面无毛，下面有短伏毛，散生橙黄色小腺体；小叶无柄。花序梗长10～40cm，被毛；花梗长0.5～2.5cm，花梗具披针形干膜质苞片2枚；萼片5，披针形，长4～7mm，顶端具暗红色小腺体2枚；花瓣5，倒心形，长1.5～2cm，淡紫或紫红色；雄蕊10，5枚超出花柱，另5枚达子房中部，花丝被长柔毛；子房5室，花柱5，被锈色长柔毛。花果期3—12月。

【生境与发生频率】生于管理粗放的果茶园中。发生频率：橘园0.1。

229　半枝莲　*Scutellaria barbata* D. Don

【分类地位】唇形科

【形态特征】多年生草本。茎直立，高12～35（55）cm，四棱形，基部粗1～2mm，无毛或在序轴上部疏被紧贴的小毛，不分枝或具或多或少的分枝。叶具短柄或近无柄，柄长1～3mm，腹凹背凸，疏被小毛；叶片三角状卵圆形或卵圆状披针形，有时卵圆形，先端急尖，基部宽楔形或近截形，边缘生有疏而钝的浅牙齿，上面橄榄绿色，下面淡绿有时带紫色，两面沿脉上疏被紧贴的小毛或几无毛，侧脉2～3对，与中脉在上面凹陷下面突起。花单生于叶腋；苞叶下部者与叶同形，向上渐小；花萼在花时长约2mm，具缘毛和微柔毛，盾片高约1mm，果时为2mm；花冠蓝紫色，长0.8～1.5cm，冠檐二唇形，上唇盔状，半圆形，顶端圆，下唇3裂，中裂片梯形，侧裂片三角状卵圆形；雄蕊4枚，前对较长，微露出，具能育半药，退化半药不明显，后对较短，内藏，具全药，药室裂口具髯毛；子房4裂，花柱细长，顶端微裂。小坚果褐色，扁球形，具小疣状突起。花果期几乎全年。

【生境与发生频率】生于靠近水边的果茶园中。发生频率：茶园0.09，稻田0.03。

230　活血丹　*Glechoma longituba* (Nakai) Kupr.

【分类地位】唇形科

【形态特征】多年生草本。株高达30cm。茎基部带淡紫红色，幼嫩部分疏被长柔毛。下部叶较小，心形或近肾形，上部叶心形，长1.8～2.6cm，具粗圆齿或粗齿状圆齿，上面疏被糙伏毛或微柔毛，下面带淡紫色，脉疏被柔毛或长硬毛；下部叶柄较叶片长1～2倍。轮伞花序常2花，稀具2～6花，腋生，苞片和小苞片线形，花梗长约2mm；花萼筒状，长8～11mm，外面有长柔毛，萼齿先端芒状，边缘具缘毛；花冠淡蓝色至蓝紫色，下唇具深色斑点，冠筒直立，有长筒与短筒两型，长筒长17～22mm，短筒长10～14mm，常藏于花萼内，外被柔毛，冠檐2唇形，上唇直立，先端2裂，下唇伸长，斜展，3裂，中裂片最大。小坚果长圆状卵形，长1.5mm，无毛。花期4—5月，果期5—6月。

【生境与发生频率】生于新开垦果茶园中。发生频率：橘园0.08。

231 地蚕 *Stachys geobombycis* C. Y. Wu

【分类地位】唇形科

【形态特征】多年生草本。茎直立，高40～60cm，不分枝或少分枝，四棱形，具槽，在棱及节上疏生倒向长刚毛。叶片长圆状卵形，长4～8cm，宽2～3.5cm，先端渐尖，基部浅心形或截形，边缘有圆齿状锯齿，具硬尖，两面贴生具疣长刚毛，侧脉3～4对，下面明显，叶柄长0.3～2cm，上部叶近无柄。花梗长约1mm，被微柔毛；花萼倒圆锥形，长5.5mm，密被微柔毛及腺微柔毛，10脉明显，萼筒长4mm，萼齿三角形，长1.5mm，边缘被腺微柔毛；花冠淡紫或紫蓝色，稀淡红色，长约1.1cm，冠筒长约7mm，上部被微柔毛，余无毛，冠檐上唇长圆状卵形，长4mm，下唇卵形，长5mm，中部被微柔毛，3裂，中裂片长卵形，侧裂片卵形。花期4—5月。

【生境与发生频率】生于丘陵及管理粗放的果茶园中。发生频率：橘园0.06，茶园0.05。

232 水苏 *Stachys japonica* Miq.

【分类地位】唇形科

【形态特征】多年生草本。茎直立，高20～80cm，四棱形，在棱及节上被小刚毛，余部无毛。叶片长圆状披针形，长3～10cm，宽1～2.5cm，先端微急尖，基部圆形至浅心形，边缘具圆齿状锯齿，两面无毛；叶柄明显，长2～17mm，向上渐短。轮伞花序具6～8花，组成长5～13cm顶生穗状花序；苞叶无柄，披针形，近全缘，小苞片刺状，无毛；花梗长约1mm；花萼钟形，长达7.5mm，被腺微柔毛，脉被柔毛，齿内面疏被微柔毛，10脉不明显，萼齿三角状披针形，刺尖，具缘毛；花冠粉红或淡红紫色，长约1.2cm，冠筒长约6mm，稍内藏，无毛，近基部前方囊状，喉部内面被鳞片状微柔毛，冠檐被微柔毛，内面无毛，上唇倒卵形，长4mm，下唇长7mm，3裂，中裂片近圆形，先端微缺，侧裂片卵形；花丝先端稍膨大，被微柔毛。小坚果褐色，卵球形，无毛。花期5—7月，果期8—9月。

【生境与发生频率】生于靠近水边的果茶园中。发生频率：茶园0.09，油菜田0.04，橘园0.02。

233　山扁豆　*Chamaecrista mimosoides* (L.) Greene

【分类地位】蝶形花科

【形态特征】1年生或多年生亚灌木状草本。株高达60cm，多分枝；枝条被微柔毛。叶为羽状复叶，长2.5～6cm；小叶20～30对，线形，长3～5mm，宽约1mm，顶端具短尖，中脉偏向上边；叶柄短，长2～3mm，具一圆形的腺体，小叶无柄；叶柄和叶轴上被短柔毛；托叶卵状披针形，长0.5～0.8cm，宿存。花序腋生，一或数朵聚生，花序梗顶端有2枚小苞片，长约3mm；花萼长6～8mm，先端急尖，外被疏柔毛；花瓣黄色，不等大，具短瓣柄，稍长于萼片；雄蕊10，5长5短相间而生。荚果镰形，扁平，长2.5～5cm，宽约4mm；果柄长1.5～2cm。种子10～16。花果期通常8—10月。

【生境与发生频率】生于丘陵果茶园中。发生频率：梨园0.07，茶园0.05，橘园0.04。

234　鹿藿　*Rhynchosia volubilis* Lour.

【分类地位】蝶形花科

【形态特征】多年生缠绕草质藤本。全株各部多少被灰色至淡黄色柔毛。茎略具棱。羽状三出复叶；叶柄长1～6cm；托叶膜质，线状披针形，长6～8mm，宿存；顶生小叶菱形，长2.7～6cm，宽2.3～6cm，先端急尖或圆钝，基部近截形，两面被毛，下面尤密，并散生橘红色腺点；侧生小叶较小，斜卵形或斜宽椭圆形；小叶柄长2～7mm，侧生的较短；小托叶锥状。总状花序长1.5～4cm，1～3个腋生；花长约1cm，排列稍密集；花梗长约2mm；花萼钟状，长约5mm，裂片披针形，外面被短柔毛及腺点；花冠黄色，旗瓣近圆形，有宽而内弯的耳，翼瓣倒卵状长圆形，基部一侧具长耳，龙骨瓣具喙；雄蕊二体；子房被毛及密集的小腺点，胚珠2颗。荚果长圆形，红紫色，长1～1.5cm，宽约8mm，极扁平，在种子间略收缩，稍被毛或近无毛，先端有小喙。种子通常2颗，椭圆形或近肾形，黑色，光亮。花期5—8月，果期9—12月。

【生境与发生频率】生于果茶园周边田埂。发生频率：橘园0.08。

235　单毛刺蒴麻　*Triumfetta annua* Linn.

【分类地位】椴树科

【形态特征】草本或亚灌木。嫩枝被黄褐色茸毛。叶片纸质，卵形或卵状披针形，长4～13cm，宽2.5～8cm，先端长渐尖或尾状渐尖，基部圆形或稍心形，侧脉上行超过叶片中部，边缘有疏而粗的锯齿，两面疏生粗长伏毛，基出脉3～5条；叶柄长1.5～7.5cm，有疏长毛；托叶狭三角形，长3～5mm。聚伞花序腋生，花序柄极短；花柄长3～6mm；苞片长2～3mm，均被长毛；萼片长5mm，先端有角；花瓣比萼片稍短. 倒披针形；雄蕊10；子房被刺毛，3～4室，花柱短，柱头2～3浅裂。蒴果扁球形；刺长5～7mm，无毛，先端弯钩状，基部有毛。花期秋季。

【生境与发生频率】生于田埂和管理粗放的果茶园中。发生频率：茶园0.09，棉田0.03，橘园0.02。

236　粉防己　*Stephania tetrandra* S. Moore

【分类地位】防己科

【形态特征】多年生草质落叶藤本。藤长达2m。根粗大，圆柱形，或块状，断面粉白色。老茎下部木质化，小枝圆柱形，无毛，有沟纹。单叶，互生，纸质，宽三角状卵形或近圆形，长宽近相等或较宽，长4～8cm，宽5～9cm，先端钝，有小尖头，基部截形或稍心形，全缘，上面深绿色，下面灰绿色或粉白色，两面有紧贴的短柔毛，上面稀少，下面较密，掌状脉5条；叶柄盾状着生，长4～8.5cm，有纵条纹。花序头状，于腋生、长而下垂的枝条上作总状式排列，苞片小或很小；雄花：萼片4或有时5，通常倒卵状椭圆形，连爪长约0.8mm，有缘毛；花瓣5，肉质，长0.6mm，边缘内折；聚药雄蕊长约0.8mm；雌花：萼片和花瓣与雄花的相似。核果成熟时近球形，红色；果核径约5.5mm，背部鸡冠状隆起，两侧各有约15条小横肋状雕纹。花期夏季，果期秋季。

【生境与发生频率】生于新垦山坡果茶园中。发生频率：橘园0.06，茶园0.05。

237 白羊草 *Bothriochloa ischaemum* (L.) Keng

【分类地位】禾本科

【形态特征】多年生草本。丛生，有时有短根茎。秆直立或基部膝曲，高25～80cm，具3至多节，节无毛或有白色短毛。叶鞘无毛；叶舌膜质，顶端钝圆，长约1mm；叶片线形，长5～18cm，宽2～3mm，顶生者有时短缩，两面疏生疣基柔毛或背面无毛。总状花序4至多数着生于秆顶呈指状，长3～7cm，纤细，灰绿色或带紫褐色，总状花序轴节间与小穗柄两侧具白色丝状毛；无柄小穗长圆状披针形，长4～5mm，基盘具髯毛；第1颖草质，背部中央略下凹，具5～7脉，下部1/3具丝状柔毛，边缘内卷成2脊，脊上粗糙，先端钝或带膜质；第2颖舟形，中部以上具纤毛；脊上粗糙，边缘亦膜质；第1外稃长圆状披针形，长约3mm，先端尖，边缘上部疏生纤毛；第2外稃退化成线形，先端延伸成一膝曲扭转的芒，芒长10～15mm；第1内稃长圆状披针形，长约0.5mm；第2内稃退化；鳞被2，楔形；雄蕊3枚，长约2mm。有柄小穗雄性；第1颖背部无毛，具9脉；第2颖具5脉，背部扁平，两侧内折，边缘具纤毛。花果期秋季。

【生境与发生频率】生于新开垦山坡地果园中。发生频率：橘园0.04，茶园0.03。

238 野黍 *Eriochloa villosa* (Thunb.) Kunth

【分类地位】禾本科

【形态特征】1年生草本。秆直立，基部分枝，稍倾斜，高30～100cm。叶鞘松弛抱茎，节具髭毛；叶舌具长约1mm纤毛；叶片扁平，长5～25cm，表面具微毛，边缘粗糙。圆锥花序狭长，由4～8枚总状花序组成；总状花序密生柔毛，常排列于主轴之一侧；小穗卵状椭圆形；第1颖微小；第2颖与第1外稃皆为膜质，等长于小穗，均被细毛，前者具5～7脉，后者具5脉；第2外稃革质，稍短于小穗；雄蕊3；花柱分离。颖果卵圆形。花果期7—10月。

【生境与发生频率】生于管理粗放果茶园中。发生频率：梨园0.07。

239　求米草　*Oplismenus undulatifolius* (Ard.) Roem. & Schult.

【分类地位】禾本科

【形态特征】多年生草本。秆纤细，基部平卧地面，节处生根，上升部分高20～50cm。叶鞘密被疣基毛；叶舌膜质，短小；叶片扁平，披针形至卵状披针形，长2～8cm，通常具细毛。圆锥花序长2～10cm，主轴密被疣基长刺柔毛；小穗卵圆形，被硬刺毛，簇生于主轴或部分孪生；颖草质，第1颖长约为小穗之半，顶端具硬直芒，具3～5脉；第2颖较长于第1颖，具5脉；第1外稃草质，与小穗等长，具7～9脉，第1内稃通常缺；第2外稃革质，平滑，结实时变硬，边缘包着同质的内稃；雄蕊3。花果期7—11月。

【生境与发生频率】生于新垦果茶园中。发生频率：茶园0.09，橘园0.04。

240　戟叶堇菜　*Viola betonicifolia* J. E. Smith

【分类地位】堇菜科

【形态特征】多年生草本。无地上茎。叶多数，均基生，莲座状；叶片狭披针形、长三角状戟形或三角状卵形，长2～7.5cm；叶柄较长，上半部有狭而明显的翅。花白色或淡紫色；花梗细长，与叶等长或超出于叶；萼片卵状披针形或狭卵形；上方花瓣倒卵形，侧方花瓣长圆状倒卵形，下方花瓣通常稍短，连距长1.3～1.5cm；距管状，稍短而粗，末端圆，直或稍向上弯。蒴果椭圆形至长圆形。花期春季，果期4—5月。

【生境与发生频率】生于旱地作物田中及田野、路边、山坡草地、灌丛、林缘等处。发生频率：梨园0.07，茶园0.05，橘园0.04。

241　林泽兰　*Eupatorium lindleyanum* DC.

【分类地位】菊科

【形态特征】多年生草本。茎直立，高30～150cm。茎枝密被白色柔毛，下部及中部红或淡紫红色。中部茎生叶长椭圆状披针形或线状披针形，两面粗糙，被白色粗毛及黄色腺点，全部茎叶边缘有犬齿，几无柄。花序分枝及花梗密被白色柔毛；总苞钟状，总苞片约3层；花白、粉红或淡紫红色，花冠外面散生黄色腺点。瘦果黑褐色，椭圆状；冠毛白色。花果期5—12月。

【生境与发生频率】生于新垦果茶园中。发生频率：梨园0.07，茶园0.05，橘园0.04。

242　蒲儿根　*Sinosenecio oldhamianus* (Maxim.) B. Nord.

【分类地位】菊科

【形态特征】多年生或2年生草本。根状茎木质。茎单生，或有时数个，直立，高40～80cm或更高。基部叶在花期凋落，具长叶柄；下部茎叶具柄，叶片卵状圆形或近圆形，长3～5（8）cm，宽3～6cm，顶端尖或渐尖，基部心形，边缘具浅至深重齿或重锯齿，最上部叶卵形或卵状披针形。头状花序多数排列成顶生复伞房状花序；总苞宽钟状，苞片紫色，草质；舌状花约13，黄色，长圆形；管状花多数，花冠黄色；花柱分枝外弯。瘦果圆柱形。花果期4—8月。

【生境与发生频率】生于林缘、溪边、潮湿岩石边及草坡、田边。发生频率：梨园0.07，橘园0.04。

243　地肤　*Kochia scoparia* (Linn.) Schrad.

【分类地位】藜科

【形态特征】1年生草本。茎直立，高60～150cm，淡绿色或带紫红色，有多数条棱。叶互生，披针形，长2～6cm，宽3～7mm，无毛或稍有毛，先端短渐尖，基部渐狭入短柄，通常有3条明显的主脉，边缘有疏生的锈色绢状缘毛；茎上部叶较小，无柄，1脉。花两性或雌性，通常1～3生于上部叶腋，构成疏穗状圆锥状花序；花被近球形，淡绿色，花被裂片近三角形，无毛或先端稍有毛；翅端附属物三角形至倒卵形；雄蕊5枚。胞果扁球形，果皮膜质，与种子离生。花期6—9月，果期7—10月。

【生境与发生频率】生于田边、路旁、荒地等处及管理粗放的果茶园中。发生频率：梨园0.07，棉田0.03，橘园0.02，稻田0.02。

244　合掌消　*Cynanchum amplexicaule* (Sieb. et Zucc.) Hemsl.

【分类地位】萝藦科

【形态特征】多年生直立草本。株高50～100cm，全株流白色乳液，除花萼、花冠被有微毛外，余皆无毛。叶薄纸质，无柄，倒卵状椭圆形，先端急尖，基部下延近抱茎，上部叶小，下部叶大，小者长1.5～2.5cm，宽7～10mm，大者长4～6cm，宽2～4cm。顶生及腋生多歧聚伞花序，花直径5mm；花冠黄绿色、棕黄色或紫色。花期5—9月，果期7月以后。

【生境与发生频率】生于山坡草地或田边、湿草地及沙滩草丛及管理粗放的果茶园中。发生频率：梨园0.07，橘园0.04，棉田0.03。

245 绿叶地锦 *Parthenocissus laetevirens* Rehd.

【分类地位】萝藦科

【形态特征】多年生木质藤本。小枝圆柱形或有显著纵棱，嫩时被短柔毛，以后脱落无毛。卷须总状5～10分枝，相隔2节间断与叶对生，卷须顶端嫩时膨大呈块状，后遇附着物扩大成吸盘。叶为掌状5小叶，小叶倒卵状长椭圆形或倒卵状披针形，顶端急尖或渐尖，基部楔形，边缘上半部有锯齿，上面深绿色，无毛，显著呈泡状隆起，下面浅绿色，在脉上被短柔毛；侧脉4～9对，网脉上面不明显，下面微突起；叶柄被短柔毛，小叶有短柄或几无柄。圆锥状多歧聚伞花序，中轴明显，假顶生，花序中常有退化小叶；花序梗被短柔毛；花梗无毛；花蕾椭圆形或微呈倒卵状椭圆形，顶端圆形；萼碟形，边缘全缘，无毛；花瓣5，椭圆形，无毛；雄蕊5；花盘不明显；子房近球形，花柱明显，基部略粗，柱头不明显扩大。果实球形，有种子1～4颗；种子倒卵形，顶端圆形，基部急尖成短喙。花期7—8月，果期9—11月。

【生境与发生频率】生于丘陵果茶园中，攀援果树上。发生频率：茶园0.09，橘园0.04。

246 玉叶金花 *Mussaenda pubescens* Dryand.

【分类地位】茜草科

【形态特征】多年生攀援灌木。嫩枝被贴伏短柔毛。叶对生或轮生，膜质或薄纸质，卵状长圆形或卵状披针形，长5～8cm，宽2～2.5cm，顶端渐尖，基部楔形，上面近无毛或疏被毛，下面密被短柔毛；叶柄被柔毛；托叶三角形。顶生聚伞花序，密花，苞片线形，有硬毛；花梗极短或无梗；花萼管陀螺形，基部密被柔毛，向上毛渐稀疏；花叶阔椭圆形，有纵脉5～7条，顶端钝或短尖，基部狭窄，两面被柔毛；花冠黄色，外面被贴伏短柔毛，内面喉部密被棒形毛；花柱短，内藏。浆果近球形，疏被柔毛，顶部有萼檐脱落后的环状瘢痕，干时黑色。花期6—7月，果期7—8月。

【生境与发生频率】生于丘陵果茶园中。发生频率：梨园0.07，茶园0.05，橘园0.04。

247 **白马骨** *Serissa serissoides* (DC.) Druce

【分类地位】茜草科

【形态特征】多年生落叶小灌木。株高达1m；枝粗壮，灰色，被短毛，后毛脱落，嫩枝被微柔毛。叶常丛生，薄纸质，倒卵形或倒披针形，长1.5～4cm，宽0.7～1.3cm，顶端短尖或近短尖，基部收缩成一短柄，除下面被疏毛外，其余无毛；侧脉每边2～3条，上举，在叶片两面均突起，小脉疏散不明显；托叶具锥形裂片，基部阔，膜质，被疏毛。花无梗，生于小枝顶部，有苞片；苞片膜质，斜方状椭圆形，长渐尖，具疏散小缘毛；花托无毛；萼檐裂片5，呈披针状锥形，极尖锐，具缘毛；花冠管长4mm，外面无毛，喉部被毛，裂片5，长圆状披针形；花药内藏；花柱柔弱，2裂。花期4—6月，果期9—11月。

【生境与发生频率】生于丘陵果茶园。发生频率：橘园0.06，茶园0.05。

248 **小柱悬钩子** *Rubus columellaris* Tutcher

【分类地位】蔷薇科

【形态特征】多年生攀援灌木。株高1～2.5m。枝褐色或红褐色，无毛，疏生钩状皮刺。小叶3枚，近革质，椭圆形或长卵状披针形，长3～16cm，宽1.5～6cm，顶生小叶长达16cm，比侧生者长得多，顶端渐尖，基部圆形或近心形，侧脉9～13对，两面无毛或上面疏生平贴柔毛，边缘有不规则的较密粗锯齿；叶柄长2～4cm，顶生小叶柄长1～2cm，侧生小叶具极短柄或近无柄，均无毛，或幼时稍有柔毛，疏生小皮刺，托叶披针形，无毛，稀微有柔毛。花3～7朵成伞房状花序，着生于侧枝顶端或腋生，在花序基部叶腋间常着生单花；总花梗、花梗均无毛，疏生钩状小皮刺；苞片线状披针形，通常无毛；花大，开展时直径可达3～4cm；花萼无毛，萼片卵状披针形或披针形，内萼片边缘具黄灰色茸毛，花后常反折；花瓣匙状长圆形或长倒卵形，白色，基部具爪；雄蕊很多，排成数列，花丝较宽；雌蕊数300或更多，花柱和子房均无毛；花托中央突起部分呈头状，基部具柄。果实近球形或稍呈长圆形，直径达1.5cm，长达1.7cm，橘红色或褐黄色，无毛。花期4—5月，果期6月。

【生境与发生频率】生于赣中、赣南丘陵果茶园中。发生频率：梨园0.14，橘园0.04。

249 **空心藨** *Rubus rosifolius* Sm. ex Baker

【分类地位】蔷薇科

【形态特征】直立或攀援灌木。株高2～3m。茎直立或匍匐状；小枝幼时有短柔毛，具扁平皮刺。单数羽状复叶，小叶5～7，卵状披针形或披针形，长3～5cm，宽1～1.8cm，边缘具尖重锯齿，下面散生柔毛，沿中脉有皮刺，两面均有腺点，侧脉8～10对；叶柄和叶轴散生少数皮刺和柔毛。花1～2朵，生于叶腋；花梗长1～2.5cm，无毛，散生皮刺，有时具腺毛；花白色，直径约3cm。聚合果矩圆形，长12～15mm，红色，有光泽。花期4—5月，果期5—7月。

【生境与发生频率】生于丘陵果茶园中。发生频率：茶园0.09，梨园0.07，橘园0.02。

250 **小酸浆** *Physalis minima* Linn.

【分类地位】茄科

【形态特征】1年生草本。茎分枝披散卧于地上或斜升，生短柔毛。叶柄细弱，长1～1.5cm；叶片卵形或卵状披针形，长2～3cm，宽1～1.5cm，顶端渐尖，基部歪斜楔形，全缘而波状或有少数粗齿，两面脉上有柔毛。花具细弱的花梗，花梗长约5mm，生短柔毛；花萼钟状，长2.5～3mm，外面生短柔毛，裂片三角形，顶端短渐尖，缘毛密；花冠黄色，长约5mm；花药黄白色。果梗细瘦，长不及1cm，俯垂；果萼近球状或卵球状，直径1～1.5cm；果实球状，直径约6mm。花果期7—9月。

【生境与发生频率】生于丘陵果茶园中。发生频率：茶园0.05，橘园0.04，棉田0.03。

251 　　小窃衣　　*Torilis japonica* (Houtt.) DC.

【分类地位】伞形科

【形态特征】1年生或多年生草本。植株高0.2～1.2m。茎有纵条纹及刺毛。叶柄长2～7cm，下部有窄膜质的叶鞘；叶片长卵形，1至2回羽状分裂，两面疏生紧贴的粗毛，第1回羽片卵状披针形，长2～6cm，宽1～2.5cm，先端渐窄，边缘羽状深裂至全缘，末回裂片披针形以至长圆形，边缘有条裂状的粗齿至缺刻或分裂。顶生或腋生复伞形花序，花序梗长3～25cm，有倒生的刺毛；总苞片3～6，通常线形；伞辐4～12，长1～3cm，开展，有向上的刺毛；小总苞片5～8，线形或钻形；小伞形花序有花4～12；萼齿细小，三角形或三角状披针形；花瓣白色、紫红或蓝紫色，倒圆卵形，顶端内折，外面中间至基部有紧贴的粗毛；花柱基部平压状或圆锥形，花柱幼时直立，果熟时向外反曲。果实圆卵形，长1.5～4mm，宽1.5～2.5mm，通常有内弯或呈钩状的皮刺。花果期4—10月。

【生境与发生频率】生于各类果园等旱作物田中。发生频率：梨园0.07，茶园0.05，油菜田0.04，橘园0.02。

252 　　藤构　　*Broussonetia kaempferi* var. *australis* Suzuki

【分类地位】桑科

【形态特征】多年生蔓生藤状灌木。小枝显著伸长，幼时被浅褐色柔毛，成长脱落。叶互生，螺旋状排列，近对称的卵状椭圆形，长3.5～8cm，宽2～3cm，先端渐尖至尾尖，基部心形或截形，边缘锯齿细，齿尖具腺体，不裂，表面无毛，稍粗糙；叶柄长8～10mm，被毛。花雌雄异株，雄花序短穗状，长1.5～2.5cm，花序轴约1cm；雄花花被片4～3，裂片外面被毛，雄蕊4～3，花药黄色，椭圆球形，退化雌蕊小；雌花集生为球形头状花序。聚花果直径1cm，花柱线形，延长。花期4—6月，果期5—7月。

【生境与发生频率】生于丘陵果茶园中。发生频率：梨园0.14，茶园0.05，橘园0.04。

253　薜荔　*Ficus pumila* L.

【分类地位】桑科

【形态特征】多年生攀援或匍匐灌木。叶两型：不结果枝节上生不定根，叶卵状心形，长约2.5cm，薄革质，基部稍不对称，尖端渐尖，叶柄很短；结果枝上无不定根，叶革质，卵状椭圆形，先端急尖至钝形，基部圆形至浅心形，全缘，上面无毛，背面被黄褐色柔毛，基生叶脉延长，网脉3～4对，在表面下陷，背面突起，网脉甚明显，呈蜂窝状；叶柄长5～10mm；托叶2，披针形，被黄褐色丝状毛。榕果单生叶腋，瘿花果梨形，雌花果近球形，基生苞片宿存，三角状卵形，密被长柔毛，榕果幼时被黄色短柔毛，成熟黄绿色或微红；总梗粗短；雄花，生榕果内壁口部，多数，排为几行，有柄，花被片2～3，线形，雄蕊2，花丝短；瘿花具柄，花被片3～4，线形，花柱侧生，短；雌花生另一植株榕果内壁，花柄长，花被片4～5。瘦果近球形，有黏液。花果期5—8月。

【生境与发生频率】生于粗放管理的果茶园中。发生频率：茶园0.09，橘园0.02。

254　无心菜　*Arenaria serpyllifolia* L.

【分类地位】石竹科

【形态特征】1年生或2年生草本。株高10～30cm。主根细长，支根较多而纤细。茎丛生，直立或铺散，密生白色短柔毛，节间长0.5～2.5cm。叶片卵形，长4～12mm，宽3～7mm，基部狭，无柄，边缘具缘毛，顶端急尖，两面近无毛或疏生柔毛，下面具3脉，茎下部的叶较大，茎上部的叶较小。聚伞花序，具多花；苞片草质，卵形，长3～7mm，通常密生柔毛；花梗长约1cm，纤细，密生柔毛或腺毛；萼片5，披针形，长3～4mm，边缘膜质，顶端尖，外面被柔毛，具显著的3脉；花瓣5，白色，倒卵形，长为萼片的1/3～1/2，顶端钝圆；雄蕊10，短于萼片；子房卵圆形，无毛，花柱3，线形。蒴果卵圆形，与宿存萼等长，顶端6裂。种子小，肾形，表面粗糙，淡褐色。花期6—8月，果期8—9月。

【生境与发生频率】生于果茶园及旱地作物田中。发生频率：橘园0.06，茶园0.05。

255 长刺楤木 *Aralia spinifolia* Merr.

【分类地位】五加科

【形态特征】多年生灌木。株高约3m。羽状复叶大，总叶轴、羽片轴和小叶的两面都有散生、长而几直的细刺和许多展开的细刚毛，刺长3～10mm，刚毛长1.5～3mm；羽片长约30cm，有5～9片小叶；小叶膜质，无柄，矩圆状卵形，长9～12cm，宽4～6cm，下面灰白色，沿中脉和脉散生少数刺，两面都有许多散生刚毛，先端长渐尖，基部圆，常微斜，边缘有带细尖的锯齿。花序有散生的刺和密生的刚毛；伞形花序有许多花，直径2.5cm，总花梗长1～6cm，有刺和刚毛；花梗长10～15mm，也有刚毛；萼无毛，有明显的5齿；花瓣5，三角状卵形；雄蕊5；子房5室，花柱5，分离。果球状卵形，无毛，长约5mm，有5棱和沟。花期8—10月，果期10—12月。

【生境与发生频率】生于丘陵果茶园中。发生频率：茶园0.09，橘园0.04。

256 柳叶牛膝 *Achyranthes longifolia* (Makino) Makino

【分类地位】苋科

【形态特征】多年生草本。株高可达1m。茎疏被柔毛。叶长圆状披针形或宽披针形，长10～18cm，宽2～3cm，先端渐尖，基部楔形，全缘，两面疏被柔毛；叶柄长0.2～1cm，被柔毛。花序穗状，顶生及腋生，细长，花序梗被柔毛；苞片卵形，小苞片2，针形，基部两侧具耳状膜质裂片，花被片5，披针形，长约3mm；雄蕊5，花丝基部合生，退化雄蕊方形，顶端具不明显牙齿。胞果近椭圆形，长约2.5mm。花期9—10月，果期10—11月。

【生境与发生频率】生于丘陵果茶园中。发生频率：橘园0.04，茶园0.03。

257 齿果草 *Salomonia cantoniensis* Lour.

【分类地位】远志科

【形态特征】1年生直立草本。株高5～25cm。根纤细,芳香。茎细弱,多分枝,无毛,具狭翅。单叶互生,叶片膜质,卵状心形或心形,长5～16mm,宽5～12mm,先端钝,具短尖头,基部心形,全缘或微波状,绿色,无毛,基出3脉;叶柄长1.5～2mm。穗状花序顶生,多花,长1～6cm,花后延长。花极小,长2～3mm,无梗,小苞片极小,早落;萼片5,极小,线状钻形,基部联合,宿存;花瓣3,淡红色,侧瓣长约2.5mm,龙骨瓣舟状,长约3mm,无鸡冠状附属物;雄蕊4,花丝长约2mm,花丝几乎全部合生成鞘,并与花瓣基部贴生,鞘被蛛丝状柔毛,花药合生成块状;子房肾形,侧扁,径约1mm,边缘具三角状长齿,2室,每室具1胚珠;花柱长约2.5mm,光滑,柱头微裂。蒴果肾形,长约1mm,宽约2mm,两侧具2列三角状尖齿。果爿具蜂窝状网纹。种子2粒,卵形,径约1mm,亮黑色,无毛,无种阜。花期7—8月,果期8—10月。

【生境与发生频率】生于丘陵果茶园中。发生频率:茶园0.14,橘园0.02。

258 牛尾菜 *Smilax riparia* A. DC.

【分类地位】菝葜科

【形态特征】多年生草质藤本。具根状茎。茎长1～2m,中空,有少量髓,干后具槽。叶片草质至薄纸质,卵形、长圆形或卵状披针形,长4～16cm,宽2～10cm,先端凸尖、骤尖或渐尖,基部浅心形至近圆形,两面无毛,具5～7主脉;叶柄长0.7～2cm,具卷须,翅状鞘极短或线状披针形,长为叶柄的1/5～1/2,全部与叶柄合生,脱落点位于叶柄顶端的稍下方。花单性,雌雄异株,淡绿色;伞形花序总花梗较纤细,长3～5cm;小苞片长1～2mm,在花期一般不落;雌花比雄花略小,不具或具钻形退化雄蕊。浆果径7～9mm,成熟时黑色。花期6—7月,果期10月。

【生境与发生频率】生于山坡灌丛、草地或林缘处及丘陵果茶园中。发生频率:梨园0.07,橘园0.04。

259　野豇豆　*Vigna vexillata* (Linn.) Rich.

【分类地位】蝶形花科

【形态特征】多年生攀援或蔓生草本。茎被开展的棕色刚毛，老时渐变为无毛。羽状3小叶；叶柄长1～11cm，小叶柄长2～4mm；托叶卵形至卵状披针形，基着生，长3～5mm，基部心形或耳状，被缘毛；顶生小叶片变化大，宽卵形、菱状卵形至披针形，长4～8cm，宽2～4.5cm，先端急尖至渐尖，基部圆形或近截形，两面被淡黄色糙毛，小叶柄长1～1.2cm；侧生小叶片基部常偏斜，小叶柄极短，均被粗毛，小托叶线形。花序腋生，近伞形，有2～4朵生于花序轴顶部的花；花序梗长5～20cm；花萼被棕或白色刚毛，萼管长5～7mm，裂片线形或线状披针形，长2～5mm，上方2枚基部合生；旗瓣黄、粉红或紫色，有时在基部内面具黄或紫红色斑点，长2～3.5cm，宽2～4cm，先端凹缺，无毛，翼瓣紫色，基部稍淡，龙骨瓣白或淡紫色，镰状，先端的喙呈180°弯曲，左侧具明显的袋状附属物。荚果直立，线状圆柱形，长4～14cm，宽2.5～4mm，被刚毛。种子10～18，长圆形或长圆状肾形，长2～4.5mm，浅黄至黑色，无斑点，或棕至深红色而有黑色斑点。花期7—9月。

【生境与发生频率】生于丘陵果茶园中，在田埂和管理粗放地有分布。发生频率：梨园0.07，橘园0.04。

260　大托叶猪屎豆　*Crotalaria spectabilis* Roth

【分类地位】蝶形花科

【形态特征】直立高大草本。株高0.6～1.5m。茎枝圆柱形，近于无毛。单叶互生；叶片倒披针状长圆形或倒卵状长圆形，长5～12cm，宽2～5.8cm，先端钝或急尖，有小尖头，基部楔形，上面无毛，下面密被紧贴绢状柔毛；托叶大，宽卵形。总状花序顶生或腋生，有20～30花，苞片卵状三角形，长0.7～1cm；花梗长1～1.5cm；小苞片线形，长约1mm，生于花梗中部或中部以下；花萼二唇形，长1.2～1.5cm，无毛，萼齿宽披针状三角形，稍长于萼筒；花冠淡黄色或有时为紫红色，旗瓣圆形或长圆形，长1～2cm，先端钝或微凹，基部具胼胝体2枚，翼瓣倒卵形，长约2cm，龙骨瓣极弯曲，中部以上变窄形成扭转的长喙，下部边缘具白色柔毛，伸出花萼之外；子房无柄。荚果长圆形，长2.5～3cm，径1.5～2cm，无毛，有20～30种子。花果期8—12月。

【生境与发生频率】生于田埂和管理粗放果茶园中。发生频率：茶园0.05，橘园0.04。

261 **野扁豆** *Dunbaria villosa* (Thunb.) Makino

【分类地位】蝶形花科

【形态特征】多年生缠绕藤本。茎细弱，疏被短柔毛。羽状3小叶，互生；叶柄长0.6～2.5cm；托叶卵形，长1～2mm；顶生小叶片较大，近扁菱形，长1.3～3cm，宽1.5～3.5cm，先端骤凸尖或急尖而钝，基部圆形至截形，两面疏被极短柔毛；侧生小叶片斜宽卵形，较小；小托叶钻形。总状花序或复总状花序腋生，长1.5～5cm，有2～7花；花序梗及序轴密被短柔毛。萼钟状，长5～9mm，被短柔毛和锈色腺点，萼齿5，披针形或线状披针形，上方2齿合生，下方1齿最长；花冠黄色，旗瓣近圆形或横椭圆形，长1.3～1.4cm，具短瓣柄，翼瓣短于旗瓣，微弯，龙骨瓣与翼瓣等长，上部弯呈喙状，均具瓣柄和耳；子房密被短柔毛和锈色腺点，近无柄。荚果线状长圆形，长3～5cm，宽约8mm，扁平，微弯，疏被短柔毛或几无毛，近无果柄，有6～7粒种子。花果期7—9月。

【生境与发生频率】生于新垦丘陵果茶园中。发生频率：梨园0.07，茶园0.05，橘园0.02。

262 **毛花雀稗** *Paspalum dilatatum* Poir.

【分类地位】禾本科

【形态特征】多年生草本。秆丛生，直立，粗壮，高50～150cm，直径约5mm。叶片长10～40cm，中脉明显，无毛。总状花序4～10枚呈总状着生于主轴上，形成大型圆锥花序，分枝腋间具长柔毛；小穗柄微粗糙；小穗卵形；第2颖等长于小穗，具7～9脉，表面散生短毛，边缘具长纤毛；第1外稃相似于第2颖，但边缘不具纤毛。花果期5—7月。

【生境与发生频率】外来杂草，生于果茶园和稻田田埂。发生频率：橘园0.04，稻田0.02。

263　水蔗草　*Apluda mutica* Linn.

【分类地位】禾本科

【形态特征】多年生草本。秆高1～2m。叶片线状披针形，长10～30cm，宽5～10mm，顶端渐尖，基部渐窄而成一短柄，无毛。总状花序单生，长7～9mm，外托以膨大的佛焰苞状总苞，仅含有3(2有柄，1无柄)小穗的一节；有柄小穗之一退化为一小颖，另一为雄性；无柄小穗两性，长4～6mm；第1颖草质，10余脉，上部两侧有脊；第2外稃先端有小尖头或长达10mm的膝曲芒。颖果卵形。花果期夏秋季。

【生境与发生频率】生于赣南橘园中。发生频率：橘园0.06。

264　小画眉草　*Eragrostis minor* Host

【分类地位】禾本科

【形态特征】1年生草本。秆纤细，膝曲上升，高15～50cm。叶鞘短于节间，鞘口有长毛，叶舌为1圈长柔毛；叶线形，扁平或干后内卷，长3～15cm，下面平滑，上面粗糙并疏生柔毛，主脉及边缘有腺点。圆锥花序开展；分枝单生，腋间无毛，花序轴、小枝及小穗柄均具腺点；小穗绿至深绿色，长圆形，有3～16小花，颖卵状长圆形，先端尖，1脉，脉有腺点，第1颖长约1.6mm，第2颖长约1.8mm；外稃宽卵形，先端圆钝，侧脉靠近边缘，主脉有腺点；内稃宿存，弯曲。颖果红褐色，长圆形。花果期6—9月。

【生境与发生频率】生于新开垦果茶园中。发生频率：茶园0.05，橘园0.04。

265 马㼎儿 *Zehneria japonica* (Thunb.) H.Y. Liu

【分类地位】葫芦科

【形态特征】多年生草质藤本。茎纤细，柔弱。单叶互生，有细长柄；叶片卵状三角形，膜质。雌雄同株，雄花单生或生于短的总状花序上，花冠淡黄色；雌花与雄花在同一叶腋内单生或稀双生，花冠阔钟形。果实长圆形或狭卵形，种子灰白色。花期4—7月，果期7—10月。

【生境与发生频率】生于各类果茶园中。发生频率：梨园0.14，橘园0.02。

266 赛葵 *Malvastrum coromandelianum* (Linn.) Garcke

【分类地位】锦葵科

【形态特征】多年生亚灌木状草本。株直立，高达1m。叶卵形或卵状披针形，长3～6cm，先端钝尖，基部宽楔形或圆，具粗齿，两面疏被长毛；叶柄长0.5～3cm，密被长毛，托叶披针形，长约5mm。花单生于叶腋；花梗长约5mm，被长毛；花萼浅杯状，5裂；花冠黄色，花瓣5，倒卵形；雄蕊柱长约6mm，无毛；花柱分枝8～15，柱头头状。分果扁球形，分果爿8～15，肾形，近顶端具芒刺1条，背部被毛，具芒刺2条。花果期几全年。

【生境与发生频率】外来杂草，生于丘陵果茶园中。发生频率：橘园0.06。

| 267 | 羊乳 | *Codonopsis lanceolata* (Sieb. et Zucc.) Trautv. |

【分类地位】桔梗科

【形态特征】多年生草本。茎基近圆锥状或圆柱状；茎缠绕，长约1m，常有多数短细分枝，黄绿而微带紫色。叶在主茎上互生，披针形或菱状窄卵形；在小枝顶端的叶通常2～4叶簇生，而近对生或轮生状，菱状卵形、窄卵形或椭圆形。花单生或对生于小枝顶端；花萼贴生至子房中部，萼筒半球状，裂片卵状三角形，全缘；花冠宽钟状，浅裂，裂片三角状，反卷，黄绿或乳白色内有紫色斑。蒴果下部半球状，上部有喙。花果期7—8月。

【生境与发生频率】生于丘陵果茶园中。发生频率：茶园0.05，橘园0.04。

| 268 | 异檐花 | *Triodanis perfoliata* subsp. *biflora* (Ruiz & Pav.) Lammers |

【分类地位】桔梗科

【形态特征】1年生草本。株高30～45cm，多不分枝。叶互生；叶片卵形。花1～3朵成簇，腋生及顶生；花冠蓝色或紫色，花细小。蒴果近圆柱形，形似炮弹，让人误认为玄参科植物，值得注意的是，蒴果的开裂方式十分少见，在蒴果的上端侧面薄膜状2孔裂，众多的种子就从这2孔中逸出繁殖。种子卵状椭圆形，稍扁，长仅0.4mm。花果期5—10月。

【生境与发生频率】外来杂草，生于果茶园等各类旱地作物田中。发生频率：茶园0.05，橘园0.04。

269 **加拿大一枝黄花** *Solidago canadensis* Linn.

【分类地位】菊科

【形态特征】多年生草本。茎直立，高0.3～2.5m。叶互生，披针形或线状披针形，长5～12cm，边缘具锐齿。头状花序很小，长4～6mm，单面着生，在花序分枝上排成蝎尾状，再组成大型的圆锥状花序；总苞片线状披针形，花黄色，边缘舌状花雌性，中央管状花两性。瘦果具7条纵棱。花果期5—11月。

【生境与发生频率】外来入侵杂草，生于河滩、荒地、公路旁、村庄旁、旱地及水田田埂。发生频率：茶园0.05，棉田0.03，稻田田埂0.02。

270 **茵陈蒿** *Artemisia capillaris* Thunb.

【分类地位】菊科

【形态特征】多年生半灌木状草本。茎单生或少数，高40～120cm或更长，红褐色或褐色，基部木质，多分枝；幼时全体有褐色丝状毛，成长后近无毛。叶1～3回羽状深裂，下部叶裂片较宽，常被短绢毛；中部叶裂片细长，宽约1mm；上部叶羽状全裂。头状花序卵球形，多数，常排成复总状花序；总苞片3～4层，雌花6～10朵，花冠狭管状；两性花3～7朵，花冠管状。瘦果长圆形或长卵形。花果期7—10月。

【生境与发生频率】生于各类果茶园中。发生频率：茶园0.05，橘园0.04。

271 **牡蒿** *Artemisia japonica* Kitam.

【分类地位】菊科

【形态特征】多年生草本。茎直立或斜向上，高达1.3m。叶两面无毛或初微被柔毛；基生叶与茎下部叶倒卵形或宽匙形，羽状深裂或半裂，具短柄；中部叶匙形，上端有3～5斜向浅裂片或深裂片，每裂片上端有2～3小齿或无齿，无柄；上部叶上端具3浅裂或不裂；苞片叶长椭圆形或披针形。头状花序卵圆形或近球形，排成穗状或穗状总状花序；总苞片无毛；雌花3～8，两性花5～10。瘦果倒卵圆形。花果期7—10月。

【生境与发生频率】生于新垦旱地作物田中。发生频率：橘园0.04，棉田0.03。

272 **蓟** *Cirsium japonicum* Fisch. ex DC.

【分类地位】菊科

【形态特征】多年生草本。茎直立，高30（100）～80（150）cm。基生叶较大，长卵形、长倒卵形、椭圆形或长椭圆形，长8～20cm，宽2.5～8cm，羽状深裂或几全裂，基部渐狭成短或长翼柄，翼柄边缘有针刺及针齿；全部侧裂片排列稀疏或紧密，宽狭变化极大，边缘有稀疏大小不等小锯齿，或锯齿较大而使叶片呈现较为明显的2回羽状分裂状态，齿顶针刺小而密，长2～6mm，或几无针刺；顶裂片披针形或长三角形。头状花序直立，少有头状花序单生茎端的；总苞钟状，直径3cm；总苞片约6层，覆瓦状排列，向内层渐长；外中层顶端有1～2mm长针刺；内层顶端渐尖，呈软针刺状。瘦果压扁，偏斜楔状倒披针形。小花红色或紫色。花果期4—11月。

【生境与发生频率】生于丘陵果茶园中。发生频率：茶园0.05，橘园0.04。

273　夜香牛　*Vernonia cinerea* (L.) Less.

【分类地位】菊科

【形态特征】1年生或多年生草本。茎直立，高20～100cm。中下部叶具柄，菱状卵形、菱状长圆形或卵形，长3～6.5cm，基部楔状渐窄成具翅柄，疏生具小尖头锯齿或波状，两面有毛和腺点；上部叶窄长圆状披针形或线形，近无柄。头状花序径6～8mm，具19～23花，多数在枝端成伞房状圆锥花序；总苞钟状，径6～8mm，总苞片4层，绿色或近紫色；花淡红紫色，花冠管状。瘦果圆柱形，密被白色柔毛和腺点。花期全年。

【生境与发生频率】生于丘陵果茶园中。发生频率：茶园0.09，橘园0.02。

274　何首乌　*Fallopia multiflora* (Thunb.) Haraldson

【分类地位】蓼科

【形态特征】多年生草本。块根肥厚，长椭圆形，黑褐色。茎缠绕，长2～4m，多分枝，具纵棱，无毛，下部木质化。叶卵形或长卵形，长3～7cm，宽2～5cm，顶端渐尖，基部心形或近心形，两面粗糙，边缘全缘；叶柄长1.5～3cm；托叶鞘膜质，偏斜，无毛。顶生或腋生圆锥状花序，长10～20cm，分枝开展，具细纵棱，沿棱密被小突起；苞片三角状卵形，具小突起，顶端尖，每苞内具2～4花；花梗细弱，下部具关节，果时延长；花被5，深裂，白色或淡绿色，花被片椭圆形，大小不相等，外面3片较大背部具翅，果时增大，花被果时外形近圆形，直径6～7mm；雄蕊8，花丝下部较宽；花柱3，极短，柱头头状。瘦果卵形，具3棱，黑褐色，有光泽，包于宿存花被内。花期8—9月，果期9—10月。

【生境与发生频率】生于各类果茶园中。发生频率：橘园0.06。

275　小叶葡萄　*Vitis sinocinerea* W. T. Wang

【分类地位】葡萄科

【形态特征】多年生木质藤本。小枝圆柱形，有纵棱纹，疏被短柔毛和稀疏蛛丝状茸毛。卷须不分枝或2叉分枝，每隔2节间断与叶对生。叶卵圆形，3浅裂或不明显分裂，顶端急尖，基部浅心形或近截形，边缘每侧有锯齿，上面绿色，密被短柔毛或脱落几无毛，下面密被淡褐色蛛丝状茸毛；基生脉5出，中脉有侧脉3～4对，脉上密被短柔毛和疏生蛛丝状的茸毛；叶柄密被短柔毛；托叶膜质，褐色，卵披针形，顶端钝或渐尖，几无毛。圆锥花序小，与叶对生，基部分枝不发达，花序梗被短柔毛；花梗几无毛；花蕾倒卵状椭圆形，顶端圆形；萼碟形，边缘几全缘，无毛；花瓣5，呈帽状黏合脱落；雄蕊5；花盘发达，5裂；雌蕊在雄花内退化。果实成熟时紫褐色。种子倒卵圆形，顶端微凹，基部有短喙。花期4—6月，果期7—10月。

【生境与发生频率】生于各类茶果园中。发生频率：茶园0.14。

276　细叶水团花　*Adina rubella* Hance

【分类地位】茜草科

【形态特征】多年生落叶小灌木。小枝细长，具赤褐色微毛，后无毛。叶对生，近无柄，薄革质，卵状披针形或卵状椭圆形，全缘，长2.5～4cm，宽0.8～1.2cm，顶端渐尖或短尖，基部阔楔形或近圆形；侧脉5～7对，被稀疏或稠密短柔毛；托叶小，早落。头状花序单生，顶生或兼有腋生，总花梗略被柔毛；小苞片线形或线状棒形；花萼管疏被短柔毛，萼裂片匙形或匙状棒形；花冠管5裂，花冠裂片三角状，紫红色。果序直径0.8～1.2cm；小蒴果长卵状楔形。花果期5—12月。

【生境与发生频率】生于溪边、河边、沙滩等湿润地区，江西果茶园中有分布。发生频率：梨园0.14，橘园0.02。

277 **大叶白纸扇** *Mussaenda shikokiana* Makino

【分类地位】茜草科

【形态特征】多年生落叶直立或攀援灌木。株高1～3m。小枝被黄褐色短柔毛。叶对生，膜质或薄纸质，宽卵形或宽椭圆形，长8～18cm，宽5～12cm，先端渐尖至短渐尖，基部长楔形，全缘，两面疏被柔毛，脉上毛较稠密；中脉在上面稍隆起，下面明显隆起，侧脉9对；叶柄长1.5～3.5cm，有毛；托叶卵状披针形。顶生聚伞花序，有花序梗，花疏散；苞片托叶状；花萼管陀螺形；萼檐裂片披针形，外面密被柔毛；花瓣状萼裂片，白色，倒卵形；花冠黄色，外面密被平伏长柔毛，裂片卵形，内面有金黄色茸毛。浆果近球形，直径约1cm。花期6—7月，果期8—10月。

【生境与发生频率】生于丘陵果茶园中。发生频率：茶园0.05，橘园0.04。

278 **北江荛花** *Wikstroemia monnula* Hance

【分类地位】瑞香科

【形态特征】多年生落叶灌木。株高达3m。幼枝被灰色柔毛；老枝紫红色，无毛。叶对生，稀互生，膜质，卵状椭圆形至长椭圆形，长3～6cm，宽1～2.8cm，上面绿且无毛，下面暗绿色，有时呈紫红色，疏生灰色细柔毛，侧脉纤细，每边4～5条。总状花序顶生，伞形花序状，每花序具花3～8朵；花序梗被灰色柔毛；萼筒白色，顶端淡紫色，外面被绢状柔毛，裂片4，卵形；雄蕊8，2轮；花盘鳞片1～2枚，线形或卵形；子房棒状，具长柄，顶端被黄色茸毛，花柱短，柱头头状，顶端扁。核果卵圆形，白色，基部为宿存花萼所包。花期4—8月，随即结果。

【生境与发生频率】生于丘陵果茶园中。发生频率：茶园0.09，橘园0.02。

279 鸭儿芹 *Cryptotaenia japonica* Hassk.

【分类地位】伞形科

【形态特征】多年生草本。植株高达1m。茎直立，有分枝，有时稍带淡紫色。基生叶或较下部的茎生叶有柄，柄长5～20cm，3小叶；顶生小叶菱状倒卵形，近无柄，有不规则锐齿或2～3浅裂。花序圆锥状，花序梗不等长，总苞片和小总苞片1～3，线形，早落；伞形花序有花2～4；花梗极不等长；花瓣倒卵形，顶端有内折小舌片。果线状长圆形，长4～6mm，宽2～2.5mm。花期4—5月，果期6—10月。

【生境与发生频率】生于丘陵果茶园中。发生频率：梨园0.14，茶园0.05。

280 黑莎草 *Gahnia tristis* Nees

【分类地位】莎草科

【形态特征】多年生草本。丛生，须根粗，具根状茎。秆粗壮，高0.5～1.5m，圆柱状，坚实，空心。叶基生和秆生，鞘红棕色，长10～20cm，叶片窄长，硬纸质或几革质，长40～60cm，宽0.7～1.2cm，先端钻形，边缘通常内卷，边缘及背面具刺状细齿；苞片叶状，具长鞘，向上鞘渐短，边缘及背面具刺状细齿。圆锥花序穗状，长14～35cm，具7～15卵形或矩形穗状花序，分枝直立紧贴花序轴；小苞片鳞片状，卵状披针形；小穗排列紧密，纺锤形，长0.8～1cm，鳞片8，稀10，螺旋状排列，基部6鳞片无花，初黄棕色，后暗褐色，卵状披针形，1脉，坚硬，最上部的2鳞片最小，宽卵形，先端微凹并微具缘毛，其中1片具两性花，下部1片具雄蕊或无花；无下位刚毛；雄蕊3，花药线状长圆形或线形；花柱细长，柱头3。小坚果倒卵状长圆形、三棱形，长4～4.5mm，平滑，成熟时黑色。花果期3—12月。

【生境与发生频率】生于丘陵果茶园中。发生频率：茶园0.14。

281　金灯藤　*Cuscuta japonica* Choisy

【分类地位】菟丝子科

【形态特征】1年生寄生缠绕草本。茎较粗壮，肉质，直径1～2mm，黄色，常带紫红色瘤状斑点，无毛，多分枝，无叶。花无柄或几无柄，形成穗状花序，长达3cm，基部常多分枝；苞片及小苞片鳞片状，卵圆形，长约2mm，顶端尖，全缘，沿背部增厚；花萼碗状，肉质，长约2mm，5裂几达基部，裂片卵圆形或近圆形，相等或不相等，顶端尖，背面常有紫红色瘤状突起；花冠钟状，淡红色或绿白色，长3～5mm，顶端5浅裂，裂片卵状三角形，钝，直立或稍反折，短于花冠筒2～2.5倍；雄蕊5，着生于花冠喉部裂片之间，花药卵圆形，黄色，花丝无或几无；鳞片5，长圆形，边缘流苏状，着生于花冠筒基部，伸长至冠筒中部或中部以上；子房球状，平滑，无毛，2室，花柱细长，合生为1，与子房等长或稍长，柱头2裂。蒴果卵圆形，长约5mm，近基部周裂。种子1～2个，光滑，长2～2.5mm，褐色。花期8月，果期9月。

【生境与发生频率】寄生于草本和灌木植物上。新垦丘陵果茶园有分布。发生频率：橘园0.04，棉田0.03。

282　白簕　*Eleutherococcus trifoliatus* (Linnaeus) S. Y. Hu

【分类地位】五加科

【形态特征】多年生灌木。株高1～7m。枝软弱铺散，常倚持他物上升，老枝灰白色，新枝黄棕色，疏生下向刺；刺基部扁平，先端钩曲。叶有小叶3，稀4～5；叶柄长2～6cm，有刺或无刺，无毛；小叶片纸质，稀膜质，椭圆状卵形至椭圆状长圆形，稀倒卵形，长4～10cm，宽3～6.5cm，先端尖至渐尖，基部楔形，两侧小叶片基部歪斜，两面无毛，或上面脉疏生刚毛，边缘有细锯齿或钝齿，侧脉5～6对，明显或不甚明显，网脉不明显；小叶柄长2～8mm，有时几无小叶柄。伞形花序3～10个、稀多至20个组成顶生复伞形花序或圆锥花序，直径1.5～3.5cm，有花多数，稀少数；总花梗长2～7cm，无毛；花梗细长，长1～2cm，无毛；花黄绿色；萼长约1.5mm，无毛，边缘有5个三角形小齿；花瓣5，三角状卵形，长约2mm，开花时反曲；雄蕊5，花丝长约3mm；子房2室；花柱2，基部或中部以下合生。果实扁球形，直径约5mm，黑色。花期8—11月，果期9—12月。

【生境与发生频率】生于丘陵果茶园中。发生频率：橘园0.06。

283 　　**绿穗苋**　　*Amaranthus hybridus* K. Krause

【分类地位】苋科

【形态特征】1年生草本。株高可达50cm。茎分枝，上部近弯曲，被柔毛。叶卵形或菱状卵形，长3～4.5cm，先端尖或微凹，具凸尖，基部楔形，叶缘波状或具不明显锯齿，微粗糙，上面近无毛，下面疏被柔毛；叶柄长1～2.5cm，被柔毛。穗状圆锥花序顶生，细长，有分枝，中间花穗最长；苞片钻状披针形，长3.5～4mm，中脉绿色，伸出成尖芒；花被片长圆状披针形，长约2mm，先端锐尖，具凸尖，中脉绿色；雄蕊和花被片近等长或稍长；柱头3。胞果卵形，长2mm，环状横裂，超出宿存花被片。种子近球形，径约1mm，黑色。花期7—8月，果期9—10月。

【生境与发生频率】生于各类果茶园和棉田中。发生频率：茶园0.05，棉田0.03，橘园0.02。

284 　　**土丁桂**　　*Evolvulus alsinoides* (Linn.) Linn.

【分类地位】旋花科

【形态特征】多年生草本。植株平卧或上升。茎细长，被平伏柔毛。叶长圆形、椭圆形或匙形，长（0.7）1.5～2.5cm，宽5～9mm，先端钝具小尖头，基部圆或渐窄，两面疏被平伏柔毛，侧脉不明显；叶柄短或近无柄。花单生或几朵组成聚伞花序，花序梗丝状，长2.5～3.5cm，被平伏毛；萼片披针形，长3～4mm，被长柔毛；花冠辐状，径7～9mm，蓝或白色；雄蕊5，内藏，花丝丝状，长约4mm，贴生花冠筒基部。蒴果球形，径3.5～4mm。种子4或较少，黑色，平滑。花期5—9月。

【生境与发生频率】生于丘陵果茶园中。发生频率：梨园0.07，橘园0.04。

285 **庭菖蒲** *Sisyrinchium rosulatum* Bickn.

【分类地位】鸢尾科

【形态特征】1年生莲座丛状草本。茎纤细，高15～25cm，中下部有少数分枝，节常呈膝状弯曲，沿茎的两侧生有狭的翅。叶基生或互生，狭条形，长6～9cm，宽2～3mm，基部鞘状抱茎，顶端渐尖，无明显的中脉。花序顶生；苞片5～7枚，外侧2枚狭披针形，边缘膜质，绿色，长2～2.5cm，内侧3～5枚膜质，无色透明，内包含有4～6朵花；花淡紫色，喉部黄色，直径0.8～1cm；花梗丝状，长约2.5cm；花被管甚短，有纤毛，内、外花被裂片同形，等大，2轮排列，倒卵形至倒披针形，长约1.2cm，宽约4mm，顶端突尖，白色，有浅紫色的条纹，外展，爪部楔形，鲜黄色，并有浓紫色的斑纹；雄蕊3，花丝上部分离，下部合成管状，包住花柱，外围有大量的腺毛，花药鲜黄色；花柱丝状，上部3裂，子房圆球形，绿色，生有纤毛。蒴果球形，直径2.5～4mm，黄褐色或棕褐色，成熟时室背开裂。种子多数，黑褐色。花期5月，果期6—8月。

【生境与发生频率】外来杂草，生于交通便利的果茶园中。发生频率：梨园0.07，茶园0.05，橘园0.02。

286 **小花远志** *Polygala polifolia* Presl

【分类地位】远志科

【形态特征】1年生草本。植株高达15cm。茎密被卷曲柔毛。叶长圆形或椭圆状长圆形，长0.5～1.2cm，宽2～5mm，先端具刺毛状尖头，基部宽楔形，侧脉不明显；叶柄极短，被柔毛。总状花序腋生或腋外生，较叶短，疏被柔毛，少花；花梗短，疏被毛，小苞片早落；萼片宿存，外3枚卵形，内2枚斜长圆形或长椭圆形；花瓣白或紫色，基部合生，龙骨瓣盘状，具2束多分枝附属物，侧瓣三角状菱形；花丝1/2以下合生成鞘，1/2以上两侧各3枚合生，中间2枚分离。蒴果近球形，径2mm，几无翅，极疏被柔毛。种子长圆形，密被白色柔毛；种阜3裂。花果期7—10月。

【生境与发生频率】生于新垦果茶园中。发生频率：茶园0.05，橘园0.04。

287 紫萁 *Osmunda japonica* Thunb.

【分类地位】紫萁科

【形态特征】多年生草本。植株高50～80cm或更高。根茎粗短，或稍弯短树干状。叶簇生，直立；叶柄长20～30cm，禾秆色，幼时密被茸毛，全脱落；叶片三角状宽卵形，长30～50cm，宽20～40cm，顶部1回羽状，其下2回羽状；羽片3～5对，对生，长圆形，长15～25cm，基部宽8～11cm，基部一对稍大，柄长1～1.5cm，斜上，奇数羽状；小羽片5～9对，对生或近对生，无柄，分离，长4～7cm，宽1.5～1.8cm，长圆形或长圆状披针形，向基部稍宽，圆，或近平截，相距1.5～2cm，向上部稍小，顶生的同形，有柄，基部具1～2合生圆裂片，或宽披针形小裂片，具细锯齿；叶脉两面明显，自中脉斜上，2回分叉，小脉平行，伸达锯齿；叶纸质，后无毛，干后棕绿色；能育叶与不育叶等高，或稍高，羽片与小羽片均短，小羽片线形，长1.5～2cm。孢子囊密生于小脉。

【生境与发生频率】生于暖温带及亚热带，丘陵茶果园有分布。发生频率：茶园0.14。

288 矮桃 *Lysimachia clethroides* Duby

【分类地位】报春花科

【形态特征】多年生草本。有匍匐根茎。茎直立，高45～100cm，圆柱形，下部近无毛，上部生棕色多节卷毛。叶互生；叶片椭圆形或长椭圆形，长6～13cm，宽2～5.5cm，先端渐尖或长渐尖，基部楔形，渐狭窄成短柄，幼时上面具贴伏短毛，下面脉上毛较长，两面疏生黑色腺点。总状花序顶生，初时稍短，果时伸长可达34cm；苞片线形，长5～8mm，比花梗稍长；花梗长4～6mm；花萼长2.5～3mm，分裂近达基部，裂片卵状椭圆形，先端圆钝，周边膜质，有腺状缘毛；花冠白色，长5～6mm，基部合生部分长约1.5mm，裂片狭长圆形，先端圆钝；蒴果近球形，直径2.5～3mm。花期5—7月，果期7—10月。

【生境与发生频率】生于管理粗放的果茶园中。发生频率：茶园0.01，橘园0.01，梨园0.01。

289　湖南黄花稔　*Sida cordifolioides* Feng

【分类地位】锦葵科

【形态特征】亚灌木状草本。直立，高40cm。茎和小枝疏被星状柔毛或近无毛。叶卵形，长1.5～4cm，宽6～22mm，先端钝，基部心形，偶有圆形，具圆锯齿，上面近无毛或疏被星状柔毛，下面被星状柔毛；叶柄长6～20mm，疏被星状柔毛。花单生于叶腋或近簇生；萼钟形，5齿裂，被星状柔毛；花冠黄色，直径约8mm，花瓣倒卵楔形。分果爿5，密被星状柔毛，端具2芒尖。花期6—11月，果期8—12月。

【生境与发生频率】生于管理粗放的果茶园中。发生频率：橘园0.01，棉田0.01。

290　垂盆草　*Sedum sarmentosum* Bunge

【分类地位】景天科

【形态特征】多年生草本。不育枝及花茎细，匍匐而节上生根，直到花序之下，长10～30cm。3叶轮生，叶倒披针形至长圆形，长15～28mm，先端近急尖，基部急狭，有距。聚伞花序，有3～5分枝，花少，花无梗；萼片5，披针形至长圆形；花瓣5，黄色，披针形至长圆形；雄蕊10，较花瓣短。蓇葖果小，内有多数种子，种子卵形，长0.5mm。花期5—7月，果期7—8月。

【生境与发生频率】生于丘陵果茶园中的低洼地和其他旱地作物田埂。发生频率：茶园0.01，橘园0.01。

291　　**金盏银盘**　*Bidens biternata* (Lour.) Merr. et Sherff

【分类地位】菊科

【形态特征】1年生草本。茎直立，高30～150cm，略具四棱。叶为1回羽状复叶，顶生小叶卵形至长圆状卵形或卵状披针形，先端渐尖，基部楔形，边缘具锯齿。三出复叶状分裂或仅一侧具1裂片，裂片椭圆形，边缘有锯齿。头状花序直径7～10mm，花序梗长；总苞外层苞片条形；舌状花通常3～5朵，舌片淡黄色，或有时无舌状花；盘花筒状。瘦果条形，黑色，具四棱，两端稍狭，顶端芒刺3～4枚。花果期9—11月。

【生境与发生频率】生于路边和果茶园周边。发生频率：茶园0.01，橘园0.01，棉田0.01。

292　　**地锦苗**　*Corydalis sheareri* S. Moore

【分类地位】菊科

【形态特征】多年生草本。株高（10～）20～40（～60）cm。茎1～2，绿色，有时带红色，多汁液，上部具分枝，下部裸露。基生叶数枚，长12～30cm，具带紫色的长柄，叶片轮廓三角形或卵状三角形，长3～13cm，2回羽状全裂，第1回全裂片具柄，第2回无柄，卵形，中部以上具圆齿状深齿，下部宽楔形，表面绿色，背面灰绿色，叶脉在表面明显，背面稍突起；茎生叶数枚，互生于茎上部，与基生叶同形，但较小和具较短柄。总状花序生于茎及分枝先端，长4～10cm，有10～20花；上花瓣长2～2.5（～3）cm，花瓣片舟状卵形，边缘有时反卷，背部具短鸡冠状突起，突起超出瓣片先端，边缘具不规则的齿裂，距圆锥形，末端极尖，长为花瓣片的1倍半，下花瓣长1.2～1.8cm，匙形，花瓣片近圆形，边缘有时反卷，先端具小尖突，背部鸡冠状突起月牙形，超出花瓣，边缘具不规则的齿裂，爪条形，长约为花瓣片的2倍，内花瓣提琴形，长1.1～1.6cm，花瓣片倒卵形，具1侧生囊，爪狭楔形，长于花瓣片。蒴果狭圆柱形，长2～3cm，粗1.5～2mm。种子近圆形，直径约1mm，黑色，具光泽，表面具多数乳突。花果期3—6月。

【生境与发生频率】生于管理粗放的果园和其他旱地作物田。发生频率：橘园0.04，梨园0.01，棉田0.01，油菜田0.01。

293 **广防风** *Anisomeles indica* (L.) Kuntze

【分类地位】唇形科

【形态特征】多年生草本。直立，粗壮，分枝。茎高1～2m，四棱形，具浅槽，密被白色贴生短柔毛。叶阔卵圆形，长4～9cm，宽2.5～6.5cm，先端急尖或短渐尖，基部截状阔楔形，边缘有不规则的牙齿，草质，上面榄绿色，被短伏毛，脉上尤密，下面灰绿色，有极密的白色短茸毛，在脉上的较长；叶柄长1～4.5cm。轮伞花序排列成顶生稠密或间断的直径2.5～3cm的穗状花序；下部苞片叶状，向上渐变小；小苞片线形，长3～4mm；花萼钟形，长约6mm，果时可达1cm，外面有长硬毛及混生的腺柔毛，并杂有黄色小腺点，下部有多数纵向细脉，上部有横脉网结，萼齿三角状披针形，长约2.5mm，边缘具缘毛；花冠淡紫色，长1～1.5mm，花冠筒基部狭，向喉部宽达1.5mm，上唇直伸，长圆形，长4.5～5mm，全缘，下唇水平开展，长约9mm，中裂片倒心形，侧裂片较小，卵形。小坚果黑色，具光泽，近圆球形，直径约1.5mm。花期8—9月，果期9—11月。

【生境与发生频率】生于江西南部管理粗放果茶园中。发生频率：梨园0.07，橘园0.02。

294 **野芝麻** *Lamium barbatum* Sieb. et Zucc.

【分类地位】唇形科

【形态特征】多年生草本。株高达1m。茎不分枝，近无毛或被平伏微硬毛。茎下部叶卵形或心形，长4.5～8.5cm，先端长尾尖，基部心形，具牙齿状锯齿，茎上部叶卵状披针形，叶两面均被平伏微硬毛或短柔毛；茎下部叶柄长达7cm，茎上部叶柄渐短。轮伞花序4～14花，腋生于茎上部叶腋；苞片狭线形，长2～3mm；花萼钟形，长1.3～1.5cm，萼筒长约0.5cm，疏生伏毛，萼齿披针状钻形，长0.8～1cm，具缘毛；花冠白色，长2～3cm，花冠筒基部狭，稍上方囊状膨大，喉部宽达0.6cm，外面上部有毛，内面近基部有毛环，上唇弓状内屈，倒卵形或长圆形，长1～1.3cm，先端钝或微凹，边缘具缘毛及长柔毛，下唇较短，中裂片倒肾形，先端深凹入，侧裂片浅圆形，先端有一针状小齿；花丝有微柔毛，花药深紫色，有毛；花柱丝状，较雄蕊略短，子房裂片长圆形，无毛。小坚果楔状倒卵形，具3棱，长约3mm，淡褐色。花期4—5月，果期6—7月。

【生境与发生频率】生于新开垦果茶园中。发生频率：梨园0.07，茶园0.05。

295　田野水苏　*Stachys arvensis* Linn.

【分类地位】唇形科

【形态特征】1年生草本。高30～50cm。根茎在节上有须根，在干燥地近于直立，湿处近于外倾。茎匍匐，四棱形，被柔毛。茎叶卵圆形，长1～3.5cm，宽0.7～2.5cm，顶端钝，基部心形，边缘具圆齿，上面密被柔毛，下面被柔毛。苞叶与茎叶同形或卵状披针形，向上渐小；花梗长约1mm，被柔毛；花萼管状钟形，长约3mm，密被柔毛，内面上部被柔毛，10脉明显，萼齿披针状三角形，长约1mm，果时呈壶状；花冠红色，长约3mm，冠筒内藏，冠檐被微柔毛，内面无毛，上唇卵形，长约1mm，下唇中裂片圆形，侧裂片卵形。小坚果褐色，卵球形，长约1.5mm。花、果期全年。

【生境与发生频率】生于荒地及田中。发生频率：橘园0.04。

296　蓖麻　*Ricinus communis* Linn.

【分类地位】大戟科

【形态特征】1年生粗壮草本或草质灌木。株高1～5m。小枝、叶和花序通常被白霜，茎多液汁。叶片圆形，直径20～40cm，盾状着生，掌状深裂，裂片7～11，卵状披针形至长圆形，先端渐尖，边缘有不规则锯齿，齿端有腺体，掌状脉，侧脉羽状；叶柄长10～20cm，无毛，先端有腺体；托叶长圆形，长2～3cm，宽约1cm。总状花序或圆锥花序，长15～30cm或更长；苞片阔三角形，膜质，早落；雄花：花萼裂片卵状三角形，长7～10mm；雄蕊束众多；雌花：萼片卵状披针形，长5～8mm，凋落；子房卵状，直径约5mm，密生软刺或无刺，花柱红色，长约4mm，顶部2裂，密生乳头状突起。蒴果卵球形或近球形，长1.5～2.5cm，果皮具软刺或平滑。种子椭圆形，微扁平，长8～18mm，平滑，斑纹淡褐色或灰白色；种阜大。花期几全年或6—9月。

【生境与发生频率】生于管理粗放的果茶园中。发生频率：橘园0.04。

297 紫苜蓿 *Medicago sativa* Linn.

【分类地位】蝶形花科

【形态特征】多年生草本。株高0.3～1m。茎直立、丛生以至平卧，四棱形，无毛或微被柔毛。羽状三出复叶；叶柄长0.5～1.5cm；托叶较大，斜卵状披针形，长8～12mm，基部与叶柄贴生，有脉纹；小叶片倒披针形或倒卵状长圆形，长1.5～3cm，宽4～11mm，先端圆钝，基部宽楔形，上端边缘有细齿，上面近无毛，下面被贴伏长柔毛；顶生小叶柄长5～10mm，侧生小叶柄较短。花序总状或头状，长1～2.5cm，具5～10花；花序梗比叶长；苞片线状锥形，比花梗长或等长；花长0.6～1.2cm；花梗长约2mm；花萼钟形，萼齿比萼筒长；花冠淡黄、深蓝或暗紫色，花瓣均具长瓣柄，旗瓣长圆形，明显长于翼瓣和龙骨瓣，龙骨瓣稍短于翼瓣；子房线形，具柔毛，花柱短宽，柱头点状，胚珠多数。荚果螺旋状，紧卷2～6圈，中央无孔或近无孔，径5～9mm，脉纹细，不清晰，有10～20种子。种子卵圆形，平滑。花期5—7月，果期6—8月。

【生境与发生频率】生于田边、路旁、旷野等地，在农田田埂和管理粗放地有分布。发生频率：橘园0.02，稻田田埂0.02。

298 紫穗槐 *Amorpha fruticosa* Linn.

【分类地位】蝶形花科

【形态特征】落叶灌木。茎丛生，高1～4m。小枝幼时密被短柔毛，后渐变无毛。奇数羽状复叶长10～15cm；叶柄长1～2cm；托叶线形，脱落；小叶11～25，卵形或椭圆形，长1～4cm，先端圆、急尖或微凹，有短尖，基部宽楔形或圆，上面无毛或疏被毛，下面被白色短柔毛和黑色腺点。总状花序穗状，集生于枝条上部，长7～15cm，花紧密；花梗纤细，长约1.5mm；萼齿钝三角形，比萼筒短，外面被细毛；旗瓣蓝紫色或褐紫色，宽倒卵形，长约6mm；花药黄色，伸出花冠之外。荚果长圆形，下垂，长0.6～1cm，微弯曲，具小突尖，成熟时棕褐色，有疣状腺点。花果期5—10月。

【生境与发生频率】生于田埂和管理粗放旱地。发生频率：茶园0.05，橘园0.02。

299 农吉利　*Crotalaria sessiliflora* Linn.

【分类地位】蝶形花科

【形态特征】直立草本。株高30～100cm，基部常木质，单株或茎上分枝，被紧贴粗糙的长柔毛。叶线形或线状披针形，长2.5～8cm，宽0.5～1cm，两端狭尖，表面略被毛或几无毛，背面有平伏柔毛，几无叶柄，托叶细小，刚毛状。总状花序顶生、腋生或密生枝顶形似头状，亦有叶腋生出单花，花1至多数；苞片线状披针形，长4～6mm，小苞片与苞片同形，成对生萼筒基部；花梗短，长约2mm；花萼二唇形，长10～15mm，密被棕褐色长柔毛，萼齿阔披针形，先端渐尖；花冠蓝色或紫蓝色，包被萼内，旗瓣长圆形，长7～10mm，宽4～7mm，先端钝或凹，基部具胼胝体2枚，翼瓣长圆形或披针状长圆形，约与旗瓣等长，龙骨瓣中部以上变狭，形成长喙；子房无柄。荚果短圆柱形，长约10mm，包被萼内，下垂紧贴于枝，秃净无毛。种子10～15颗。花果期5月至翌年2月。

【生境与发生频率】生于农田田埂和管理粗放的果茶园中。发生频率：橘园0.04。

300 乳豆　*Galactia tenuiflora* (Willd.) Wight & Arn.

【分类地位】蝶形花科

【形态特征】多年生草质藤本。茎密被灰白色或灰黄色长柔毛。小叶纸质，椭圆形，长2～4.5cm，两端钝圆，先端微凹入，具小凸尖，上面深绿色，疏被短柔毛，下面密被灰白或黄绿色长柔毛；侧脉4～7对，纤细，两面微突起；小叶柄长约2mm；小托叶针状，长1～1.5mm。花通常攀生于花序总轴的节上；萼外面被短柔毛，管长约3mm，裂片线状披针形，比萼管长2倍；花冠粉红色，长10.5mm，微伸出于萼外，旗瓣倒卵状圆形，基部狭，截平，稍内弯，具小耳，翼瓣线状长椭圆形，基部渐狭而达爪部，无耳，龙骨瓣长椭圆形，直，基部具爪及向下的耳；子房密被毛，花柱无毛。荚果线形，长2～4cm。种子肾形，棕褐色。花果期8—9月。

【生境与发生频率】生于田埂和荒坡地。发生频率：茶园0.05，橘园0.02。

301 　　**天蓝苜蓿**　　*Medicago lupulina* Linn.

【分类地位】蝶形花科

【形态特征】1～2年生或多年生草本。株高15～60cm，全株被柔毛或有腺毛。茎平卧或上升，多分枝。叶茂盛；羽状复叶有3枚小叶，小叶倒卵形，或倒卵状楔形，长5～17mm，宽3～15mm，顶端钝圆，有时微缺，上半部有锯齿，基部宽楔形，两面有伏毛，背面稍多；托叶斜卵状披针形，顶端渐尖，边缘基部一侧与复叶柄合生，另一侧有疏锯齿。花序小，头状，具10～20花；花序梗细，比叶长，密被贴伏柔毛；苞片刺毛状，甚小；花长2～2.2mm；花梗长不及1mm；花萼钟形，密被毛，萼齿线状披针形，稍不等长，比萼筒稍长或等长；花冠黄色，旗瓣近圆形，翼瓣和龙骨瓣近等长，均比旗瓣短；子房宽卵圆形，被毛，花柱弯曲，胚珠1粒。荚果肾形，长约3mm，具同心弧形脉纹，被疏毛，有1种子。种子卵圆形，平滑。花期7—9月，果期8—10月。

【生境与发生频率】生于田埂和管理粗放地。发生频率：橘园0.04，棉田0.01，油菜田0.01。

302 　　**赤小豆**　　*Vigna umbellata* (Thunb.) Ohwi et Ohashi

【分类地位】蝶形花科

【形态特征】1年生草本。茎纤细，长可达1m以上，幼时被黄色长柔毛，老时无毛。羽状3小叶；叶柄长2～8cm；托叶斜卵形，长6～7mm，基部以上盾状着生；顶生小叶片卵形或宽卵形，长4～9cm，宽2～6cm，先端渐尖，基部宽楔形或近截形，上面疏被毛，下面较密，全缘或有时浅3裂；侧生小叶片斜卵形；小托叶钻形，长约3mm。总状花序腋生，短，有2～3花；苞片披针形；花梗短，着生处有腺体；花黄色，长约1.8cm，宽约1.2cm，龙骨瓣右侧具长角状附属体。荚果线状圆柱形，下垂，长6～10cm，宽5～6mm，无毛。种子6～10，长椭圆形，通常暗红色，有时为褐、黑或草黄色，径3～3.5mm，种脐凹陷。花期5—8月。

【生境与发生频率】生于田埂和管理粗放果茶园中。发生频率：梨园0.07，橘园0.02。

303 丁癸草 *Zornia gibbosa* Spanog.

【分类地位】 蝶形花科

【形态特征】 多年生矮小草本。有肥厚的根状茎。茎多分枝，高达50cm，无毛。小叶2片，对生于叶柄之顶，卵状长椭圆形、倒卵形至披针形，长8～15mm，有时长可达25mm，顶端急尖而具小凸尖，基部偏斜，两面无毛，背面有褐色或黑色的腺点；托叶盾状着生，纺锤形，两端渐尖，有明显的脉数条。花萼钟状，长约3mm，二唇形，被短柔毛；花冠黄色，长约1.2cm，旗瓣肾形，瓣片宽稍大于长，具短瓣柄，翼瓣与龙骨瓣均与旗瓣近等长，瓣柄均甚缺，龙骨瓣无明显的耳；雄蕊10枚成1组；子房无柄，被柔毛。荚果有2～6荚节，通常长于宿存苞片，荚节近圆形，长约2mm，不开裂，有网纹及针刺。花期4—7月，果期7—9月。

【生境与发生频率】 生于田边、村边稍干旱的旷野草地上，在田埂和新垦坡地有少量分布。发生频率：橘园0.04。

304 拂子茅 *Calamagrostis epigeios* (Linn.) Roth

【分类地位】 禾本科

【形态特征】 多年生草本。秆直立，高45～100cm，直径2～3mm，平滑无毛或在花序以下稍粗糙。叶鞘短于或基部的长于节间，平滑或稍粗涩；叶舌膜质，长圆形，长4～9mm，先端尖易破碎；叶片线形，扁平或内卷，长15～30cm，宽5～8mm，先端长渐尖，上面粗糙，下面光滑。圆锥花序紧密，圆筒形，劲直、具间断，长10～25cm，中部径1.5～4cm，分枝粗糙，直立或斜向上升；小穗长5～7mm，淡绿色或带淡紫色；两颖近等长或第2颖微短，第1颖先端渐尖，具1脉，第2颖具3脉，主脉粗糙；外稃透明膜质，长约为颖之半，顶端具2齿，基盘的柔毛几与颖等长，芒自稃体背中部附近伸出，细直，长2～3mm；内稃长约为外稃2/3，顶端细齿裂；小穗轴不延伸于内稃之后，或有时仅于内稃之基部残留1微小的痕迹；雄蕊3，花药黄色，长约1.5mm。花果期5—9月。

【生境与发生频率】 生于潮湿地及河岸沟渠旁，在管理粗放的洲地田埂有少量分布。发生频率：橘园0.02，稻田田埂0.02。

305   黑麦草   *Lolium perenne* Linn.

【分类地位】禾本科

【形态特征】多年生草本。秆高30～90cm，3～4节，基部节生根。叶舌长约2mm；叶片线形，长5～20cm，宽3～6mm，有时具叶耳。穗形穗状花序长10～20cm，宽5～8mm；小穗轴节间长约1mm，无毛；颖披针形，为其小穗长1/3，5脉，边缘窄膜质；外稃长圆形，长5～9mm，5脉，基盘明显，无芒，或上部小穗具短芒，第1外稃长约7mm；内稃与外稃等长。颖果长约为宽的3倍。花果期5—7月。

【生境与发生频率】生于路边荒地和田埂。发生频率：橘园0.02。

306   疏花雀麦   *Bromus remotiflorus* (Steud.) Ohwi

【分类地位】禾本科

【形态特征】多年生草本。秆直立，高60～120cm，被细短毛，具6～7节，节上具柔毛。叶鞘闭合几达鞘口，通常被倒生柔毛；叶舌较硬，长约1mm；叶片质薄粗糙，长20～45cm，宽5～10mm，上面被柔毛，下面粗糙。圆锥花序疏松开展，长20～30cm，每节2～4分枝；分枝细长孪生，粗糙，具少数小穗，成熟时下垂；小穗疏生5～10小花；颖窄披针形，先端渐尖或具小尖头，第1颖1脉，第2颖3脉；外稃窄披针形，7脉，先端渐尖，具长0.5～1cm直芒；内稃窄，短于外稃，脊具纤毛；花疏散外露。颖果贴生稃内。花果期6—7月。

【生境与发生频率】生于山坡、林缘、路旁或河边草地，在新开垦果茶园中有少量分布。发生频率：茶园0.05，橘园0.02。

307　虎尾草　*Chloris virgata* Sw.

【分类地位】禾本科

【形态特征】1年生草本。秆直立或基部膝曲，丛生，光滑无毛，高20～60cm。叶鞘光滑无毛，背部具脊，最上者常肿胀而包藏花序；叶舌长约1mm，具小纤毛；叶片长5～25cm，宽3～6mm，平滑或上面及边缘粗糙。穗状花序顶生；小穗成熟后紫色，无柄，颖膜质，第2颖等长或略短于小穗。第1小花两性，倒卵状披针形，外稃纸质，芒自顶端稍下方伸出；内稃膜质，稍短于外稃；第2小花不孕，长楔形，先端平截或微凹。颖果淡黄色，纺锤形。花果期6—10月。

【生境与发生频率】生于路边荒地，果茶园中有少量分布。发生频率：茶园0.05，橘园0.02。

308　假俭草　*Eremochloa ophiuroides* (Munro) Hack.

【分类地位】禾本科

【形态特征】多年生草本。秆斜升，高约20cm。具强壮的匍匐茎。叶鞘压扁，多密集跨生于秆基，鞘口常有短毛；叶片条形，顶端钝，无毛，长3～8cm，宽2～4mm，顶生叶片退化。总状花序顶生，稍弓曲，压扁，长4～6cm，宽约2mm，总状花序轴节间具短柔毛；无柄小穗长圆形，覆瓦状排列于总状花序轴一侧，长约3.5mm，宽约1.5mm；第1颖硬纸质，无毛，5～7脉，两侧下部有篦状短刺或几无刺，顶端具宽翅；第2颖舟形，厚膜质，3脉；第1外稃膜质，近等长；第2小花两性，外稃顶端钝；花药长约2mm；柱头红棕色；有柄小穗退化或仅存小穗柄，披针形，长约3mm，与总状花序轴贴生。花果期夏秋季。

【生境与发生频率】生于路边荒地和果茶园中。发生频率：梨园0.07，棉田0.03。

309 两耳草 *Paspalum conjugatum* C. Cordem.

【分类地位】禾本科

【形态特征】多年生草本。秆直立部分高30～60cm。具长达1m的匍匐茎。叶鞘具脊，无毛或上部边缘及鞘口具柔毛；叶舌极短，与叶片交界处具长约1mm的1圈纤毛；叶片披针状线形，长5～20cm。总状花序2枚，纤细，长6～12cm，开展；穗轴宽约0.8mm，边缘有锯齿；小穗柄长约0.5mm；小穗卵形，长1.5～1.8mm，覆瓦状排列成两行；第2颖与第1外稃质地较薄，无脉，第2颖边缘具长丝状柔毛，毛长与小穗近等；第2外稃卵形，背面略隆起。颖果长约1.2mm。花果期5—9月。

【生境与发生频率】生于新开垦荒地和农田田埂。发生频率：茶园0.05，橘园0.02。

310 斑茅 *Saccharum arundinaceum* Retz.

【分类地位】禾本科

【形态特征】多年生粗壮草本。秆高2～4m，粗达2cm，花序下无毛。叶片条状披针形，宽3～6mm。圆锥花序大型，白色，长30～60cm，主轴无毛；总状花序多节；穗轴逐节断落，节间有长丝状纤毛；小穗成对生于各节，一有柄，一无柄，均结实且同形，长3.5～4mm，含2小花，仅第2小花结实，基盘的毛远短于小穗；第1颖顶端渐尖，两侧具脊，背部有长柔毛；第2外稃透明膜质，顶端仅有小尖头。花果期8—12月。

【生境与发生频率】生于管理粗放的果茶园。发生频率：梨园0.07，橘园0.02。

311　庐山堇菜　*Viola stewardiana* W. Beck.

【分类地位】堇菜科

【形态特征】多年生草本。根状茎粗。茎地下部分横卧；地上茎高达25cm，数条丛生。基生叶莲座状，叶三角状卵形，长1.5～3cm，先端具短尖，基部宽楔形或平截，下延，具圆齿；茎生叶长卵形或菱形，长达4.5cm。花淡紫色；花瓣长圆状倒卵形，花瓣先端微缺，上瓣匙形，侧瓣长圆形，下瓣倒卵形。蒴果近球形，散生褐色腺体。花期4—7月，果期5—9月。

【生境与发生频率】生于山坡草地、路边、杂木林下及管理粗放的果茶园。发生频率：橘园0.04。

312　江南山梗菜　*Lobelia davidii* Franch.

【分类地位】桔梗科

【形态特征】多年生草本。茎高60～150cm，近无毛或有极短的柔毛。茎下部叶狭椭圆形，长6.5～12cm，边缘有小牙齿，下面脉上有极短的毛，上部叶渐变小，披针形。总状花序长20～50cm，有极短的柔毛；苞片披针形，比花长；花密集，有短梗；花萼与花梗有极短的毛，裂片5，披针状条形，边缘有小齿；花冠紫红色，近一唇形，裂片5，无毛；雄蕊5，合生，下面2花药顶端有髯毛。蒴果球形。花果期9—10月。

【生境与发生频率】生于山地林边或沟边较阴湿处及附近的果茶园。发生频率：茶园0.05，稻田田埂0.02。

313 　腺梗豨莶　　　*Sigesbeckia pubescens* (Makino) Makino

【分类地位】菊科

【形态特征】1年生草本。茎直立，高50～120cm，上部多分枝，被白色长柔毛和糙毛。叶对生，叶片卵圆形、卵形或卵状披针形，基部下延成具翼的柄，边缘粗齿，两面被平伏柔毛。头状花序多数，径1.8～2.2cm，排成疏散圆锥状；花序梗较长，密生紫褐色腺毛和长柔毛；总苞片宽钟状，总苞片2层，叶质，背面密生紫褐色腺毛；花序梗及总苞均有头状有柄的腺毛，分泌黏液；花黄色；边花舌状，心花筒状。瘦果倒卵圆形。花期5—8月，果期6—10月。

【生境与发生频率】生于荒地、路旁的果茶园等旱地。发生频率：橘园0.02，棉田0.02。

314 　白苞蒿　　　*Artemisia lactiflora* Wall. ex DC.

【分类地位】菊科

【形态特征】多年生草本。茎直立，高70～150cm，多分枝，无毛，具条棱。下部叶片花期枯萎，中部叶片倒卵形，1或2回羽状深裂，上部叶片3裂或不裂。头状花序多数，排列呈圆锥状，总苞钟形或卵形，总苞片3～4层，花管状，黄色或白色；缘花雌性，4～5朵；盘花两性，6～7朵。瘦果圆柱形，褐色。花果期8—12月。

【生境与发生频率】生于林下、林缘、沟边、山谷等处及管理粗放的果茶园中。发生频率：茶园0.05，橘园0.02。

315 白舌紫菀 *Aster baccharoides* (Benth.) Steetz

【分类地位】菊科

【形态特征】木质草本或亚灌木。茎直立，高50～100cm，多分枝。下部叶匙状长圆形，上部有疏齿；中部叶长圆形或长圆状披针形，有短柄；上部叶近全缘；叶上面被糙毛，下面被毛或有腺点。头状花序在枝端排成圆锥伞房状，或在短枝单生，花序梗短；总苞倒锥状，总苞片4～7层，覆瓦状排列，外层卵圆形，内层长圆状披针形；舌状花管部长3mm，舌片白色，长5mm；管状花长6mm。瘦果窄长圆形。花期7—10月，果期8—11月。

【生境与发生频率】生于丘陵果茶园中。发生频率：橘园0.04。

316 婆婆针 *Bidens bipinnata* L.

【分类地位】菊科

【形态特征】1年生草本。茎直立，高30～120cm。叶对生，2回羽状分裂，顶生裂片窄，先端渐尖，边缘疏生不规则粗齿，两面疏被柔毛。头状花序径0.6～1cm，花序梗长1～5cm；总苞杯形，外层苞片5～7，线形，草质，被稍密柔毛，内层膜质，椭圆形；舌状花1～3，舌片黄色，椭圆形或倒卵状披针形；盘花筒状，黄色，冠檐5齿裂。瘦果线形，具3～4棱，具瘤突及小刚毛，顶端芒刺3～4，稀2，具倒刺毛。花果期8—10月。

【生境与发生频率】生于新垦果茶园及田埂。发生频率：橘园0.04。

317　一枝黄花　*Solidago decurrens* Lour.

【分类地位】菊科

【形态特征】多年生草本。茎单生或丛生，直立，高35～100cm。中部茎生叶椭圆形至宽披针形，长2～5cm，下部楔形渐窄，叶柄具翅，仅中部以上边缘具齿或全缘；向上叶渐小；下部叶与中部叶同形，叶柄具长翅；叶两面有柔毛或下面无毛。头状花序径6～9mm，多数在茎上部排成总状花序或伞房圆锥花序，稀成复头状花序；总苞片4～6层，披针形或窄披针形，中内层长5～6mm；舌状花舌片椭圆形，长6mm。瘦果长3mm，无毛，稀顶端疏被柔毛。花果期4—11月。

【生境与发生频率】生于丘陵果茶园中。发生频率：茶园0.05，橘园0.02。

318　火炭母　*Polygonum chinense* Linn.

【分类地位】蓼科

【形态特征】多年生草本。株高达1m。茎直立，无毛，多分枝。叶卵形或长卵形，长4～10cm，宽2～4cm，先端渐尖，基部平截或宽心形，无毛，下面有时沿叶脉疏被柔毛；下部叶叶柄长1～2cm，基部常具叶耳，上部叶近无柄或抱茎，托叶鞘膜质，无毛，偏斜，无缘毛。头状花序常数个组成圆锥状，花序梗被腺毛；苞片宽卵形；花被5深裂，白或淡红色，花被片卵形，果时增大；雄蕊8；花柱3，中下部联合。瘦果宽卵形，具3棱，包于肉质蓝黑色宿存花被内。花期7—9月，果期8—10月。

【生境与发生频率】生于较湿润的果茶园中。发生频率：橘园0.04。

319 **金荞麦** *Fagopyrum dibotrys* (D. Don) Hara

【分类地位】蓼科

【形态特征】多年生草本。株高50～100cm。根状茎木质化，黑褐色。茎直立，分枝，具纵棱，无毛，有时一侧沿棱被柔毛。叶三角形，长4～12cm，宽3～11cm，顶端渐尖，基部近戟形，边缘全缘，两面具乳头状突起或被柔毛；叶柄长可达10cm；托叶鞘筒状，膜质，褐色，偏斜，顶端截形，无缘毛。顶生或腋生伞房状花序；苞片卵状披针形，顶端尖，边缘膜质，每苞内具2～4花；花梗中部具关节，与苞片近等长；花被5，深裂，白色，花被片长椭圆形，雄蕊8，比花被短，花柱3，柱头头状。瘦果宽卵形，具3锐棱，黑褐色，无光泽，超出宿存花被2～3倍。花期7—9月，果期8—10月。

【生境与发生频率】生于潮湿的果茶园中。发生频率：橘园0.04。

320 **红蓼** *Polygonum orientale* Linn.

【分类地位】蓼科

【形态特征】1年生草本。株高2～3m。茎直立，粗壮，上部多分枝，密被长柔毛。叶宽卵形、宽椭圆形或卵状披针形，长10～20cm，宽5～12cm，顶端渐尖，基部圆形或近心形，微下延，边缘全缘，密生缘毛，两面密生短柔毛，叶脉上密生长柔毛；叶柄长2～10cm，具长柔毛；托叶鞘筒状，膜质，被长柔毛，具长缘毛，通常沿顶端具草质、绿色的翅。总状花序呈穗状，顶生或腋生，长3～7cm，花紧密，微下垂，通常数个再组成圆锥状；苞片宽漏斗状，草质，绿色，被短柔毛，边缘具长缘毛，每苞内具3～5花；花梗比苞片长；花被5深裂，淡红色或白色；花被片椭圆形；雄蕊7，比花被长；花盘明显；花柱2，中下部合生，比花被长，柱头头状。瘦果近圆形，双凹，黑褐色，有光泽，包于宿存花被内。花期6—9月，果期8—10月。

【生境与发生频率】生于靠近湿地果茶园及田埂。发生频率：橘园0.02，稻田0.02。

321 **海边月见草** *Oenothera drummondii* (Spach) Walp.

【分类地位】柳叶菜科

【形态特征】1年生至多年生直立或平铺草本。茎长达50cm，被白色或带紫色曲柔毛与长柔毛，有时上部有腺毛。基生叶窄倒披针形或椭圆形，长5～12cm；茎生叶窄倒卵形或倒披针形，有时椭圆形或卵形，长3～7cm；先端锐尖或圆，基部渐窄或骤窄至叶柄，边缘疏生浅齿至全缘，两面被白或紫色曲柔毛与长柔毛；叶柄长不及4mm。穗状花序，疏生茎枝顶端，有时下部有少数分枝；苞片窄椭圆形或窄倒披针形；萼片披针形；花瓣黄色，宽倒卵形，先端平截或微凹；花柱伸出花筒，柱头开花时高过花药。蒴果圆柱状，密被柔毛。种子椭圆状，褐色，具整齐洼点。花期5—8月，果期8—11月。

【生境与发生频率】外来入侵杂草，已扩散至江西全省，生于果茶园中。发生频率：橘园0.04。

322 **柳叶马鞭草** *Verbena bonariensis* L.

【分类地位】马鞭草科

【形态特征】多年生草本。株高100～150cm，多分枝，全株有纤毛。茎四方形。叶十字对生，初期为卵圆形，边缘略有缺刻，花茎抽高后的叶转为细长形如柳叶状，边缘仍有尖缺刻。顶生或腋生穗状花序，细长如马鞭；小筒状花着生于花茎顶部，花小，花冠淡紫色或蓝色。果为蒴果状，长约0.2cm，外果皮薄，成熟时开裂，内含4枚小坚果。种子三棱状、矩圆形，两端宽度几乎相等，长0.15～0.2cm，宽0.05～0.08cm，表面粗糙，土黄色或棕黄色，无光泽。花果期5—9月。

【生境与发生频率】外来杂草，生于靠近道路的果茶园中。发生频率：梨园0.07，茶园0.05。

323 女萎 *Clematis apiifolia* DC.

【分类地位】毛茛科

【形态特征】多年生草质藤本。小枝和花序梗、花梗密生贴伏短柔毛。三出复叶，连叶柄长5～17cm，叶柄长3～7cm；小叶片卵形或宽卵形，长2.5～8cm，宽1.5～7cm，常有不明显3浅裂，边缘有锯齿，上面疏生贴伏短柔毛或无毛，下面通常疏生短柔毛或仅沿叶脉较密。圆锥状聚伞花序多花；花直径约1.5cm；萼片4，开展，白色，狭倒卵形，两面有短柔毛，外面较密；雄蕊无毛，花丝比花药长5倍。瘦果纺锤形或狭卵形，顶端渐尖，不扁，有柔毛，宿存花柱长约1.5cm。花期7—9月，果期9—10月。

【生境与发生频率】生于丘陵果茶园中。发生频率：橘园0.04。

324 山木通 *Clematis finetiana* Lévl. et Vant.

【分类地位】毛茛科

【形态特征】多年生木质藤本。茎圆柱形，有纵条纹，小枝有棱。三出复叶，基部有时为单叶；小叶片薄革质或革质，卵状披针形、狭卵形至卵形，长3～13cm，宽1.5～5.5cm，顶端锐尖至渐尖，基部圆形、浅心形或斜肾形，全缘，两面无毛。花常单生，或为聚伞花序、总状聚伞花序，腋生或顶生；在叶腋分枝处常有长三角形至三角形宿存芽鳞；苞片小，钻形，有时下部苞片为宽线形至三角状披针形，顶端3裂；萼片4～6，开展，白色，狭椭圆形或披针形，外面边缘密生短茸毛；雄蕊无毛，药隔明显。瘦果镰刀状狭卵形，有柔毛，宿存花柱长达3cm，有黄褐色长柔毛。花期4—6月，果期7—11月。

【生境与发生频率】生于丘陵果茶园中。发生频率：茶园0.05，橘园0.02。

325 **显齿蛇葡萄** *Ampelopsis grossedentata* (Hand.–Mazz.) W. T. Wang

【分类地位】葡萄科

【形态特征】多年生木质藤本。小枝圆柱形，有显著纵棱纹，无毛。卷须2叉分枝，相隔2节间断与叶对生。叶为1～2回羽状复叶，2回羽状复叶者基部一对为3小叶，小叶卵圆形、卵椭圆形或长椭圆形，顶端急尖或渐尖，基部阔楔形或近圆形，边缘每侧有锯齿，上面绿色，下面浅绿色，两面均无毛；侧脉3～5对，网脉微突出；叶柄无毛；托叶早落。伞房状多歧聚伞花序，与叶对生；花序梗、花梗无毛；花蕾卵圆形，顶端圆形，无毛；萼碟形，边缘波状浅裂，无毛；花瓣5，卵椭圆形，无毛，雄蕊5；花盘发达，波状浅裂；子房下部与花盘合生，花柱钻形，柱头不明显扩大。果近球形，有种子2～4颗。种子倒卵圆形，顶端圆形，基部有短喙。花期5—8月，果期8—12月。

【生境与发生频率】生于赣南果茶园中。发生频率：梨园0.07，橘园0.02。

326 **薄叶新耳草** *Neanotis hirsuta* (Linn. f.) Lewis

【分类地位】茜草科

【形态特征】1年生披散状匍匐草本。茎柔弱，具纵棱。叶卵形或椭圆形，长2～4cm，宽1～1.5cm，顶端短尖，基部下延至叶柄，两面被毛或近无毛；叶柄长4～5mm；托叶膜质，基部合生，宽而短，顶部分裂成刺毛状。腋生或顶生花序，有花1至数朵，常聚集成头状，有纤细、不分枝的总花梗；花白色或浅紫色，近无梗或具极短的花梗；萼管管形，萼檐裂片线状披针形；花冠漏斗形，裂片阔披针形；花柱略伸出，柱头2浅裂。蒴果扁球形，顶部平。种子微小，平凸，有小窝孔。花果期7—10月。

【生境与发生频率】生于靠近湿地的果茶园及稻田田埂。发生频率：橘园0.02，稻田0.02。

327 野山楂 *Crataegus cuneata* Sieb. et Zucc.

【分类地位】蔷薇科

【形态特征】多年生落叶灌木。株高达1.5m；分枝密，常具细刺，刺长5～8mm。小枝细弱，圆柱形，有棱，幼时被柔毛，1年生枝紫褐色，无毛，老枝灰褐色，散生长圆形皮孔；冬芽三角卵形，先端圆钝，无毛，紫褐色。叶宽倒卵形至倒卵状长圆形，长2～6cm，宽1～4.5cm，先端急尖，基部楔形，下延连于叶柄，有不规则重锯齿，上面无毛，下面疏被柔毛，沿叶脉较密，后脱落；叶柄两侧有叶翼，托叶草质，镰刀状，边缘有齿。伞房花序直径2～2.5cm，具5～7花，总花梗和花梗均被柔毛；苞片草质，披针形，条裂或有锯齿；花直径约1.5cm；萼筒钟状，外面被长柔毛，萼片三角形，全缘或有齿，内外两面均具柔毛；花瓣白色，近圆形或倒卵形，基部有短爪；雄蕊20，花药红色；花柱4～5，基部被茸毛。果实近球形或扁球形，红或黄色。花期5—6月，果期9—11月。

【生境与发生频率】生于丘陵果茶园中。发生频率：梨园0.07，茶园0.05。

328 寒莓 *Rubus buergeri* Miq.

【分类地位】蔷薇科

【形态特征】多年生直立或匍匐小灌木。茎常伏地生根，长出新株，匍匐枝长达2m，与花枝均密被茸毛状长柔毛，无刺或具稀疏小皮刺。单叶，卵形至近圆形，5～11cm，顶端圆钝或急尖，基部心形，上面微具柔毛，下面密被茸毛，沿叶脉具柔毛，同一枝上，往往嫩叶密被茸毛，老叶则下面仅具柔毛，5～7浅裂，裂片钝圆，有不整齐锐锯齿；基脉掌状5出，侧脉2～3对；叶柄密被茸毛状长柔毛，无刺或疏生针刺，托叶离生，早落，掌状或羽状深裂，具柔毛。顶生或腋生短总状花序，或花数朵簇生叶腋；花序轴和花梗密被茸毛状长柔毛，无刺或疏生针刺；苞片与托叶相似；花直径0.6～1cm；花萼密被淡黄色长柔毛和茸毛，萼片披针形或卵状披针形，果期常直立开展；花瓣倒卵形，白色；雄蕊多数，花丝无毛，花柱长于雄蕊。果近球形，直径0.6～1cm，成熟时紫黑色，无毛。花期7—8月，果期9—10月。

【生境与发生频率】生于丘陵果茶园中。发生频率：茶园0.09。

329　接骨草　*Sambucus javanica* Reinw. ex Blume

【分类地位】忍冬科

【形态特征】高大草本或亚灌木。茎髓部白色。羽状复叶的托叶叶状或成蓝色腺体；小叶2～3对，互生或对生，窄卵形，长6～13cm，嫩时上面被疏长柔毛，先端长渐尖，基部两侧不等，具细锯齿，近基部或中部以下边缘常有1或数枚腺齿；顶生小叶卵形或倒卵形，基部楔形，有时与第1对小叶相连，小叶无托叶，基部1对小叶有时有短柄。顶生复伞形花序，总花梗基部托以叶状总苞片，分枝3～5出，纤细，被黄色疏柔毛；杯形不孕性花宿存，可孕性花小；萼筒杯状，萼齿三角形；花冠白色，基部联合；花药黄或紫色；子房3室。果熟时红色，近圆形，径3～4mm；核2～3，卵圆形，有小疣状突起。花期4—5月，果期8—9月。

【生境与发生频率】生于各类果茶园中。发生频率：茶园0.05，橘园0.02。

330　水蛇麻　*Fatoua villosa* (Thunb.) Nakai

【分类地位】桑科

【形态特征】1年生草本。株高30～80cm，枝直立，纤细，少分枝或不分枝，幼时绿色后变黑色，微被长柔毛。叶膜质，卵圆形至宽卵圆形，长5～10cm，宽3～5cm，先端急尖，基部心形至楔形，边缘锯齿三角形，两面被粗糙贴伏柔毛，侧脉每边3～4条；叶片在基部稍下延成叶柄；叶柄被柔毛。花单性，腋生聚伞花序，直径约5mm；雄花钟形，花被裂片长约1mm，雄蕊伸出花被片外，与花被片对生；雌花花被片宽舟状，稍长于雄花被片，子房近扁球形，花柱侧生，丝状。瘦果略扁，具三棱，表面散生细小瘤体。种子1颗。花期5—10月，果期10—11月。

【生境与发生频率】生于丘陵果茶园中。发生频率：茶园0.09。

331 长尖莎草 *Cyperus cuspidatus* Kunth

【分类地位】莎草科

【形态特征】1年生草本。秆丛生，高1.5～15cm，较细，三棱状，平滑，具少数叶。叶短于秆，宽1～2mm，常折合；叶状苞片2～3，较窄，长于花序。长侧枝聚伞花序简单，辐射枝2～5，长达2cm；小穗5至多数排成折扇状，线形，长0.4～1.2cm，宽约1.5mm，具8～26朵花；鳞片较松覆瓦状排列，长圆形，先端近平截，具较长外弯的芒，长1～1.5mm，芒长为鳞片2/3，膜质，背面具龙骨状突起，绿色，两侧紫红或褐色，3脉；雄蕊3，花药短，椭圆形；花柱长，柱头3。小坚果长圆状倒卵形或长圆形，三棱状，长0.5～0.8mm，深褐色，密被疣状小突起。花果期6—9月。

【生境与发生频率】生于沙性土壤的农田中。发生频率：棉田0.03，稻田0.02。

332 穹隆薹草 *Carex gibba* Wahlenb.

【分类地位】莎草科

【形态特征】1年生草本。根状茎短，木质。秆丛生，高20～60cm，径1.5cm，直立，三棱形，基部老叶鞘褐色、纤维状。叶长于或等长于秆，宽3～4mm，柔软。苞片叶状，长于花序；小穗卵形或长圆形，长0.5～1.2mm，宽3～5mm，雌雄顺序，花密生；穗状花序上部小穗较接近，下部小穗疏离，基部1小穗有分枝，长3～8mm；雌花鳞片宽卵形或倒卵状圆形，长1.8～2mm，两侧白色膜质，中部绿色，3脉，先端芒长0.7～1mm。果囊宽卵形或倒卵形，平凸状，长3.2～3.5mm，宽约2mm，膜质，淡绿色，平滑，无脉，边缘具翅，上部边缘具不规则细齿，喙短、扁，喙口具2齿。小坚果紧包果囊中，近圆形，平凸状，长约2.2mm，宽约1.5mm，淡绿色；花柱基部增粗，圆锥状，柱头3。花果期4—8月。

【生境与发生频率】生于湿润的农田中。发生频率：棉田0.03，橘园0.02。

333　臭荠　*Coronopus didymus* (Linn.) J. E. Smith

【分类地位】十字花科

【形态特征】1年生或2年生匍匐草本。株高5～30cm，全体有臭味。主茎短且不明显，基部多分枝，无毛或有长单毛。叶为1回或2回羽状全裂，裂片3～5对，线形或窄长圆形，长4～8mm，宽0.5～1mm，顶端急尖，基部楔形，全缘，两面无毛；叶柄长5～8mm。花极小，直径约1mm，萼片具白色膜质边缘；花瓣白色，长圆形，比萼片稍长，或无花瓣；雄蕊通常2。短角果肾形，长约1.5mm，宽2～2.5mm，2裂，果瓣半球形，表面有粗糙皱纹，成熟时分离成2瓣。种子肾形，长约1mm，红棕色。花期3月，果期4—5月。

【生境与发生频率】生于平原旱地作物田中。发生频率：茶园0.07，油菜田0.04。

334　元宝草　*Hypericum sampsonii* Hance

【分类地位】藤黄科

【形态特征】多年生草本。叶披针形、长圆形或倒披针形，长2.5～7cm，宽1～3.5cm，先端钝或圆，基部合生，边缘密生黑色腺点，侧脉4对。伞房状花序顶生，多花组成圆柱状圆锥花序；花径0.6～1cm，基部杯状；花梗长2～3mm；萼片长圆形、长圆状匙形或长圆状线形，先端圆，边缘疏生黑色腺点；花瓣淡黄色，椭圆状长圆形，宿存，边缘具黑腺体；雄蕊3束，每束具雄蕊10～14，宿存；花柱3，基部分离。蒴果宽卵球形或卵球状圆锥形，长6～9mm，被黄褐色囊状腺体。花期5—6月，果期7—8月。

【生境与发生频率】生于新垦果茶园中。发生频率：茶园0.05，橘园0.02。

335 东亚魔芋 *Amorphophallus kiusianus* (Makino) Makino

【分类地位】天南星科

【形态特征】多年生草本。块茎扁球形，直径3～4cm，顶部下凹，边缘有圆锥形芽眼，具小球茎，光滑，浅绿色或绿色。叶柄长20～50cm，有灰色或淡绿色斑块；叶片3裂，Ⅰ次裂片长23cm，二歧分叉；Ⅱ次裂片羽状分裂，最后的裂片互生，披针形或倒卵状披针形，渐尖，基部极下延；Ⅰ次裂片上的基生裂片卵状披针形，无柄，不下延，长2～3cm，集合脉靠近边缘。鳞叶披针形，包住花序柄；花序柄长25～30（～50）cm，具粉绿色或灰色（江西、福建标本）斑块；佛焰苞长约12.5cm，宽4～5cm，直立，长圆状卵形，渐尖，内面白色，外面具斑块，边缘玫红色；肉穗花序长为佛焰苞的2倍，雌花序长2～3.5cm，雄花序长4cm；附属器长10～15cm，粗2.5cm，长圆锥状，基部稍增粗，草黄色或赭黄色。子房绿色，扁球形，花柱比子房短，柱头圆锥形，分裂。浆果倒卵圆形，长6～7mm。花期5—6月，果期7—8月。

【生境与发生频率】生于新垦果茶园中。发生频率：梨园0.07，橘园0.02。

336 狗脊 *Woodwardia japonica* (Linn. f.) Sm.

【分类地位】乌毛蕨科

【形态特征】多年生草本蕨类。植株高65～90cm。根状茎粗短，直立，密生红棕色披针形大鳞片。叶簇生；叶柄长30～50cm，深禾秆色，基部以上到叶轴有同样而较小的鳞片；叶片矩圆形，厚纸质，长40～60（～80）cm，宽24～35cm，仅羽轴下部有小鳞片，2回羽裂；下部羽片长11～15（～20）cm，宽2～3cm，向基部略变狭，羽裂1/2或略深；裂片三角形或三角状矩圆形（基部下侧的缩小成圆耳形），锐尖头，边缘具矮锯齿；叶脉网状，有网眼1～2行，网眼外的小脉分离，无内藏小脉。孢子囊群线形，生于主脉两侧相对的网脉上；囊群盖长肾形，革质，以外侧边着生网脉，开向主脉。

【生境与发生频率】生于各类果茶园中。发生频率：茶园0.05，橘园0.02。

337　黄毛楤木　*Aralia chinensis* L.

【分类地位】五加科

【形态特征】多年生直立灌木。高1～5m。茎皮灰色，有纵纹和裂隙；新枝密生黄棕色茸毛，有刺；刺短而直，基部稍膨大。叶为2回羽状复叶，长达1.2m；叶柄粗壮，长20～40cm，疏生细刺和黄棕色茸毛；托叶和叶柄基部合生，先端离生部分锥形，外面密生锈色茸毛；叶轴和羽片轴密生黄棕色茸毛；羽片有小叶7～13，基部有小叶1对；小叶片革质，卵形至长圆状卵形，长7～14cm，宽4～10cm，先端渐尖或尾尖，基部圆形，稀近心形，上面密生黄棕色茸毛，下面毛更密，边缘有细尖锯齿，侧脉6～8对，两面明显，网脉不明显；小叶无柄或有长达5mm的柄，顶生小叶柄长达5cm。圆锥花序大，分枝长达60cm，密生黄棕色茸毛，疏生细刺；伞形花序直径约2.5cm，有花30～50朵；总花梗长2～4cm；苞片线形，长0.8～1.5cm，外面密生茸毛；花梗长0.8～1.5cm，密生细毛；小苞片长3～4mm，宿存；花淡绿白色；萼无毛，长约2mm，边缘有5小齿；花瓣卵状三角形，长约2mm；雄蕊5，花药白色，花丝长2.5～3mm；子房5室；花柱5，基部合生，上部离生。果实球形，黑色，有5棱，直径约4mm。花期10月至翌年1月，果期12月至翌年2月。

【生境与发生频率】生于管理粗放的果茶园中。发生频率：茶园0.09。

 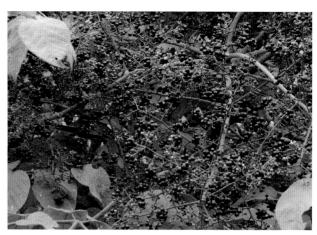

338　匍茎通泉草　*Mazus miquelii* Makino

【分类地位】玄参科

【形态特征】多年生草本。茎有直立茎和匍匐茎，直立茎倾斜上升，高10～15cm，匍匐茎花期发出，长15～20cm，着地部分节上生不定根。基生叶多数成莲座状，倒卵状匙形，有长柄，连柄长3～7cm，边缘具粗锯齿，有时近基部缺刻状羽裂；茎生叶在直立茎上的多互生，在匍匐茎上的多对生，具短柄，连柄长1.5～4cm，卵形或近圆形，宽不超过2cm，具疏锯齿。总状花序顶生伸长，花稀疏；花梗在下部的长达2cm，向上渐短；花萼钟状漏斗形，长0.7～1cm，萼齿与萼筒等长，披针状三角形；花冠紫或白色有紫斑，长1.5～2cm，上唇短而直，2裂，下唇中裂片较小，稍突出，倒卵状圆形。蒴果球形，稍伸出萼筒。花果期2—8月。

【生境与发生频率】生于低洼农田中。发生频率：梨园0.07，茶园0.05，橘园0.03。

339　腺毛阴行草　*Siphonostegia laeta* S. Moore

【分类地位】玄参科

【形态特征】1年生草本。植株高达60（～70）cm；干后稍黑色，全株密被腺毛。茎常单条；枝3～5对，细长柔弱。叶对生，柄长0.6～1cm；叶三角状长卵形，长1.5～2.5cm，宽0.8～1.5cm，亚掌状3深裂，裂片不等，中裂片较大，羽状浅裂。花对生，稀疏；苞片叶状；花无梗或具短梗；小苞片2；花萼筒长1～1.5cm，主脉(1)条较细，脉间不成沟，萼齿5，长为萼筒1/2～2/3；花冠长2.3～2.7cm，黄色，有时上唇背部微紫色，下唇褶襞非瓣状，密被长卷毛；雄蕊2强，花丝密被毛。蒴果长1.2～1.3cm，黑褐色，顶端稍有短突尖。种子多数，长1～1.5mm，黄褐色，长卵圆形。花期7—9月，果期9—10月。

【生境与发生频率】生于丘陵果茶园中。发生频率：茶园0.01。

340　紫萼蝴蝶草　*Torenia violacea* (Azaola) Pennell

【分类地位】玄参科

【形态特征】1年生草本。植株直立或多少外倾，高达35cm，自近基部起分枝。叶卵形或长卵形，先端渐尖，基部楔形或多少平截，长2～4cm，向上逐渐变小，边缘具稍带短尖的锯齿，两面疏被柔毛；叶柄长0.5～2cm。伞形花序顶生，或单花腋生，稀总状排列。花梗长约1.5cm，果期达3cm；花萼长圆状纺锤形，具5翅，长1.3～1.7cm，翅宽达2.5mm而稍带紫红色，基部圆，先端裂成5小齿；花冠淡黄或白色，长1.5～2.2cm，其超出萼齿部分仅2～7mm，上唇多少直立，近圆形，宽约6mm，下唇3裂片近相等，长约3mm，各有1枚蓝紫色斑块，中裂片中央有1黄色斑块；花丝不具附属物。花果期8—11月。

【生境与发生频率】生于新垦丘陵果茶园中。发生频率：茶园0.09。

341 冷水花 *Pilea notata* C. H. Wright

【分类地位】荨麻科

【形态特征】多年生草本。具匍匐茎，茎肉质，纤细，中部稍膨大，高25～70cm，粗2～4mm，无毛，密布条形钟乳体。叶纸质，同对的近等大，狭卵形、卵状披针形或卵形，长4～11cm，宽1.5～4.5cm，先端渐尖，基部圆形，边缘自下部至先端有浅锯齿，上面深绿，有光泽，下面浅绿色，钟乳体条形，两面密布，明显；基出脉3条，其侧出的2条弧曲，伸达上部与侧脉环结，侧脉8～13对，稍斜展呈网脉；叶柄纤细，常无毛；托叶大，带绿色，长圆形，脱落。花雌雄异株；雄花序聚伞总状；雌聚伞花序较短而密集；雄花具梗或近无梗，花被片绿黄色，4深裂，卵状长圆形，先端锐尖；雄蕊4；退化雌蕊小，圆锥状。瘦果小，圆卵形，顶端歪斜，熟时绿褐色，有明显刺状小疣点突起；宿存花被片3深裂，等大，卵状长圆形。花期6—9月，果期9—11月。

【生境与发生频率】生于潮湿的果茶园中。发生频率：橘园0.04。

342 金锦香 *Osbeckia chinensis* L.

【分类地位】野牡丹科

【形态特征】多年生直立草本或亚灌木。株高达60cm。茎四棱形，具紧贴糙伏毛。叶线形或线状披针形，稀卵状披针形，先端急尖，基部钝或近圆形，长2～4（～5）cm，全缘，两面被糙伏毛，基出脉3～5；叶柄短或几无，被糙伏毛。头状花序顶生，有2～8（～10）花，基部具叶状总苞2～6，苞片卵形；花4数；萼管常带红色，无毛或具1～5枚刺毛突起，裂片4，三角状披针形，与萼管等长，具缘毛，裂片间外缘具一刺毛状突起；花瓣4，淡紫红或粉红色，倒卵形，长约1cm，具缘毛；雄蕊常偏向一侧，花丝与花药等长，花药具长喙；子房近球形，无毛，顶端有16条刚毛。蒴果卵状球形，紫红色，先顶孔开裂，后4纵裂，宿存花萼坛状，长约6mm，外面无毛或具少数刺毛突起。花期7—9月，果期9—11月。

【生境与发生频率】生于新垦干旱的果茶园中。发生频率：茶园0.05。

343 萱草 *Hemerocallis fulva* (Linn.) Linn.

【分类地位】百合科

【形态特征】多年生草本。根状茎粗短,具肉质纤维根,多数膨大呈窄长纺锤形。叶基生成丛,条状披针形,长30～60cm,宽约2.5cm,背面被白粉。花茎粗壮,高60～100cm,螺壳状聚伞花序,再组成圆锥状,具花6～12朵或更多;苞片卵状披针形,花橘红色至橘黄色,无香味,具短花梗,花被长7～12cm,下部的2～4cm合生成花被管,外轮花被裂片3,矩圆状披针形,宽1.2～1.8cm,具平行脉,内轮裂片3,矩圆形,宽达2.5cm,具分枝的脉,中部具褐红色的色带,边缘波状褶皱,盛开时裂片反曲;雄蕊伸出,上弯,比花被裂片短,花柱伸出,上弯,比雄蕊长。蒴果矩圆形。花期6—7月,果期8月。

【生境与发生频率】生于丘陵果茶园中。发生频率:橘园0.02。

344 阔叶山麦冬 *Liriope muscari* (Decne.) L. H. Bailey

【分类地位】百合科

【形态特征】多年生草本。根细长,分枝多,有时局部膨大成纺锤形的小块根,小块根长达3.5cm,宽7～8mm,肉质。根状茎短,木质。叶密集成丛,革质,长25～65cm,宽1～3.5cm,先端急尖或钝,基部渐狭,具9～11脉,有明显的横脉,边缘几不粗糙。花葶通常长于叶,长45～100cm;总状花序长2～45cm;苞片卵状披针形,短于花梗,先端尾尖;花紫色或紫红色,4～8朵簇生于苞片内;花梗长4～5mm,关节位于其中部或中上部;花被片长圆形,长约3.5mm,先端钝;雄蕊着生于花被片的基部,花丝扁,花药长圆形,长1.5～2mm,与花丝近等长,顶端钝;花柱长约2mm,柱头较明显。种子近圆球形,小核果状,直径5～7mm。花期7—8月,果期9—10月。

【生境与发生频率】生于丘陵果茶园中。发生频率:橘园0.02。

345　多花黄精　*Polygonatum cyrtonema* Hua

【分类地位】百合科

【形态特征】多年生草本。根状茎肥厚，通常连珠状或结节成块，少有近圆柱形，直径1～2cm。茎高50～100cm，通常具10～15叶。叶互生，椭圆形、卵状披针形至矩圆状披针形，少有稍作镰状弯曲，长10～18cm，宽2～7cm，先端尖至渐尖。伞形花序通常具2～7花，下弯；总花梗长7～15mm；苞片线形，位于花梗的中下部，早落；花绿白色，近圆筒形，长15～20mm；花梗长7～15mm；花被筒基部收缩成短柄状，裂片宽卵形，长约3mm；雄蕊着生于花被筒的中部，花丝稍侧扁，被短绵毛，花药长圆形，长3.5～4mm；花柱不伸出花被之外。浆果直径约1cm，成熟时黑色。种子3～14粒。花期5—6月，果期8—10月。

【生境与发生频率】生于丘陵果茶园中。发生频率：橘园0.02。

346　油点草　*Tricyrtis macropoda* Miq.

【分类地位】百合科

【形态特征】多年生草本。株高可达1m。茎上部疏生或密生短的糙毛。叶卵状椭圆形、矩圆形至矩圆状披针形，长8～16cm，宽6～9cm，先端渐尖或急尖，两面疏生短糙伏毛，基部心形抱茎或圆形而近无柄，边缘具短糙毛。2歧聚伞花序顶生兼腋生，长12～25cm，总花梗至花梗均被淡褐色的短糙毛和短绵毛；花疏散；花梗长1.2～2.5cm；花被片绿白色或白色，内面散生紫红色斑点，长圆状披针形或倒卵状披针形，长约1.5cm，开放后中部以上向下反折，外轮花被片基部向下延伸呈囊状；雄蕊约等长于花被片，花丝下部靠合，中部以上向外弯曲；花柱圆柱形，柱头3裂，向外弯垂，每裂再二分枝，小裂片线形，密生颗粒状腺毛。蒴果长圆形，长2～3cm。种子扁卵形。花果期8—9月。

【生境与发生频率】生于丘陵果茶园中。发生频率：茶园0.07。

347 　**金爪儿**　*Lysimachia grammica* Hance

【分类地位】报春花科

【形态特征】多年生草本。全株密被淡黄色多节柔毛。茎自基部分枝成簇生状，膝曲直立，高10～35cm。下部叶对生，偶3叶轮生，上部叶则互生；叶片宽卵形或菱状卵形，稀三角状卵形，长0.7～3.8cm，宽0.8～2cm，先端急尖或短渐尖，基部宽楔形或截形，骤狭窄成0.4～1.2cm的翼柄，两面与花萼及花冠均密布长短不等的暗紫红色或黑色腺条，侧脉隐约不明。花单生茎上部叶腋；花梗纤细，长0.4～1.5cm，密被疏毛，有黑色腺条；花冠黄色，长6～9mm，筒部长0.5～1mm，裂片卵形或菱状卵圆形。蒴果径约4mm。花期4—5月，果期5—9月。

【生境与发生频率】生于丘陵果茶园中。发生频率：橘园0.02。

348 　**黑腺珍珠菜**　*Lysimachia heterogenea* Klatt

【分类地位】报春花科

【形态特征】多年生无毛草本。茎直立，高40～70cm，具明显4棱及狭翼，散生黑色偶棕红色短腺条，基部直径可达6mm。叶对生；基生叶宽椭圆形，长1～6cm，宽0.6～3.8cm，先端圆钝，基部下延成翼柄，花时常不存在，茎生叶披针形至椭圆状披针形，长2～10cm，宽1～3.2cm，先端急尖或稍钝，基部耳形抱茎，有时有短的翼柄，两面与苞片及花萼等密布黑色腺点。总状花序顶生；苞片叶状。花梗长3～5mm；花萼裂片线状披针形，长4～5mm，背面有黑色腺条和腺点；花冠白色，长约7mm，筒部长约2.5mm，裂片卵状长圆形；雄蕊与花冠近等长，花丝贴生至花冠中部，分离部分长约3mm；花药线形，长约1.5mm，药隔顶端具胼胝状尖头。蒴果径约3mm。花期5—7月，果期8—10月。

【生境与发生频率】生于湿润果茶园中。发生频率：橘园0.02。

349 **金疮小草** *Ajuga decumbens* Thunb.

【分类地位】唇形科

【形态特征】多年生草本。具短根茎。茎基部分枝成丛生状，伏卧，上部上升，高10～20cm，老茎有时呈紫绿色。基生叶少到多数，较大，花时常存在；茎生叶数对，叶片匙形、倒卵状披针形或倒披针形，长3～7.5cm，宽1.5～3cm，先端钝至圆形，基部渐狭，下延成翅柄，边缘具不整齐的波状圆齿，侧脉4～5对。穗状聚伞花序顶生，由多数轮伞花序密聚排列组成；花梗短，无毛；花冠紫色，具蓝色条纹，冠筒长为花萼的1倍或较长，外面被疏柔毛，内面被微柔毛，近基部具毛环。小坚果长圆状或卵状三棱形，背部具网状皱纹，腹部中间隆起，果脐大，几占整个腹面。花期4—8月，果期7—9月。

【生境与发生频率】生于丘陵果茶园中。发生频率：橘园0.02。

350 **紫花香薷** *Elsholtzia argyi* Lévl.

【分类地位】唇形科

【形态特征】多年生草本。茎直立，高20～80cm，紫色，被白色短柔毛。叶片卵形至宽卵形，长1.5～6cm，宽1～4cm，先端渐尖或短渐尖，基部宽楔形、圆形或截形，边缘具圆齿状锯齿，上面疏被柔毛，下面沿脉上被白色短柔毛，满布凹陷腺点，侧脉5～6对；叶柄长0.5～3cm，被白色柔毛；穗状花序长2～7cm，生于茎、枝顶端，偏向一侧，由具8花的轮伞花序组成；花梗长约1mm，与序轴被白色柔毛；花冠玫瑰红紫色，长约6mm，外面被白色柔毛，上部具腺点，冠筒向上渐宽，至喉部宽达2mm，冠檐二唇形，上唇直立，先端微缺，边缘被长柔毛，下唇稍开展，中裂片长圆形，先端通常具突尖，侧裂片弧形。小坚果长圆形，长约1mm，深棕色，外面具细微疣状突起。花果期9—11月。

【生境与发生频率】生于丘陵果茶园中。发生频率：橘园0.02。

351 宝盖草 *Lamium amplexicaule* Linn.

【分类地位】唇形科

【形态特征】1年生或2年生草本。株高30cm。茎基部多分枝，近无毛。叶圆形或肾形，长1～2cm，先端圆，基部平截或平截宽楔形，半抱茎，具深圆齿或近掌状分裂，两面疏被糙伏毛；上部叶无柄，下部叶具长柄。轮伞花序6～10花，近无梗，其中常有闭花授粉的花；小苞片披针形，有毛，花萼钟状，长5～6mm，萼齿披针状钻形，与萼筒近等长，均有长柔毛；花冠紫红色至粉红色，长1.2～1.8cm，外面除上唇有短毛外，余部及内面均无毛，花冠筒细长，直伸，内面无毛环，上唇直立，长圆形，长约4mm，先端钝，下唇稍长，中裂片倒心形，先端2裂；雄蕊内藏，花丝无毛，花药有毛；子房无毛。小坚果倒卵状三棱形，长约2mm，有白色疣状突起。花果期4—6月。

【生境与发生频率】生于管理粗放的旱地农田。发生频率：梨园0.02，油菜田0.02。

352 韩信草 *Scutellaria indica* L.

【分类地位】唇形科

【形态特征】多年生上升直立草本。茎高12～28cm，常带暗紫色，被微柔毛。叶具柄，心状卵形或卵状椭圆形，长1.5～2.6cm，宽1.2～2.3cm，两面被微柔毛或糙伏毛。顶生假总状花序长3～12cm，花偏向一侧，最下一对苞叶叶状，余细小，苞片状，长3～6mm；花梗长2～3mm；花萼长约2.5mm，果期增大，外面与花梗、花序轴均被微柔毛，盾片高约1.5mm，果期竖起，增大1倍；花冠蓝紫色，长14～20mm，外面疏被微柔毛，内面仅唇片被短柔毛，冠筒前方基部膝曲，向上渐宽大，下唇中裂片具紫色斑点。小坚果卵形，具瘤状小突起。花期4—5月，果期5—9月。

【生境与发生频率】生于丘陵果茶园中。发生频率：茶园0.05。

353 　**血见愁**　　*Teucrium viscidum* Bl.

【分类地位】唇形科

【形态特征】多年生草本。茎直立，高40～100cm，略呈四棱形，棱上疏被白色短毛或无毛，节稍膨大。叶对生；叶片卵形、椭圆形至椭圆状长形，长3～16cm，宽1.6～6.5cm，先端渐尖至尾尖，基部渐狭，下延至柄，边缘浅波状或具浅钝锯齿，上面疏被白色伏毛，两面有凸点状钟乳体；叶柄长0.5～6cm，无毛。轮伞花序具2花，密集成穗状花序，苞片披针形；花梗长1～2mm，密被腺长柔毛；花萼钟形，上唇3齿卵状三角形，下唇2齿三角形；花冠白、淡红或淡紫色，中裂片圆形，侧裂片卵状三角形；子房顶端被泡状毛。小坚果扁球形，长1.3mm，黄褐色。花期长江流域7—9月，广东及云南南部6—11月。

【生境与发生频率】生于丘陵果茶园中。发生频率：茶园0.05。

354 　**链荚豆**　　*Alysicarpus vaginalis* (L.) DC.

【分类地位】蝶形花科

【形态特征】多年生草本。茎平卧或上部直立，高30～90cm。叶仅有单小叶；叶柄长0.5～1.4cm，无毛；茎上部小叶通常为卵状长圆形、长圆状披针形或线状披针形，长3～6.5cm，下部小叶为心形、近圆形或卵形，长1～3cm，上面无毛，下面稍被短柔毛，侧脉4～5对。总状花序顶生或腋生，长1.5～3cm，有6～12朵花，在花序轴上成对着生，花序轴和花梗被短柔毛；苞片膜质，狭卵状披针形，与花萼近等长；花萼狭钟状，宿存，长约6mm，裂片披针形，较筒部长；花冠紫蓝色或紫红色，稍长于花萼，翼瓣和龙骨瓣均具长爪；子房无柄，被短柔毛。荚果扁圆柱形，长1.5～2.5cm，被短柔毛；荚节4～7，节间不收缩，但分界处有稍隆起的线环。

【生境与发生频率】生于赣中、赣南管理粗放的果茶园中。发生频率：橘园0.02。

355　千斤拔　*Flemingia prostrata* Roxb. f. ex Roxb.

【分类地位】蝶形花科

【形态特征】蔓性半灌木。幼枝密被灰褐色短柔毛。叶具掌状3小叶；托叶长1cm，基部宽阔，渐狭成一长尖，略被毛，具线纹，早落；小叶稍薄，宽披针形，长8～15cm，宽3.5～6cm，顶生小叶顶端渐尖，基部楔形，有基出脉3条，侧生小叶较小，偏斜，顶端渐尖，基部一侧圆形，他侧狭楔形，腹面近无毛或被短柔毛，背面沿脉上薄被紧贴的褐毛，基出脉2条；小叶柄短，长2～3mm。总状花序腋生，长2～2.5cm，除花冠外，各部均密被灰白色柔毛；花序梗短于叶柄；苞片卵状披针形；花密生；花萼裂片披针形，下面1枚裂片最长，密生腺点；花冠紫红色，稍长于萼或与萼近等长，旗瓣长圆形，具短瓣柄，瓣片基部两侧各具1短耳，翼瓣短于旗瓣，龙骨瓣与旗瓣近等长，均具瓣柄及耳；子房被毛。荚果椭圆形，长7～8mm，被短柔毛，有2粒种子。花、果期夏秋季。

【生境与发生频率】生于较干旱的果茶园中。发生频率：橘园0.02。

356　草木樨　*Melilotus officinalis* (L.) Lam.

【分类地位】蝶形花科

【形态特征】2年生草本。株高40～100（～250）cm。茎直立，粗壮，多分枝，具纵棱，微被柔毛。羽状三出复叶；托叶镰状线形，长3～5（～7）mm，中央有1条脉纹，全缘或基部有1尖齿；叶柄细长；小叶倒卵形、阔卵形、倒披针形至线形，长15～25（～30）mm，宽5～15mm，先端钝圆或截形，基部阔楔形，边缘具不整齐疏浅齿，上面无毛，粗糙，下面散生短柔毛，侧脉8～12对，平行直达齿尖，两面均不隆起，顶生小叶稍大，具较长的小叶柄，侧小叶的小叶柄短。总状花序腋生，长4～10cm；花梗长1.5～2mm，下弯；苞片线形，略短于花梗；花萼长1.5～2.5mm，萼齿5，披针形，与萼筒近等长，疏被毛；花冠黄色，旗瓣近长圆形，长4～6mm，较翼瓣长或近等长，翼瓣与龙骨瓣具耳及细长瓣柄。荚果卵形，长3～5mm，宽约2mm，先端具宿存花柱，表面具凹凸不平的横向细网纹，棕黑色，有种子1～2粒。种子卵形，长2.5mm，黄褐色，平滑。花期5—9月，果期6—10月。

【生境与发生频率】生于各类果茶园中。发生频率：茶园0.05。

357 **河北木蓝** *Indigofera bungeana* Walp.

【分类地位】蝶形花科

【形态特征】直立灌木。株高40～100cm。茎褐色，圆柱形，有皮孔，枝银灰色，被灰白色丁字毛。羽状复叶长3.5～5.5cm；小叶7～11，椭圆形、倒卵形或倒卵状椭圆形，长1～2.5cm，宽5～10mm，先端圆或微凹，有短尖，基部宽楔形，全缘，两面均被白色丁字毛；叶柄、小叶柄散被丁字毛；小叶柄长0.5mm；小托叶与小叶柄近等长或不明显。总状花序腋生，长4～6cm；总花梗较叶柄短；苞片线形，长约1.5mm；花梗长约1mm；花萼长约2mm，外面被白色丁字毛，萼齿近相等，三角状披针形，与萼筒近等长；花冠紫色或紫红色，旗瓣阔倒卵形，长达5mm，外面被丁字毛，翼瓣与龙骨瓣等长，龙骨瓣有距；花药圆球形，先端具小凸尖；子房线形，被疏毛。荚果褐色，线状圆柱形，长不超过2.5cm，被白色丁字毛，种子间有横隔，内果皮有紫红色斑点。种子椭圆形。花期5—6月，果期8—10月。

【生境与发生频率】生于新垦果茶园中。发生频率：橘园0.02。

358 **田菁** *Sesbania cannabina* (Retz.) Poir.

【分类地位】蝶形花科

【形态特征】1年生亚灌木状草本。株高2～3.5m。茎绿色，有时带褐红色，微被白粉。小枝疏生白色绢毛，叶轴及花序轴均无皮刺。偶数羽状复叶有小叶20～30对，小叶线状长圆形，长0.8～2cm，宽2.5～4mm，先端钝或平截，基部圆，两侧不对称，两面被紫褐色小腺点，幼时下面疏生绢毛；小托叶钻形，宿存。总状花序腋生，疏生2～6花；花萼钟状，萼齿5，近三角形，短于萼筒，无毛；花冠黄色，长1～1.5cm，旗瓣常有紫斑，扁圆形，长稍短于宽，有瓣柄，翼瓣与龙骨瓣均有耳及瓣柄，雄蕊二体，花药同形；子房线形，无毛，花柱内弯。荚果极细长，细圆柱形，长15～18cm，径2～3mm，2瓣开裂，有多数种子。种子黑褐色，长圆形，长约3mm，径约1.5mm。花果期7—12月。

【生境与发生频率】生于管理粗放的旱地作物田中。发生频率：橘园0.02。

359　四籽野豌豆　*Vicia tetrasperma* (L.) Schreb.

【分类地位】蝶形花科

【形态特征】1年生缠绕草本。株高20～60cm。茎纤细柔软，有棱，多分枝，被微柔毛。偶数羽状复叶有6～12小叶；叶轴顶端有分枝卷须；托叶半箭头形，长4～5mm；小叶片线形或线状长圆形，长4～5mm，宽2～4mm，先端圆钝，具小尖头，基部楔形，上面无毛，下面疏生毛。总状花序长约3cm，有1～2花，花甚小，长约6mm；花萼斜钟状，长约0.3cm，萼齿圆三角形；花冠淡蓝色，或带蓝或紫白色，旗瓣长圆状倒卵形，翼瓣与龙骨瓣近等长；子房长圆形，有柄，胚珠4，花柱上部四周被毛。荚果长圆形，长0.8～1.2cm，棕黄色，近革质，具网纹。种子4，扁圆形，褐色。花期3—6月，果期6—8月。

【生境与发生频率】生于管理粗放的旱地农田中。发生频率：橘园0.02。

360　贼小豆　*Vigna minima* (Roxb.) Ohwi et Ohashi

【分类地位】蝶形花科

【形态特征】1年生缠绕草本。茎纤细，无毛或被疏毛。羽状复叶具3小叶；托叶披针形，长约4mm，盾状着生，被疏硬毛；小叶的形状和大小变化颇大，卵形、卵状披针形、披针形或线形，长2.5～7cm，宽0.8～3cm，先端急尖或钝，基部圆形或宽楔形，两面近无毛或被极稀疏的糙伏毛。总状花序腋生，柔弱，总花梗远长于叶柄，花少而疏，介于两花之间有一长圆形的腺体；小苞片披针形，与萼等长或较短，稍被毛；花萼斜钟形，具5齿，上面2个合生，下面1个较长，边缘具毛；花冠黄色，长约1cm；旗瓣扁圆形或近肾形，极外弯，下部有一角状突起，有短爪及耳，翼瓣倒卵形，龙骨瓣卷曲，具爪；雄蕊2组，子房疏生短柔毛，花柱顶端内面有黄色髯毛。荚果线状圆柱形，稍扁，微被柔毛或近无毛，长约5cm，宽3～6mm，绿色至暗灰绿色，含种子10粒，开裂。种子椭圆形，长约4mm，宽约2.5mm，褐红色；种脐线形，白色。花果期8—10月。

【生境与发生频率】生于管理粗放的果茶园中。发生频率：茶园0.05。

361 **南烛** *Vaccinium bracteatum* Thunb.

【分类地位】杜鹃花科

【形态特征】常绿灌木或小乔木。枝无毛。叶近革质，通常卵形或椭圆形，长5～15cm，宽2～4.5cm，顶端短渐尖，基部通常圆形，全缘，上面亮绿色，几无毛，下面淡绿色，密被微柔毛，侧脉在下面明显；叶柄长4～10mm，被微柔毛。总状花序长4～10cm，多花，序轴密被柔毛；苞片披针形，长0.5～2cm，边缘有齿，小苞片2，长1～3mm；花梗长1～4mm，连同萼筒密被柔毛，稀近无毛，萼齿短小；花冠白色，筒状，长5～7mm，密被柔毛，裂片短小，外折；雄蕊内藏，药室背部无距，药管长为药室2～2.5倍。浆果紫黑色，径5～8mm，被毛。花期6—7月，果期8—10月。

【生境与发生频率】生于丘陵果茶园中。发生频率：茶园0.05。

362 **蝙蝠葛** *Menispermum dauricum* DC.

【分类地位】防己科

【形态特征】草质藤本。根茎直生，茎自近顶部侧芽生出。1年生茎纤细，无毛。单叶，互生，纸质，肾状圆形或心状圆形，长6～14cm，宽7～16cm，先端渐尖，基部近截形或浅心形，边近全缘或3～7浅裂，雄株有时深裂至中部，裂片尖或钝，上面绿色，无毛，下面灰绿色，无毛或有时脉上有细毛，掌状脉5～7；叶柄盾状着生，长4～15cm，无毛。圆锥花序单生或双生，花序梗细长，具花数朵至20余朵。花梗长0.5～1cm，雄花萼片4～8，膜质，绿黄色，倒披针形或倒卵状椭圆形，长1.4～3.5mm，外轮至内轮渐大，花瓣6～8，肉质，兜状，具短爪，长1.5～2.5mm；雄蕊常12，长1.5～3mm；雌花具退化雄蕊6～12，长约1mm，雌蕊群具柄，长0.5～1mm。核果紫黑色；果核径约1cm，基部弯缺深约3mm。花期6—7月，果期8—9月。

【生境与发生频率】生于管理粗放的果茶园中。发生频率：橘园0.02。

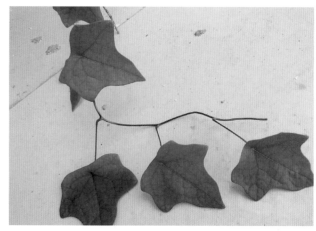

363 粪箕笃 *Stephania longa* Lour.

【分类地位】防己科

【形态特征】草质藤本。藤蔓长达4m，除花序外全株无毛。枝纤细，具纵纹。叶三角状卵形，长3～9cm，先端钝，具小凸尖，基部近平截或微圆，稀微凹，无毛，下面淡绿色，有时粉绿色，掌状脉10～11；叶柄长1～4.5cm，基部常扭曲。雄花序柔弱，伞形至聚伞形；总花梗长1～3cm，具3～9分枝，长短不一，被微柔毛或无毛；雄花：萼片8，近楔形，长约1mm，花瓣4，近圆形，直径约4mm；聚药雄蕊长约0.6mm；雌花序较粗壮，具5～10分枝；雌花：萼片4，长约0.6mm；花瓣4，阔倒卵形，与萼片近等长。核果成熟时红色，长5～6mm，宽4～5mm，两侧压扁，胎座迹在内果皮两侧穿孔。花期4—8月，果期5—9月。

【生境与发生频率】生于赣南管理粗放的果茶园中。发生频率：橘园0.02。

364 小叶海金沙 *Lygodium microphyllum* (Cav.) R. Br.

【分类地位】海金沙科

【形态特征】攀援蕨类植物。根状茎横走，有毛而无鳞片。叶2回羽状；叶轴长2～5m，每隔7～9cm有长2～4mm的短距一枚；距的顶端密生红棕色毛，两侧各有1羽片；羽片1回羽状，二型；不育羽片羽状长圆形，有互生小羽片8～11枚；小羽片卵状三角形、阔披针形或长圆形，有长约3mm的小柄，柄顶端有关节，基部心形，近平截或圆形，先端钝，边缘有钝锯齿或近全缘，薄草质；叶脉三出，小脉2至3回分叉；能育羽片与不育羽片同形，生于叶轴上部；孢子囊穗排列在能育羽片的边缘，长3～5mm。

【生境与发生频率】生于赣南果茶园中。发生频率：橘园0.02。

365 **扁穗雀麦** *Bromus catharticus* Vahl.

【分类地位】禾本科

【形态特征】1年生草本。须根细弱。秆直，丛生，高达100cm。叶鞘被柔毛或无毛；叶舌膜质，长2～3mm；叶片线状披针形，长达40cm，宽4～7cm。圆锥花序开展，长约20cm；分枝长约10cm，粗糙，具1～3小穗；小穗两侧扁，具6～11小花，长1.5～3cm，宽0.8～1cm；小穗轴节间长约2mm，粗糙；颖窄披针形，第1颖长1～1.2cm，7脉，第2颖稍长，7～11脉；外稃长1.5～2cm，11脉，沿脉粗糙，先端具芒尖，基盘钝圆，无毛；内稃窄小，长约为外稃1/2，两脊生纤毛；雄蕊3，花药长0.3～0.6mm。颖果长7～8mm，顶端具毛茸。花果期5月和9月。

【生境与发生频率】生于管理粗放的果茶园中。发生频率：橘园0.02。

366 **雀麦** *Bromus japonicus* Thunb.

【分类地位】禾本科

【形态特征】1年生草本。须根细而稠密。秆直立丛生，高30～100cm。叶鞘紧密抱茎，被白色柔毛；叶舌透明膜质，长1.5～2mm，先端有不规则的裂齿；叶片长5～30cm，宽2～8mm，两面有毛或有时下面无毛。圆锥花序疏展，长20～30cm，具2～8分枝；小穗密生7～11小花；颖近等长，脊粗糙，边缘膜质，第1颖具3～5脉，第2颖具7～9脉；外稃椭圆形，顶端钝三角形，芒自先端下部伸出，长5～10mm；内稃长7mm，两脊疏生细纤毛。颖果长圆状椭圆形。花果期5—7月。

【生境与发生频率】生于各类旱地作物田中。发生频率：橘园0.02。

367 野青茅 *Deyeuxia pyramidalis* (Host) Veldkamp

【分类地位】禾本科

【形态特征】多年生草本。秆直立，其节膝曲，丛生，基部具被鳞片的芽，高50～60cm，平滑。叶鞘疏松包秆，无毛或鞘颈具柔毛。叶舌膜质，长2～5mm，顶端常撕裂；叶片平展或内卷，长5～25cm，宽2～7mm，无毛，两面粗糙。圆锥花序紧缩似穗状，长6～10cm，分枝3或数枚簇生；小穗草黄色或带紫色；颖片披针形，先端尖，稍粗糙；外稃稍粗糙，顶端具微齿裂；基盘两侧的柔毛长为稃体之1/5～1/3，芒自外稃近基部或下部1/5处伸出，长7～8mm，近中部膝曲，芒柱扭转；内稃近等长或稍短于外稃。花果期6—9月。

【生境与发生频率】生于丘陵果茶园中。发生频率：茶园0.05。

368 鹅观草 *Elymus kamoji* (Ohwi) S. L. Chen

【分类地位】禾本科

【形态特征】多年生草本。秆直立或基部倾斜，高30～100cm。叶鞘外侧边缘常具纤毛；叶片扁平，长5～40cm，宽3～13mm。穗状花序长7～20cm，弯曲或下垂；小穗绿色或带紫色，含3～10小花；颖卵状披针形至长圆状披针形，先端锐尖至具短芒（长2～7mm），边缘为宽膜质，第1颖长4～6mm，第2颖长5～9mm；外稃披针形，具有较宽的膜质边缘，上部具明显的5脉；第1外稃先端延伸成芒，芒粗糙，长20～40mm；内稃约与外稃等长，先端钝头，脊显著具翼，翼缘具有细小纤毛。花果期4—7月。

【生境与发生频率】生于管理粗放的各类旱地作物田及田埂。发生频率：橘园0.02。

369 大画眉草 *Eragrostis cilianensis* (All.) Janch.

【分类地位】禾本科

【形态特征】1年生草本。秆粗，高30～90cm，径3～5mm，3～5节，节下有1圈腺体。叶鞘脉上有腺体，鞘口具长柔毛；叶舌为1圈成束短毛；叶线形，长6～20cm，宽2～6mm，无毛，叶脉及叶缘有腺点。圆锥花序长圆形或尖塔形，长5～20cm；分枝粗，单生；小枝及小穗柄有腺点；小穗铅绿、淡绿或乳白色，长0.5～2cm，宽2～3mm，有5～40小花；颖近等长，约2mm，具1脉或第2颖具3脉，脊有腺点；外稃宽卵形，侧脉明显，主脉有腺点，第1外稃长约2.5mm，宽约1mm；内稃宿存，稍短于外稃，脊具纤毛；雄蕊3，花药长约0.5mm。颖果近圆形，径约0.7mm。花果期7—10月。

【生境与发生频率】生于管理粗放的果茶园中。发生频率：橘园0.02。

370 鲫鱼草 *Eragrostis tenella* (Linn.) Beauv. ex Roem. et Schult.

【分类地位】禾本科

【形态特征】1年生草本。秆纤细，直立或基部膝曲或匍匐状，高15～60cm，3～4节。叶鞘短于节间，鞘口及边缘疏生长柔毛，叶舌为1圈短纤毛；叶扁平，长2～10cm，宽3～5mm，下面无毛，上面粗糙。圆锥花序开展；分枝单生或簇生，腋间有长柔毛；小枝和小穗柄具腺点；小穗卵圆形或长圆状卵圆形，长约2mm，有4～10小花，成熟后自上而下逐节断落；颖膜质，1脉，第1颖长约0.8mm，第2颖长约1mm；外稃有紧靠边缘的侧脉，先端钝，第1外稃长约1mm；内稃沿脊被长纤毛；雄蕊3，花药长约0.3mm。颖果红色，长圆形，长0.5mm。花果期4—8月。

【生境与发生频率】生于路边荒地和田埂。发生频率：橘园0.02。

371 **高羊茅** *Festuca elata* Keng ex E. Alexeev

【分类地位】禾本科

【形态特征】多年生草本。无根状茎。秆疏丛或单生，高0.9～1.2m，径2～2.5mm，3～4节。叶鞘光滑，具纵纹；叶舌膜质，平截，长2～4mm；叶片长10～20cm，宽3～7mm；叶横切面具维管束11～23，具泡状细胞，厚壁组织与维管束相对，上、下表皮内均有。圆锥花序长20～28cm；分枝单生，长达15cm，近基部分出小枝或小穗；侧生小穗柄长1～2mm；小穗长0.7～1cm，具2～3花；颖片披针形，第1颖具1脉，长2～3mm，第2颖具3脉，长4～5mm；外稃椭圆状披针形，平滑，5脉，间脉常不明显，先端膜质2裂，芒长0.7～1.2cm，细弱，先端曲，第1外稃长7～8mm；内稃与外稃近等长，先端2裂，两脊近平滑。颖果长约4mm，顶端有毛茸。花果期4—8月。

【生境与发生频率】生于新开垦旱作物田中。发生频率：橘园0.02。

372 **多花黑麦草** *Lolium multiflorum* Lamk.

【分类地位】禾本科

【形态特征】1年生草本，越年生或短期多年生。秆高0.5～1.3m，4～5节。叶鞘疏散；叶舌长达4mm，有时具叶耳；叶片长10～20cm，宽3～8mm。穗形总状花序长15～30cm，宽5～8mm；穗轴柔软，节间长1～1.5cm，无毛；小穗具10～15小花，长1～1.8cm，宽3～5mm；小穗轴节间长约1mm，无毛；颖披针形，5～7脉，长5～8mm，具窄膜质边缘，先端钝，通常与第1小花等长；外稃长约6mm，5脉，芒长5(～15)mm，或上部小花无芒；内稃约与外稃等长。颖果长圆形，长为宽的3倍。花果期7—8月。

【生境与发生频率】生于管理粗放的旱作物田中。发生频率：橘园0.02。

373 　　**类芦**　　*Neyraudia reynaudiana* (Kunth) Keng

【分类地位】禾本科

【形态特征】多年生草本。根茎木质，须根粗而坚硬。秆直立，高2～3m，径0.5～1cm，通常节具分枝，节间被白粉。叶鞘无毛，沿颈部具柔毛；叶舌密生柔毛；叶片长30～60cm，扁平或卷折，先端长渐尖，无毛或上面生柔毛。圆锥花序长30～60cm，分枝细长，开展或下垂；小穗长6～8mm，具5～8小花，第1外稃不孕，无毛；颖片长2～3mm；外稃长约4mm，具长1～2mm反曲短芒；内稃短于外稃。花果期8～12月。

【生境与发生频率】生于赣中、赣南新开垦果茶园中。发生频率：橘园0.02。

374 　　**圆果雀稗**　　*Paspalum scrobiculatum* var. *orbiculare* (G. Forst.) Hack.

【分类地位】禾本科

【形态特征】多年生草本。秆直立，丛生，高30～90cm。叶鞘长于其节间，无毛；叶舌长约1.5mm；叶片长披针形至线形，长10～20cm，大多无毛。总状花序长3～8cm，2～10枚排列于主轴上，分枝腋间有长柔毛；小穗椭圆形或倒卵形，单生于穗轴一侧，覆瓦状排列成2行；第2颖与第1外稃等长，具3脉，顶端稍尖；第2外稃等长于小穗，成熟后褐色，革质，有光泽，具细点状粗糙。花果期6—11月。

【生境与发生频率】生于低洼地及田埂。发生频率：橘园0.02。

375 金丝草 *Pogonatherum crinitum* (Thunb.) Kunth

【分类地位】禾本科

【形态特征】多年生草本。秆丛生，直立或基部稍倾斜，高10～30cm。叶鞘短于或长于节间，叶舌短；叶片条形，长1.5～5cm。穗形总状花序单生于秆顶，乳黄色，穗轴逐节断落；小穗成对，均结实；有柄小穗较小；无柄小穗长约2mm，仅含1两性小花；第1颖边缘扁平无脊，顶端截形并有纤毛；第2颖具细长而弯曲的芒；第2小花外稃的裂齿间伸出一弯曲、长18～24mm的芒；雄蕊1枚。颖果卵状长圆形。花果期5—9月。

【生境与发生频率】生于丘陵果茶园中。发生频率：橘园0.02。

376 筒轴茅 *Rottboellia cochinchinensis* (Lour.) Clayton

【分类地位】禾本科

【形态特征】1年生草本。秆直立，高可达2m，无毛。叶鞘具硬刺毛或无毛；叶舌具纤毛；叶片线形，长可达50cm，中脉粗壮。总状花序粗壮直立，上部渐尖；总状花序轴节间肥厚，易逐节断落；无柄小穗嵌生于凹穴中，第1颖质厚，卵形；第2颖质较薄，舟形；第1小花雄性，约与小穗等长；第2小花两性；外稃宽卵形，内稃狭长圆形，等长于外稃。颖果长圆状卵形。花果期秋季。

【生境与发生频率】生于管理粗放的果茶园中。发生频率：橘园0.02。

377 棕叶狗尾草 *Setaria palmifolia* (Koen.) Stapf

【分类地位】禾本科

【形态特征】多年生草本。株高1～1.5m。秆直立或基部稍膝曲，具支柱根。叶鞘松弛，具密或疏疣毛；叶舌具纤毛；叶片纺锤状宽披针形，长20～40cm，有纵皱褶。圆锥花序主轴延伸甚长，呈开展或稍狭窄的塔形；小穗卵状披针形，紧密或稀疏排列于小枝的一侧，成熟小穗不易脱落。颖果卵状披针形。花果期8—12月。

【生境与发生频率】生于管理粗放的果茶园中。发生频率：橘园0.02。

378 苏丹草 *Sorghum sudanense* (Piper) Stapf

【分类地位】禾本科

【形态特征】1年生草本。秆较细，高1～2.5m。叶鞘无毛，或基部及鞘口具柔毛；叶舌硬膜质，棕褐色，顶端具毛；叶片线形或线状披针形，长15～30cm，两面无毛。圆锥花序狭长卵形至塔形，较疏松；无柄小穗长椭圆形；第1颖纸质，具11～13脉，第2颖背部圆凸，具5～7脉；第1外稃椭圆状披针形；第2外稃卵形或卵状椭圆形，顶端具裂缝，自裂缝间伸出长10～16mm的芒。颖果倒卵形。花果期7—9月。

【生境与发生频率】生于管理粗放的果茶园中。发生频率：橘园0.02。

379 苞子草 *Themeda caudata* (Nees ex Hook. & Arn.) A.Camus

【分类地位】禾本科

【形态特征】多年生簇生草本。秆粗壮，高1～3m，下部直径0.5～1cm或更粗，扁圆形或圆形而有棱，黄绿色或红褐色，光滑，有光泽。叶鞘在秆基套叠，平滑，具脊；叶舌圆截形，有睫毛，长约1mm；叶片线形，长20～80cm，宽0.5～1cm，中脉明显，背面疏生柔毛，基部近圆形，顶端渐尖，边缘粗糙。大型伪圆锥花序，多回复出，由带佛焰苞的总状花序组成，佛焰苞长2.5～5cm；总花梗长1～2cm；总状花序由9～11小穗组成，总苞状2对小穗不着生在同一水平面，总苞状小穗线状披针形，长1.2～1.5cm，第1颖背部通常无毛；无柄小穗圆柱形，长9～11mm，颖背部常密被金黄色柔毛或成熟时逐渐脱落，第1颖革质，几全包被同质的第2颖；第1外稃披针形，边缘具睫毛或流苏状；第2外稃退化为芒基，芒长2～8cm，1～2回膝曲，芒柱粗壮而旋扭，其内稃长圆形，长约2mm。有柄小穗形似总苞状小穗，且同为雄性或中性。颖果长圆形，坚硬，长约5mm。花果期7—12月。

【生境与发生频率】生于新开垦的果茶园中。发生频率：橘园0.02。

380 菅 *Themeda villosa* (Poir.) A. Camus

【分类地位】禾本科

【形态特征】多年生草本。秆粗壮，多簇生，高1～2m或更高。叶鞘光滑无毛，叶舌膜质；叶片线形。多回复出的大型伪圆锥花序，由具佛焰苞的总状花序组成；总状花序具总花梗，每总状花序由9～11小穗组成；总苞状2对小穗披针形；颖草质，第1颖狭披针形，具13脉，第2颖5脉；外稃透明，边缘具睫毛；内稃较短，透明，卵状；雄蕊3；无柄小穗基盘密具硬粗毛和褐色短毛；颖硬革质，第1颖长圆状披针形，具7～8脉，第2颖狭披针形，具3脉；第1小花不孕，外稃透明，内稃小；第2小花两性，外稃狭披针形。颖果成熟时栗褐色。花果期8月至翌年1月。

【生境与发生频率】生于新开垦的果茶园中。发生频率：橘园0.02。

| **381** | **尾稃草** | *Urochloa reptans* (Linn.) Stapf |

【分类地位】禾本科

【形态特征】1年生草本。秆纤细，下部横卧地面，节处生根，向上斜升，高15～50cm。叶鞘短于节间，无毛；叶舌极短小；叶片卵状披针形，长2～6cm，无毛或疏生短硬毛。圆锥花序由3～6枚总状花序组成；主轴具疣毛，棱边粗糙；小穗卵状椭圆形，孪生，一具长柄，一具短柄，柄疏生白色长刺毛；第1颖短小，先端钝、平截或中间凹；第2颖与小穗等长，具7～9脉；第1外稃与第2颖同形同质，具5脉，内稃膜质；第2外稃椭圆形，边缘稍内卷。花果期7—9月。

【生境与发生频率】生于管理粗放的果茶园中。发生频率：橘园0.02。

| **382** | **绞股蓝** | *Gynostemma pentaphyllum* (Thunb.) Makino |

【分类地位】葫芦科

【形态特征】多年生草质攀援藤本。鸟足状复叶，具5～7小叶，小叶膜质或纸质，卵状长圆形或披针形，中央小叶具波状齿或圆齿状牙齿，小叶柄略叉开，卷须2歧。雌雄异株，圆锥花序，雄花序较大，具钻状小苞片，花萼5裂，裂片三角形，花冠淡绿或白色，5深裂；雄花雄蕊5，花丝短而合生。果球形，成熟后黑色。种子卵状心形。花期3—11月，果期4—12月。

【生境与发生频率】生于丘陵果茶园中。发生频率：橘园0.02。

383 **葫芦藓** *Funaria hygrometrica* Hedw.

【分类地位】葫芦藓科

【形态特征】苔藓类植物。无根，有茎、叶。植物体矮小，淡绿色，直立，高1～3cm。茎单一或从基部稀疏分枝。叶簇生茎顶，长舌形，叶端渐尖，全缘；中肋粗壮，消失于叶尖之下，叶细胞近于长方形，壁薄。雌雄同株异苞，雄苞顶生，花蕾状；雌苞则生于雄苞下的短侧枝上；蒴柄细长，黄褐色，长2～5cm，上部弯曲，孢蒴弯梨形，不对称，干时有纵沟槽；蒴齿两层；蒴帽兜形，具长喙，形似葫芦瓢状。孢子具疣。

【生境与发生频率】生于低洼潮湿的果茶园中。发生频率：茶园0.05。

384 **白花堇菜** *Viola lactiflora* Nakai

【分类地位】堇菜科

【形态特征】多年生草本。无地上茎，高10～18cm，茎稍粗，直立或斜升。叶基生，舌状三角形或长圆形，长2～5cm，先端钝，基部浅心形或截形，具圆齿，两面无毛；叶柄长1～6cm，无翅，托叶近膜质，中部以上与叶柄合生，离生部分线状披针形。花白色，长1.5～2cm；萼片披针形或宽披针形，基部附属物短，末端平截；花瓣倒卵形，侧瓣内面基部有须毛，下瓣较宽，具筒状距。蒴果椭圆形。花期春季，果期春末。

【生境与发生频率】生于湿润的果茶园中。发生频率：茶园0.05。

385 紫背堇菜 *Viola violacea* Makino

【分类地位】 堇菜科

【形态特征】 多年生草本。地上茎高约20cm。叶片三角状心形或近圆心形。花由茎基或茎生叶的腋部抽出；萼片披针形，基部附属物半圆形；花瓣淡紫色，有棕色腺点，距长囊状，直或略弯；蒴果椭圆形，有棕色腺点。花期4月。

【生境与发生频率】 生于丘陵果茶园中。发生频率：茶园0.05。

386 桔梗 *Platycodon grandiflorus* (Jacq.) A. DC.

【分类地位】 桔梗科

【形态特征】 多年生草本。茎直立，高20～120cm，通常无毛。叶轮生、部分轮生至全部互生，无柄或有极短的柄，卵形、卵状椭圆形或披针形，长2～7cm，基部宽楔形或圆钝，先端急尖，边缘具细锯齿。花单朵顶生，或数朵集成假总状花序，或有花序分枝而集成圆锥花序；花萼筒部半圆球状或圆球状倒锥形，被白粉；花冠漏斗状钟形，蓝或紫色。蒴果球状、球状倒圆锥形或倒卵圆形。花果期7—10月。

【生境与发生频率】 生于管理粗放的果茶园中。发生频率：梨园0.07。

387　　**鱼眼草**　　*Dichrocephala integrifolia* (L. f.) Kuntze

【分类地位】菊科

【形态特征】1年生草本。茎直立或散铺，高12～50cm。叶互生，卵形、椭圆形或披针形；中部茎生叶长3～12cm，大头羽裂，顶裂片宽大，侧裂片1～2对，基部渐窄成具翅柄；向上、向下叶渐小；全部叶边缘有重粗锯齿或缺刻状，叶两面疏被柔毛。头状花序球形，径3～5mm，在枝端或茎顶排成伞房状花序或伞房状圆锥花序；总苞片1～2层；外围雌花多层，紫色，花冠线形，顶端通常2齿；中央两性花黄绿色。瘦果倒披针形，边缘脉状加厚，无冠毛，或两性花瘦果顶端有1～2细毛状冠毛。花果期全年。

【生境与发生频率】生于赣中、赣南果茶园中。发生频率：茶园0.05。

388　　**地胆草**　　*Elephantopus scaber* L.

【分类地位】菊科

【形态特征】多年生草本。茎高20～60cm，二歧分枝，密被白色贴生长硬毛。基生叶花期生存，莲座状、匙形或倒披针状匙形；茎生叶少而小，倒披针形或长圆状披针形。头状花序在枝端束生成球状复头状花序；总苞片绿色或上端紫红色，长圆状披针形，先端具刺尖；花淡紫或粉红色。瘦果长圆状线形，被柔毛；冠毛污白色。花期7—11月，果期11月至翌年2月。

【生境与发生频率】生于赣中、赣南果茶园中。发生频率：橘园0.02。

389 **香丝草** *Erigeron bonariensis* L.

【分类地位】菊科

【形态特征】1年生或2年生草本。茎直立或斜升，高20～50cm。下部叶倒披针形或长圆状披针形，基部渐窄成长柄，具粗齿或羽状浅裂；中部和上部叶具短柄或无柄，窄披针形或线形，中部叶具齿，上部叶全缘；叶两面均密被糙毛。头状花序在茎端排成总状或总状圆锥花序；总苞椭圆状卵形，总苞片2～3层，线形；雌花多层，白色，花冠细管状；两性花淡黄色，花冠管状。瘦果线状披针形。花期5—10月。

【生境与发生频率】生于各类旱地作物田中。发生频率：橘园0.02。

390 **春飞蓬** *Erigeron philadelphicus* L.

【分类地位】菊科

【形态特征】1年生或多年生草本。高30～90cm。叶互生，基生叶莲座状，卵形或卵状倒披针形，基部楔形下延成具翅长柄，叶柄基部常带紫红色，两面被倒伏的硬毛，叶缘具粗齿，匙形；茎生叶半抱茎。头状花序数枚排成伞房或圆锥状花序；总苞半球形，总苞片3层，草质，披针形，淡绿色，边缘半透明，中脉褐色，背面被毛；舌状花2层，雌性，舌片线形，平展，舌状花白色略带粉红色，管状花两性，黄色。瘦果披针形。花果期3—5月。

【生境与发生频率】外来杂草，生于新垦的果茶园中。发生频率：橘园0.02。

391 菊三七 *Gynura japonica* (Thunb.) Juel

【分类地位】菊科

【形态特征】多年生草本。茎直立，高60～150cm。基部和下部叶较小，椭圆形，不分裂至大头羽状，顶裂片大，中部叶大，具长或短柄，具齿或羽状裂的叶耳；叶片椭圆形或长圆状椭圆形，羽状深裂，边缘有齿或缺刻；上部叶较小，羽状分裂。头状花序多数，花茎枝端排成伞房状圆锥花序；每一花序枝有3～8头状花序；总苞狭钟状或钟状，总苞片1层；小花花冠黄色或橙黄色。瘦果圆柱形，棕褐色。花果期8—10月。

【生境与发生频率】生于丘陵果茶园中。发生频率：橘园0.02。

（肖智勇拍摄）

392 假福王草 *Paraprenanthes sororia* (Miq.) C. Shih

【分类地位】菊科

【形态特征】1年生草本。茎直立，单生，高50～150cm。下部及中部茎生叶大头羽状半裂或深裂，顶裂片宽三角状戟形、三角状心形、三角形或宽卵状三角形，边缘有锯齿或重锯齿，基部戟形、心形或平截；上部叶不裂，戟形、卵状戟形、披针形或长椭圆形；叶两面无毛。头状花序排成圆锥状花序；总苞圆柱状，总苞片4层；舌状小花粉红色。瘦果黑色，纺锤状，淡黄白色。花果期5—8月。

【生境与发生频率】生于丘陵果茶园中。发生频率：橘园0.02。

393	翠云草	*Selaginella uncinata* (Desv.) Spring

【分类地位】卷柏科

【形态特征】多年生草本。主茎伏地蔓生，长30～60cm，禾秆色，有棱，分枝处常生不定根。叶卵形，短尖头，2列疏生；侧枝通常疏生，多回分叉，基部有不定根；营养叶2形，背腹各2列，腹叶（中叶）长卵形，渐尖头，全缘，交互疏生，背叶矩圆形，短尖头，全缘，向两侧平展。孢子囊穗四棱形；孢子叶卵状三角形，龙骨状，长渐尖头，全缘，4列，覆瓦状排列，孢子囊卵形；大孢子灰白色或暗褐色，小孢子淡黄色。

【生境与发生频率】生于丘陵果茶园中。发生频率：橘园0.02。

394	绶草	*Spiranthes sinensis* (Pers.) Ames

【分类地位】兰科

【形态特征】多年生草本。植株高13～30cm。茎近基部生2～5叶。叶宽线形或宽线状披针形，稀窄长圆形，直伸，长3～10cm，宽0.5～1cm，基部具柄状鞘抱茎。花茎直立，长10～25cm，上部被腺状柔毛或无毛；总状花序密生多花，螺旋状扭转；苞片卵状披针形；花紫红、粉红或白色，在花序轴螺旋状排列；花瓣斜菱状长圆形，与中萼片等长，较薄；唇瓣宽长圆形，凹入，前半部上面具长硬毛，边缘具皱波状啮齿，唇瓣基部浅囊状，囊内具2胼胝体。花期7—8月。

【生境与发生频率】生于管理粗放的果茶园中。发生频率：橘园0.02。

395　尼泊尔蓼　*Polygonum nepalense* Meisn.

【分类地位】蓼科

【形态特征】1年生草本。株高30～70cm。茎直立或斜升，自基部多分枝，无毛或在节部疏生腺毛。茎下部叶卵形或三角状卵形，长3～5cm，宽2～4cm，顶端急尖，基部宽楔形，沿叶柄下延成翅，两面无毛或疏被刺毛，疏生黄色透明腺点；叶柄长1～3cm，或近无柄，抱茎；托叶鞘筒状，膜质，淡褐色，顶端斜截形，无缘毛，基部具刺毛。顶生或腋生头状花序，基部常具1叶状总苞片，花序梗细长，上部具腺毛；苞片卵状椭圆形，通常无毛，边缘膜质，每苞内具1花；花梗比苞片短；花被通常4裂，淡紫红色或白色，花被片长圆形，顶端圆钝；雄蕊5～6，与花被近等长，花药暗紫色；花柱2，下部合生，柱头头状。瘦果宽卵形，双凸镜状，黑色，密生洼点，无光泽，包于宿存花被内。花期5—8月，果期7—10月。

【生境与发生频率】生于管理粗放的果茶园中。发生频率：茶园0.05。

396　戟叶蓼　*Polygonum thunbergii* Sieb. et Zucc.

【分类地位】蓼科

【形态特征】1年生草本。株高达90cm。茎直立或上升，具纵棱，沿棱被倒生皮刺。叶戟形，长4～8cm，先端渐尖，基部平截或近心形，两面疏被刺毛，稀疏被星状毛，中部裂片卵形或宽卵形，侧生裂片卵形；叶柄长2～5cm，被倒生皮刺，常具窄翅，托叶鞘膜质，具叶状翅，翅近全缘，具粗缘毛。头状花序，花序梗被腺毛及柔毛；苞片披针形，具缘毛；花梗较苞片短；花被5深裂，淡红或白色，花被片椭圆形；雄蕊8，2轮；花柱3，中下部联合。瘦果宽卵形，具3棱，黄褐色，无光泽，包于宿存花被内。花期7—9月，果期8—10月。

【生境与发生频率】生于坡地较湿润的果茶园中。发生频率：茶园0.05。

397　齿果酸模　*Rumex dentatus* Linn.

【分类地位】蓼科

【形态特征】1年生草本。株高达70cm。茎直立，多分枝。茎下部叶长圆形或长椭圆形，长4～12cm，基部圆或近心形，边缘浅波状；茎生叶较小，叶柄长1.5～5cm。花两性，黄绿色；花簇轮生，顶生及腋生总状花序，数个组成圆锥状；花梗中下部具关节；外花被片椭圆形，内花被片果时增大，三角状卵形，基部近圆，具小瘤；小瘤每侧具2～4刺状齿，齿长1.5～2mm。瘦果卵形，具3锐棱，长2～2.5mm。花期5—6月，果期6—7月。

【生境与发生频率】生于较湿润的果茶园中。发生频率：橘园0.02。

398　裂叶月见草　*Oenothera laciniata* Hill

【分类地位】柳叶菜科

【形态特征】1年生或多年生草本。茎长10～50cm，常分枝，被曲柔毛，在茎上部常混生腺毛。基部叶线状倒披针形，长5～15cm，宽1～2.5cm，先端锐尖，基部楔形，边缘羽状深裂，向着先端常全缘；叶柄长0.5～1.5cm；茎生叶狭倒卵形或狭椭圆形，长4～10cm，宽0.7～3cm，先端锐尖或稍钝，基部楔形，下部常羽状裂，中上部具齿，上部近全缘；苞片叶状，狭长圆形或狭卵形；所有叶及苞片绿色，被曲柔毛及长柔毛，上部的常混生腺毛。穗状花序生茎枝顶部；花蕾长圆形呈卵状，开放前常向上曲伸；花管带黄色，盛开时带红色，萼片绿色或黄绿色，开放时反折，变红色，尤边缘红色；花瓣淡黄至黄色，宽倒卵形，先端截形至微凹。蒴果圆柱状，向顶变狭。种子每室2列，椭圆状至近球状，褐色，表面具整齐的洼点。花期4—9月，果期5—11月。

【生境与发生频率】外来杂草，生于道路、河流附近的果茶园和农田中。发生频率：茶园0.05。

399 **毛白前** *Cynanchum mooreanum* Hemsl.

【分类地位】萝藦科

【形态特征】多年生柔弱缠绕藤本，茎密被柔毛。叶对生，卵状心形至卵状长圆形，长2～4cm，宽1.5～3cm，顶端急尖，基部心形或老时近截形，两面均被黄色短柔毛，叶背较密；叶柄长1～2cm，被黄色短柔毛。腋生伞形聚伞花序，着花七八朵，花序梗或长或短，长达4cm；花序梗、花梗、花萼外面均被黄色柔毛；花冠紫红色，裂片长圆形；副花冠杯状，5裂，裂片卵圆形，钝头；子房无毛，柱头基部五角形，顶端扁平。蓇葖果单生，披针形，向端部渐尖。种子暗褐色，不规则长圆形，种毛白色绢质。花期6—7月，果期8—12月。

【生境与发生频率】生于丘陵果茶园中。发生频率：橘园0.02。

400 **威灵仙** *Clematis chinensis* Osbeck

【分类地位】毛茛科

【形态特征】多年生木质藤本。茎、小枝近无毛或疏生短柔毛。1回羽状复叶有5小叶，有时3或7，偶尔基部1对至第2对2～3裂；小叶片纸质，卵形至卵状披针形，或为线状披针形、卵圆形，长1.5～10cm，宽1～7cm，顶端锐尖至渐尖，偶有微凹，基部圆形、宽楔形至浅心形，全缘，两面近无毛，或疏生短柔毛。腋生或顶生圆锥状聚伞花序，多花；花直径1～2cm；萼片4～5，开展，白色，长圆形或长圆状倒卵形，顶端常凸尖，外面边缘密生茸毛或中间有短柔毛；雄蕊无毛。瘦果扁，3～7个，卵形至宽椭圆形，有柔毛，宿存花柱长2～5cm。花期6—9月，果期8—11月。

【生境与发生频率】生于丘陵果茶园中。发生频率：橘园0.02。

401 **刺果毛茛** *Ranunculus muricatus* Linn.

【分类地位】毛茛科

【形态特征】多年生草本。茎高10～30cm，自基部多分枝，倾斜上升，近无毛。基生叶和茎生叶均有长柄；叶片近圆形，长与宽为2～5cm，顶端钝，基部截形或稍心形，3中裂至3深裂，裂片宽卵状楔形，边缘有缺刻状浅裂或粗齿，通常无毛；叶柄长2～6cm，无毛或边缘疏生柔毛，基部有膜质宽鞘；上部叶较小，叶柄较短。花多，直径1～2cm；花梗与叶对生，散生柔毛；萼片长椭圆形，带膜质，或有柔毛；花瓣5，狭倒卵形，顶端圆，基部狭窄成爪，蜜槽上有小鳞片；花药长圆形；花托疏生柔毛。聚合果球形，直径达1.5cm；瘦果扁平，椭圆形，周围有棱翼，两面各生有一圈10多枚刺，刺直伸或钩曲。花果期4—6月。

【生境与发生频率】生于丘陵果茶园中。发生频率：橘园0.02。

402 **扬子毛茛** *Ranunculus sieboldii* Miq.

【分类地位】毛茛科

【形态特征】多年生草本。茎常匍匐地上，多少密生伸展的白色或淡黄色柔毛。叶为三出复叶；叶片轮廓宽卵形，长2～4.5cm，宽3.2～6cm，下面疏被柔毛，中央小叶具长或短柄，宽卵形或菱状卵形，3浅裂至深裂，裂片上部边缘疏生锯齿，侧生小叶具短柄，较小，不等地2裂；叶柄长2～5cm。花与上部茎生叶对生，具长梗；萼片5，反曲，狭卵形，外面疏被柔毛；花瓣5，黄色，近椭圆形；雄蕊和心皮均多数，无毛。聚合果球形，直径约1cm；瘦果扁，长约3.6mm。花果期5—10月。

【生境与发生频率】生于较湿润的果茶园和旱作物田中。发生频率：梨园0.07。

403 笔管草 *Equisetum ramosissimum* subsp. *debile* (Roxb. ex Vauch.) Hauke

【分类地位】木贼科

【形态特征】多年生草本。根茎直立或横走，黑棕色，节和根密生黄棕色长毛或光滑无毛。地上枝多年生，枝一型，高可达60cm或更高，中部直径3～7mm，节间长3～10cm，绿色，成熟主枝有分枝，但分枝常不多；主枝有脊10～20条，脊的背部弧形，有一行小瘤或有浅色小横纹；鞘筒短，下部绿色，顶部略为黑棕色；鞘齿10～22枚，狭三角形，上部淡棕色，膜质，早落或有时宿存，下部黑棕色革质，扁平，两侧有明显的棱角，齿上气孔带明显或不明显；侧枝较硬，圆柱状，有脊8～12条，脊上有小瘤或横纹；鞘齿6～10，披针形，较短，膜质，淡棕色。孢子囊穗短棒状或椭圆形，长1～2.5cm，中部直径0.4～0.7cm，顶端有小尖突，无柄。

【生境与发生频率】生于草地、林缘、丘陵果园和茶园中，江西在赣南有分布。发生频率：梨园0.05。

404 广东蛇葡萄 *Ampelopsis cantoniensis* (Hook. et Arn.) Planch.

【分类地位】葡萄科

【形态特征】多年生木质藤本。小枝圆柱形，有纵棱纹，嫩时被灰色短柔毛。卷须2叉分枝。2回羽状复叶或小枝上部着生有1回羽状复叶，2回羽状复叶者基部一对小叶常为3小叶，侧生小叶和顶生小叶大多形状各异，卵形、卵状椭圆形或长椭圆形，长3～11cm，宽1.5～6cm，先端急尖、渐尖或短尾尖，基部通常楔形，上面深绿色，放大可见有浅色小圆点，下面浅黄褐绿色，脉基部常疏生灰色短柔毛，常有不明显波状锯齿；叶柄被短柔毛。伞房状多歧聚伞花序，顶生或与叶对生；花序梗长2～4cm，被短柔毛；花萼碟形，边缘波状；花瓣卵状椭圆形；花盘发达，边缘浅裂；子房下部与花盘合生，花柱明显。果近球形，径6～8mm，有种子2～4。种子腹面两侧洼穴不明显。花期4—7月，果期8—11月。

【生境与发生频率】生于赣南丘陵果茶园中。发生频率：橘园0.02。

405　东南葡萄　*Vitis chunganensis* Hu

【分类地位】葡萄科

【形态特征】多年生木质藤本。幼枝近圆柱形，无毛，带红紫色；卷须与叶对生。叶无毛，卵形，有时狭卵形，长9～19cm，宽4～12.5cm，顶端短渐尖，基部深心形，边缘疏生小齿，下面密被白粉，侧脉5～6对，下面稍隆起，小脉不明显；叶柄长2.5～6.5cm。圆锥花序与叶对生，长约10cm，轴和分枝疏生微柔毛；花小，淡黄绿色，无毛；花萼盘形，近全缘；花瓣长约1.5mm；雄蕊长约1mm，花药卵形；花盘不明显。浆果球形，直径约1cm，暗紫色。花期4—6月，果期6—8月。

【生境与发生频率】生于丘陵果茶园中。发生频率：茶园0.05。

406　闽赣葡萄　*Vitis chungii* Metcalf

【分类地位】葡萄科

【形态特征】多年生木质藤本。小枝圆柱形，有纵棱纹，无毛。卷须2叉分枝，每隔2节间断与叶对生。叶长椭圆卵形或卵状披针形，顶端渐尖或尾尖，基部截形、圆形或近圆形，每侧边缘有锯齿，疏离，齿尖锐，上面绿色，无毛，下面无毛，常被白色粉霜；基生脉三出，中脉有侧脉4～5对，网脉两面突出，无毛；叶柄无毛；托叶膜质，褐色，条形，无毛，早落。花杂性异株；圆锥花序基部分枝不发达，圆柱形，与叶对生，花序梗初时被短柔毛，以后脱落无毛；花梗无毛；花蕾倒卵圆形，顶端圆形；萼碟形，边缘全缘；花瓣5，呈帽状黏合脱落，雄蕊5，在雌花内雄蕊短，败育；花盘发达，5裂；雌蕊1，子房卵圆形，花柱短，柱头扩大。果实球形，成熟时紫红色。种子倒卵状椭圆形，顶端圆钝，基部显著具喙。花期4—6月，果期6—8月。

【生境与发生频率】生于丘陵果茶园中。发生频率：茶园0.05。

407 俞藤 *Yua thomsonii* (Laws.) C. L. Li

【分类地位】葡萄科

【形态特征】多年生木质藤本。小枝圆柱形,褐色,嫩枝略有棱纹,无毛;卷须2叉分枝,相隔2节间断与叶对生。叶为掌状5小叶,草质,小叶披针形或卵状披针形,长2.5~7cm,宽1.5~3cm,顶端渐尖或尾状渐尖,基部楔形,边缘上半部每侧有细锐锯齿,上面绿色,无毛,下面淡绿色,常被白色粉霜,无毛或脉上被稀疏短柔毛,网脉不明显突出,侧脉4~6对。复二歧聚伞花序,与叶对生,无毛;萼碟形,边缘全缘,无毛;花瓣5,稀4,无毛,花蕾时黏合,以后展开脱落;雄蕊5;雌蕊花柱细,柱头不明显扩大。果实近球形,紫黑色,味淡甜。种子梨形。花期5—6月,果期7—9月。

【生境与发生频率】生于丘陵果茶园中。发生频率:橘园0.02。

408 钩藤 *Uncaria rhynchophylla* (Miq.) Miq. ex Havil.

【分类地位】茜草科

【形态特征】多年生藤本。嫩枝较纤细,方柱形或略有4棱角,无毛。叶纸质,椭圆形或椭圆状长圆形,长5~12cm,宽3~7cm,两面均无毛,干时褐色或红褐色,下面有时有白粉,顶端短尖或骤尖,基部楔形至截形,有时稍下延;侧脉4~8对,脉腋窝陷有黏液毛;叶柄无毛;托叶狭三角形,深2裂,外面无毛,里面无毛或基部具黏液毛。头状花序单生叶腋,总花梗具一节,苞片微小,或成单聚伞状排列;花近无梗;花萼管疏被毛,萼裂片近三角形,疏被短柔毛,顶端锐尖;花冠管外面无毛,或具疏散的毛,花冠裂片卵圆形;花柱伸出冠喉外,柱头棒形。果序直径10~12mm;小蒴果长5~6mm,被短柔毛,宿存萼裂片近三角形,星状辐射。花果期5—12月。

【生境与发生频率】生于丘陵果茶园中。发生频率:橘园0.02。

409　柔毛路边青　*Geum japonicum* var. *chinense* F. Bolle

【分类地位】蔷薇科

【形态特征】多年生草本。茎直立，高25～60cm，被黄色短柔毛及粗硬毛。基生叶为大头羽状复叶，通常有小叶1～2对，其余侧生小叶呈附片状，连叶柄长5～20cm，叶柄被粗硬毛及短柔毛，顶生小叶最大，卵形或广卵形，浅裂或不裂，顶端圆钝，基部阔心形或宽楔形，边缘有粗大圆钝或急尖锯齿，两面绿色，被稀疏糙伏毛；下部茎生叶3小叶，上部茎生叶单叶，3浅裂，裂片圆钝或急尖；茎生叶托叶草质，绿色，边缘有不规则粗大锯齿。花序疏散，顶生数朵，花梗密被粗硬毛及短柔毛；花直径1.5～1.8cm；萼片三角卵形，副萼片狭小，椭圆状披针形，外面被短柔毛；花瓣黄色，几圆形，比萼片长；花柱顶生，在上部1/4处扭曲。聚合果卵球形或椭球形，瘦果被长硬毛。花果期5—10月。

【生境与发生频率】生于丘陵果茶园中。发生频率：橘园0.02。

410　硕苞蔷薇　*Rosa bracteata* Wendl.

【分类地位】蔷薇科

【形态特征】多年生铺散常绿灌木。株高达5m，有长匍匐枝。小枝粗壮，密被黄褐色柔毛，混生针刺和腺毛；皮刺扁而弯，常成对着生托叶下方。小叶5～9，连叶柄长4～9cm；小叶革质，椭圆形或倒卵形，先端截形、圆钝或稍急尖，基部宽楔形或近圆形，边缘有紧贴圆钝锯齿，上面无毛深绿色，有光泽，下面色较淡，沿脉有柔毛或无毛；小叶柄和叶轴有稀疏柔毛、腺毛和小皮刺；托叶大部离生而呈篦齿状深裂，密被柔毛，边缘有腺毛。花单生或2～3朵集生，直径4.5～7cm；花梗长不及1cm，密被长柔毛和稀疏腺毛；有数枚大型宽卵形苞片，边缘有不规则缺刻状锯齿，外面密被柔毛，内面近无毛；萼片宽卵形，和萼筒外面均密被黄褐色柔毛和腺毛，内面有稀疏柔毛，花后反折；花瓣白色，倒卵形，先端微凹，心皮多数；花柱密被柔毛。果球形，密被黄褐色柔毛；果柄短，密被柔毛。花期5—7月，果期8—11月。

【生境与发生频率】生于新垦坡地果茶园中。发生频率：梨园0.05。

411 　高粱泡　*Rubus lambertianus* Ser.

【分类地位】蔷薇科

【形态特征】多年生半落叶藤状灌木。株高达3m。幼枝有柔毛或近无毛，有微弯小皮刺。单叶，宽卵形，长5～12cm，先端渐尖，基部心形，上面疏生柔毛或沿叶脉有柔毛，下面被疏柔毛，中脉常疏生小皮刺，边缘3～5裂或呈波状，有细锯齿；叶柄具柔毛或近无毛，疏生小皮刺；托叶离生，线状深裂，有柔毛或近无毛，常脱落。顶生圆锥花序，有时仅数朵花簇生于叶腋；总花梗、花梗和花萼均被柔毛；花梗长0.5～1cm；苞片与托叶相似；花径约8mm；萼片卵状披针形，全缘，外面边缘和内面均被白色短柔毛，仅在内萼片边缘具灰白色茸毛；花瓣倒卵形，白色，无毛；雄蕊多数，花丝宽扁；雌蕊15～20，无毛。果实小，近球形，直径6～8mm，由多数小核果组成，无毛，成熟时红色；核长约2mm，有皱纹。花期7—8月，果期9—11月。

【生境与发生频率】生于丘陵果茶园中。发生频率：梨园0.05。

412 　李叶绣线菊　*Spiraea prunifolia* Sieb. et Zucc.

【分类地位】蔷薇科

【形态特征】多年生灌木。株高达3m。小枝细长，稍有棱角，幼时被短柔毛，后渐脱落，老时近无毛；冬芽小，卵形，无毛，有数枚鳞片。叶片卵形至长圆状披针形，长1.5～3cm，宽0.7～1.4cm，先端急尖，基部楔形，边缘有细锐单锯齿，上面幼时微被短柔毛，老时仅下面有短柔毛，具羽状脉；叶柄长2～4mm，被短柔毛。伞形花序无总梗，具花3～6朵，基部着生数枚小型叶片；花梗长6～10mm，有短柔毛；花重瓣，直径达1cm，白色。花期3—5月。

【生境与发生频率】生于丘陵果茶园中。发生频率：橘园0.02。

413　喀西茄　*Solanum aculeatissimum* Jacquem.

【分类地位】茄科

【形态特征】直立草本至亚灌木。高1～3m，茎、枝、叶及花柄多混生黄白色具节的长硬毛、短硬毛、腺毛及淡黄色基部宽扁的直刺。叶阔卵形，长6～12cm，宽约与长相等，先端渐尖，基部戟形，5～7深裂，裂片边缘又作不规则的齿裂及浅裂；上面深绿，毛被在叶脉处更密；下面淡绿，除被有与上面相同的毛被外，还被有稀疏分散的星状毛；侧脉与裂片数相等，在上面平，在下面略突出，其上分散着生基部宽扁的直刺；叶柄粗壮，长约为叶片之半。蝎尾状花序腋外生，短而少花，单生或2～4朵；萼钟状，绿色，5裂，裂片长圆状披针形，外面具细小的直刺及纤毛，边缘的纤毛更长而密；花冠筒淡黄色，隐于萼内，冠檐白色，5裂，裂片披针形，具脉纹，开放时先端反折。浆果球状，直径2～2.5cm。花期5—7月，果期6—10月。

【生境与发生频率】生于丘陵果茶园中。发生频率：橘园0.02。

414　珊瑚樱　*Solanum pseudocapsicum* Linn.

【分类地位】茄科

【形态特征】直立分枝小灌木。全株光滑无毛，株高达2m。叶互生，狭长圆形至披针形，长1～6cm，宽0.5～1.5cm，先端尖或钝，基部狭楔形下延成叶柄，边全缘或波状，两面均光滑无毛，中脉在下面突出，侧脉6～7对，在下面更明显；叶柄长2～5mm，与叶片不能截然分开。花多单生，很少成蝎尾状花序，无总花梗或近于无总花梗，腋外生或近对叶生，花梗长3～4mm；花小，白色，直径0.8～1cm；萼绿色，直径4mm，5裂，裂片长约1.5mm；花冠筒隐于萼内，裂片5，卵形；花丝长不及1mm，花药黄色，矩圆形；子房近圆形，花柱短，柱头截形。浆果橙红色，直径1～1.5cm，萼宿存，果柄长约1cm，顶端膨大。种子盘状，扁平。花期初夏，果期秋末。

【生境与发生频率】生于路边的果茶园中。发生频率：橘园0.02。

415 **糯米条** *Abelia chinensis* R. Br.

【分类地位】荨麻科

【形态特征】多年生落叶灌木。多分枝，嫩枝红褐色，被柔毛，老枝皮纵裂。叶有时3枚轮生，圆卵形或椭圆状卵形，基部圆或心形，长2～5cm，宽0.9～2.5cm，边缘具锯齿，下面基部主脉及侧脉密被白色长柔毛，花枝上部叶向上渐小。小枝上部叶腋生聚伞花序，由多数花序集合成圆锥状花簇，总花梗被柔毛，果期无毛；花芳香，具3对小苞片；萼筒圆柱形，被柔毛，稍扁，具纵纹，萼檐5裂，裂片椭圆形或倒卵状长圆形，果期红色；花冠白或红色，漏斗状，长1～1.2cm，外面被柔毛，裂片5，圆卵形；雄蕊着生花冠筒基部，花丝细长，伸出花冠筒外；花柱细长，柱头盘形。果具宿存稍增大萼裂片。花期6—8月，果期10—11月。

【生境与发生频率】生于丘陵果茶园中。发生频率：橘园0.02。

416 **茶荚蒾** *Viburnum setigerum* Hance

【分类地位】忍冬科

【形态特征】多年生灌木。高达3m；幼枝无毛，小枝淡黄色，后为灰褐色，冬芽长达6mm，具2对外鳞片。叶卵状矩圆形，长7～12cm，顶端渐尖，下面近基部两侧有少数腺体；侧脉6～8对，近平行而直，伸达齿端。花序复伞形状，直径2.5～3.5cm；萼筒长约1.5mm，萼檐具5微齿；花冠白色，辐状，裂片长于花冠筒；雄蕊5，长为花冠之半至等长。核果球状卵形，红色；核扁，长8～10mm，凹凸不平。花期4—5月，果期9—10月。

【生境与发生频率】生于丘陵果茶园中。发生频率：橘园0.02。

417 **紫花前胡** *Angelica decursiva* (Miq.) Franch. et Sav.

【分类地位】伞形科

【形态特征】多年生草本。株高达2m。茎单生，紫色。基生叶和下部叶纸质，三角状宽卵形，1至2回羽状全裂，1回裂片3～5，再3～5裂，叶轴翅状，顶生裂片和侧生裂片基部联合，基部下延成翅状，最终裂片狭卵形或长椭圆形，长8～11cm，有尖齿；茎上部叶简化成叶鞘。复伞形花序；总苞片1～2，卵形；伞幅10～20；小总苞片数个，披针形；花梗多数；花深紫色。双悬果椭圆形，长4～7mm，宽3～5mm，扁平。花期8—9月，果期9—11月。

【生境与发生频率】生于丘陵果茶园中。发生频率：橘园0.02。

418 **琴叶榕** *Ficus pandurata* Hance

【分类地位】桑科

【形态特征】多年生小灌木。株高达2m。小枝。嫩叶幼时被白色柔毛；叶纸质，提琴形或倒卵形，长4～8cm，先端急尖有短尖，基部圆形至宽楔形，中部缢缩，表面无毛，背面叶脉有疏毛和小瘤点，基生侧脉2，侧脉3～5对；叶柄疏被糙毛，长3～5mm；托叶披针形，迟落。榕果单生叶腋，鲜红色，椭圆形或球形，直径6～10mm，顶部脐状突起，基生苞片3，卵形，总梗长4～5mm，纤细，雄花有柄，生榕果内壁口部，花被片4，线形，雄蕊3；瘿花有柄或无柄，花被片3～4，倒披针形至线形，子房近球形，花柱侧生，很短；雌花花被片3～4，椭圆形，花柱侧生，细长，柱头漏斗形。花期6—8月，果期10—11月。

【生境与发生频率】生于丘陵果茶园中。发生频率：茶园0.05。

419 翼果薹草 *Carex neurocarpa* Maxim.

【分类地位】莎草科

【形态特征】多年生草本。根状茎短，木质。秆丛生，全株密生锈点，高0.2～1m，径约2mm，扁钝三棱形，平滑，基部叶鞘无叶片，淡黄锈色。叶短于或长于秆，宽2～3mm，边缘粗糙，先端渐尖，基部具鞘，鞘腹面膜质，锈色；苞片下部的叶状，长于花序，无鞘，上部的刚毛状。小穗多数，雄雌顺序，卵形，长5～8mm；穗状花序紧密，尖塔状圆柱形，长2.5～8cm，宽1～1.8cm；雌花鳞片卵形或长圆状椭圆形，具芒尖，长2～4mm，锈黄色，密生锈点；花柱基部不膨大，柱头2。果囊卵形或宽卵形，长2.5～4mm，稍扁，膜质，密生锈点，细脉多条，无毛，中部以上边缘具微波状宽翅，锈黄色，上部具锈点，基部具海绵状组织，具短柄，顶端骤缩成喙，喙口2齿裂。小坚果疏松包果囊中，卵形或椭圆形，平凸状，长约1mm，淡棕色，平滑，有光泽，柄短，具小尖头。花果期6—8月。

【生境与发生频率】生于丘陵果茶园中。发生频率：橘园0.02。

420 砖子苗 *Cyperus cyperoides* (L.) Kuntze

【分类地位】莎草科

【形态特征】多年生草本。株高20～60cm，锐三棱形，基部膨大。叶短于秆，线状披针形，宽0.3～0.5cm，先端渐尖，下部常折合，上面绿色，下面淡绿色，叶鞘褐色或红棕色。花序下具叶状苞片5～8，绿色，稍海绵质，通常长于花序；长侧枝聚伞花序简单，具6～12或更多的辐射枝，长短不等；穗状花序圆筒形或长圆形，具多数密生的小穗，小穗平展或稍下垂，线状披针形，多数集合于小伞梗顶而成一放射状的圆头花序；鳞片膜质，淡黄色或绿白色。坚果狭长圆形或三棱形。花果期3—8月。

【生境与发生频率】生于丘陵果茶园中。发生频率：梨园0.05。

421　黄独　*Dioscorea bulbifera* Linn.

【分类地位】薯蓣科

【形态特征】多年生缠绕草质藤本。块茎卵圆形或梨形，近于地面，棕褐色，密生细长须根。茎左旋，淡绿或稍带红紫色。叶腋有紫棕色、球形或卵圆形、具圆形斑点的珠芽；单叶互生，宽卵状心形或卵状心形，长15～26cm，先端尾尖，全缘或边缘微波状。雄花序穗状，下垂。常数个丛生叶腋，有时分枝呈圆锥状；雄花花被片披针形，鲜时紫色；基部有卵形苞片2；雌花序与雄花序相似，常2至数个丛生叶腋；退化雄蕊6，长约为花被片1/4。蒴果反曲下垂，三棱状长圆形，长1.3～3cm，径0.5～1cm，两端圆，成熟时草黄色，密被紫色小斑点，每室2种子，着生果轴顶部。种子深褐色，扁卵形，种翅栗褐色，向种子基部延伸呈长圆形。花期7—10月，果期8—11月。

【生境与发生频率】生于丘陵果茶园中。发生频率：橘园0.02。

422　日本薯蓣　*Dioscorea japonica* Thunb.

【分类地位】薯蓣科

【形态特征】多年生缠绕草质藤本。块茎长圆柱形，垂直生长，棕黄色，断面白色或有时带黄白色。茎右旋，绿色，有时淡紫红色。叶在茎下部互生，在中上部常对生，纸质，常三角状披针形、长椭圆状窄三角形或长卵形，有时茎上部叶线状披针形或披针形，下部的宽卵状心形，长3～11（～19）cm，宽（1～）2～5（～18）cm，先端渐尖，基部心形、箭形或戟形，有时近平截或圆，全缘；叶柄长1.5～6cm；叶腋有珠芽。雄花序为穗状花序，近直立，2至数序或单序生于叶腋；雄花绿白或淡黄色，花被片有紫色斑纹，外轮宽卵形，内轮卵状椭圆形，稍小；雄蕊6；雌花序为穗状花序，1～3序生于叶腋；雌花花被片卵形；退化雄蕊6，与花被片对生。蒴果不反折，三棱状扁圆形，长1.5～2.5cm，径1.5～4cm；每室种子着生果轴中部。种子四周有膜质翅。花期5—10月，果期7—11月。

【生境与发生频率】生于丘陵果茶园中。发生频率：梨园0.07。

423 **盾叶薯蓣** *Dioscorea zingiberensis* C. H. Wright

【分类地位】薯蓣科

【形态特征】多年生缠绕草质藤本。根状茎横生。茎左旋，在分枝和叶柄基部两侧微突起或有刺。叶厚纸质，三角状卵形、心形或箭形，常3浅裂或3深裂，中裂片三角状卵形或披针形，两侧裂片圆耳状或长圆形，常有不规则斑块；叶柄盾状着生。雄花无梗，2~3簇生，在花序轴上排成穗状，花序单一或分枝，每簇花仅1~2朵发育，基部常有膜质苞片3~4枚；花被片6，平展，紫红色，长1.2~1.5mm，宽2.5~3.5mm；雄蕊6，着生花托边缘；雌花序与雄花序近似；雌花具花丝状退化雄蕊。蒴果三棱状，棱成翅状，长宽几相等，干后蓝黑色，常有白粉；每室2种子，着生果轴中部。种子四周有薄膜状翅。花期5—8月，果期9—10月。

【生境与发生频率】生于丘陵果茶园中。发生频率：橘园0.02。

424 **天南星** *Arisaema heterophyllum* Blume

【分类地位】天南星科

【形态特征】多年生草本。块茎扁球形，径2~4cm。鳞叶4~5。叶1；叶鸟足状分裂，裂片13~19，倒披针形、长圆形或线状长圆形，先端骤窄渐尖，全缘，暗绿色，下面淡绿色；中裂片无柄或具长1.5cm的柄，长3~15cm，侧裂片长7.7~24.2（~31）cm，向外渐小，排成蝎尾状；叶柄圆柱形，粉绿色，长30~50cm，下部3/4鞘筒状，鞘端斜截。花序梗长30~55cm；佛焰苞管部圆柱形，长3.2~8cm，粉绿色，喉部平截，外缘稍外卷，檐部卵形或卵状披针形，长4~9cm，下弯近盔状，背面深绿、淡绿或淡黄色，先端骤窄渐尖；肉穗花序两性和雄花序单性；两性花序：下部雌花序长1~2.2cm，上部雄花序长1.5~3.2cm，大部不育，有的为钻形中性花；单性雄花序长3~5cm；花序附属器基部径0.5~1.1cm，苍白色，向上细，长10~20cm，至佛焰苞喉部上升；雌花球形，花柱明显，柱头小，胚珠3~4；雄花具梗，花药2~4，白色，顶孔横裂。浆果黄红、红色，圆柱形，长约5mm。种子1，黄色，具红色斑点。花期4—5月，果期7—9月。

【生境与发生频率】生于丘陵果茶园中。发生频率：梨园0.05。

425 南方菟丝子 *Cuscuta australis* R. Br.

【分类地位】菟丝子科

【形态特征】1年生寄生缠绕草本。茎黄色，纤细，径约1mm。花序侧生，少花至多花集成聚伞状团伞花序，花序梗近无；苞片及小苞片鳞片状；花梗长1～2.5mm；花萼杯状，萼片3～5，长圆形或近圆形，长0.8～1.8mm；花冠白或乳白色，杯状，长约2mm，裂片卵形或长圆形，与花冠筒近等长，直伸；雄蕊生于花冠裂片间弯缺处，短于裂片，鳞片短于花冠筒1/2，2裂，具小流苏；花柱2，等长或不等长，柱头球形。蒴果扁球形，径3～4mm，下部为宿存花冠所包，不规则开裂。种子4，卵圆形，淡褐色，长约1.5mm，粗糙。花果期7—10月。

【生境与发生频率】生于丘陵果茶园中。发生频率：橘园0.02。

426 边缘鳞盖蕨 *Microlepia marginata* (Houtt.) C. Chr.

【分类地位】碗蕨科

【形态特征】多年生草本。株高约60cm。根状茎长而横走，密被锈色长柔毛。叶远生；叶柄长20～30cm，粗1.5～2mm，深禾秆色，上面有纵沟，几光滑；叶片长圆三角形，先端渐尖，羽状深裂，基部不变狭，长与叶柄略等，宽13～25cm，1回羽状；羽片20～25对，基部对生，远离，上部互生，接近，平展，有短柄，披针形，近镰刀状，长10～15cm，宽1～1.8cm，先端渐尖，基部不等，上侧钝耳状，下侧楔形，边缘缺裂至浅裂，小裂片三角形，圆头或急尖，偏斜，全缘，或有少数齿牙，上部各羽片渐短，无柄；侧脉明显，在裂片上为羽状，2～3对，上先出，斜出，到达边缘以内。叶纸质，干后绿色，叶下面灰绿色，叶轴密被锈色开展的硬毛，在叶下面各脉及囊群盖上较稀疏，叶上面也多少有毛，少有光滑。孢子囊群圆形，每小裂片上1～6个，向边缘着生；囊群盖杯形，长宽几相等，上边截形，棕色，坚实，多少被短硬毛，距叶缘较远。

【生境与发生频率】生于管理粗放果茶园中。发生频率：橘园0.02。

427 　**胎生狗脊**　　*Woodwardia orientalis* var. *formosana* Rosenst.

【分类地位】乌毛蕨科

【形态特征】多年生草本。植株高70～135cm或更高。根状茎粗短，斜升，密被红棕色、卵状披针形鳞片。叶近簇生；叶柄长35～50cm，深禾秆色，基部密被鳞片；叶片卵状长圆形，2回羽状深裂；羽片披针形；叶脉不明显，沿中脉两侧各有1～2行长圆形网眼，上面常有许多小芽孢，着生于裂片的主脉两个网眼的交叉点上，芽孢萌发后有基部密被鳞片的匙形幼叶1片，脱离母体后能生长成新植株。

【生境与发生频率】生于赣中、赣南丘陵果茶园中。发生频率：橘园0.02。

428 　**山芝麻**　　*Helicteres angustifolia* Linn.

【分类地位】梧桐科

【形态特征】1年生小灌木。小枝被灰绿色柔毛。叶窄长圆形或线状披针形，长3.5～5cm，基部圆，全缘，上面几无毛，下面被灰白或淡黄色星状茸毛，混生刚毛；叶柄长5～7mm。聚伞花序有花2至数朵；花梗常有锥尖小苞片4；花萼管状，长6mm，被星状柔毛，5裂，裂片三角形；花瓣5，不等大，淡红或紫红色，稍长于花萼，基部有2个耳状附属体；雄蕊10，退化雄蕊5，线形；子房每室约10胚珠。蒴果卵状长圆形，长1.2～2cm，顶端尖，密被星状毛及混生长茸毛。花期几全年。

【生境与发生频率】生于赣南丘陵果茶园中。发生频率：橘园0.02。

429　细柱五加　*Eleutherococcus nodiflorus* (Dunn) S. Y. Hu

【分类地位】五加科

【形态特征】多年生灌木。株高2～3m；枝灰棕色，软弱而下垂，蔓生状，无毛，节上通常疏生反曲扁刺。叶有小叶5，稀3～4，在长枝上互生，在短枝上簇生；叶柄长3～8cm，无毛，常有细刺；小叶片膜质至纸质，倒卵形至倒披针形，长3～8cm，宽1～3.5cm，先端尖至短渐尖，基部楔形，两面无毛或沿脉疏生刚毛，边缘有细钝齿，侧脉4～5对，两面均明显，下面脉腋间有淡棕色簇毛，网脉不明显；几无小叶柄。伞形花序单个稀2个腋生，或顶生在短枝上，直径约2cm，有花多数；总花梗长1～2cm，结实后延长，无毛；花梗细长，长6～10mm，无毛；花黄绿色；萼边缘近全缘或有5小齿；花瓣5，长圆状卵形，先端尖，长2mm；雄蕊5，花丝长2mm；子房2室；花柱2，细长，离生或基部合生。果实扁球形，长约6mm，宽约5mm，黑色；宿存花柱长2mm，反曲。花期4—8月，果期6—10月。

【生境与发生频率】生于丘陵果茶园中。发生频率：茶园0.05。

430　藤长苗　*Calystegia pellita* (Ledeb.) G. Don

【分类地位】旋花科

【形态特征】多年生草本。根细长。茎缠绕，具细棱，密被灰白或黄褐色长柔毛，有时毛少。叶长圆形或长圆状线形，长4～10cm，先端钝圆或尖，具短尖头，基部圆、平截或微戟形，全缘，两面被柔毛，下面沿中脉被长柔毛；叶柄长0.2～1.5（～2）cm，被毛。花单生叶腋；花梗短，密被柔毛；小苞片卵形，长1.5～2.2cm，先端钝，具短尖头，密被短柔毛；萼片近相等，长圆状卵形，长0.9～1.2cm；花冠淡红色，长4～5cm，冠檐于瓣中带顶端被黄褐色短柔毛；花丝被小鳞片；柱头2裂，裂片长圆形，扁平。蒴果近球形，径约6mm。种子卵圆形，光滑。花期6—8月，果期8—9月。

【生境与发生频率】生于丘陵果茶园中。发生频率：茶园0.05。

431 马蹄金 *Dichondra micrantha* Urb.

【分类地位】旋花科

【形态特征】多年生匍匐小草本。茎细长，被灰色短柔毛，节上生根。叶肾形至圆形，直径4～25mm，先端宽圆形或微缺，基部阔心形，叶面微被毛，背面被贴生短柔毛，全缘；具长的叶柄，叶柄长（1.5）3～5（6）cm。花单生叶腋，花柄短于叶柄，丝状；萼片倒卵状长圆形至匙形，钝，长2～3mm，背面及边缘被毛；花冠钟状，较短至稍长于萼，黄色，深5裂，裂片长圆状披针形，无毛；雄蕊5，着生于花冠2裂片间弯缺处，花丝短，等长；子房被疏柔毛，2室，具4枚胚珠，花柱2，柱头头状。蒴果近球形，小，短于花萼，直径约1.5mm，膜质。种子1～2，黄色至褐色，无毛。

【生境与发生频率】生于丘陵果茶园中。发生频率：橘园0.02。

432 牵牛 *Ipomoea nil* (L.) Roth

【分类地位】旋花科

【形态特征】1年生缠绕草本。茎上被倒向的短柔毛及杂有倒向或开展的长硬毛。叶宽卵形或近圆形，深或浅的3裂，偶5裂，长4～15cm，宽4.5～14cm，基部圆，心形，中裂片长圆形或卵圆形，渐尖或骤尖，侧裂片较短，三角形，裂口锐或圆，叶面或疏或密被微硬的柔毛；叶柄长2～15cm，毛被同茎。花腋生，单一或通常2朵着生于花序梗顶，花序梗长短不一，长1.5～18.5cm，通常短于叶柄，有时较长，毛被同茎；苞片线形或叶状，被开展的微硬毛；花梗长2～7mm；小苞片线形；萼片近等长，长2～2.5cm，披针状线形，内面2片稍狭，外面被开展的刚毛，基部更密，有时也杂有短柔毛；花冠漏斗状，长5～8(～10)cm，蓝紫色或紫红色，花冠管色淡；雄蕊及花柱内藏；雄蕊不等长；花丝基部被柔毛；子房无毛，柱头头状。蒴果近球形，直径0.8～1.3cm，3瓣裂。种子卵状三棱形，长约6mm，黑褐色或米黄色，被褐色短茸毛。花期6—8月，果期9—11月。

【生境与发生频率】生于丘陵果茶园中。发生频率：橘园0.02。

433 **野线麻** *Boehmeria japonica* (L. f.) Miq.

【分类地位】荨麻科

【形态特征】多年生草本。茎高1～1.5m，基部圆形，上部四棱形，被白色短伏毛。叶对生；叶柄长3～8.5cm；叶片坚纸质，宽卵形或近圆形，长7～16cm，宽5～12cm，先端长渐失或不明显三骤尖，基部圆形或近截形，边缘生粗锯齿，上部的齿常重出，上面粗糙，生短糙伏毛，下面沿网脉生短柔毛。穗状花序腋生，雄花序位于雌花序之下；雌花序长达20cm，雌花簇密集，直径约3.5mm。瘦果狭倒卵形，被白色细毛，上部较密。花期6月，果期9月。

【生境与发生频率】生于丘陵果茶园中。发生频率：橘园0.02。

434 **悬铃叶苎麻** *Boehmeria tricuspis* (Hance) Makino

【分类地位】荨麻科

【形态特征】亚灌木或多年生草本。茎高50～150cm，中部以上与叶柄和花序轴密被短毛。叶对生，稀互生，叶片纸质，扁五角形或扁圆卵形，茎上部叶常为卵形，顶部三骤尖或三浅裂，基部截形、浅心形或宽楔形，边缘有粗牙齿，上面粗糙，有糙伏毛，下面密被短柔毛，侧脉2对。穗状花序单生叶腋，或同一植株的全为雌性，或茎上部的雌性，其下的为雄性，雌性分枝呈圆锥状或不分枝，雄性分枝呈圆锥状；雄花花被片4，椭圆形，下部合生，外面上部疏被短毛，雄蕊4，退化雌蕊椭圆形；雌花花被椭圆形，齿不明显，外面有密柔毛，果期呈楔形至倒卵状菱形。花期7—8月，果期8—9月。

【生境与发生频率】生于丘陵果茶园中。发生频率：茶园0.05。

435 毛花点草 *Nanocnide lobata* Wedd.

【分类地位】荨麻科

【形态特征】1年生或多年生草本。茎柔软，铺散丛生，自基部分枝，常半透明，被向下弯曲的微硬毛。叶宽卵形或角状卵形，长1.5～2cm，宽1.3～1.8cm，先端钝或尖，基部近平截或宽楔形，具粗圆齿或近裂片状粗齿，上面疏生小刺毛和柔毛，下面脉上密生紧贴柔毛；基出脉3～5，叶柄在茎下部的长于叶片，茎上部的短于叶片，被下弯柔毛，托叶卵形。雄花序常生于枝上部叶腋，稀雄花散生于雌花序下部，具短梗；雌花序成团聚伞花序，生于枝顶叶腋或茎下部叶腋内；雄花淡绿色，花被(4)5深裂，裂片卵形，背面上部有鸡冠状突起，边缘疏生白色刺毛；雌花花被片绿色，不等4深裂。瘦果卵圆形，扁，褐色，有疣点，花被片宿存。花期4—6月，果期6—8月。

【生境与发生频率】生于丘陵果茶园潮湿处。发生频率：橘园0.02。

436 蔓赤车 *Pellionia scabra* Benth.

【分类地位】荨麻科

【形态特征】多年生亚灌木。茎直立或渐升，高达1m，基部木质，通常分枝，上部有开展的糙毛。叶具短柄或近无柄；叶片草质，斜狭菱状倒披针形或斜狭长圆形，顶端渐尖、长渐尖或尾状，边缘下部全缘；沿中脉有短糙毛，半离基三出脉，叶脉近羽状；托叶钻形。花序通常雌雄异株；雄花为稀疏的聚伞花序，苞片条状披针形，花被片5，椭圆形，基部合生，3个较大，顶部有角状突起，2个较小，无突起，雄蕊5，退化雌蕊钻形；雌花序近无梗或有梗，有多数密集的花，花序梗密被短毛，苞片条形，有疏毛，花被片4～5，狭长圆形，其中2～3个较大，船形，外面顶部有短或长的角状突起，其余的较小，平，无突起，退化雄蕊极小。瘦果近椭圆球形，有小瘤状突起。花期春季至夏季。

【生境与发生频率】生于丘陵果茶园潮湿处。发生频率：橘园0.02。

437 瓜子金 *Polygala japonica* Houtt.

【分类地位】远志科

【形态特征】多年生草本。株高可达20cm。茎、枝被卷曲柔毛。叶厚纸质或近革质，卵形或卵状披针形，稀窄披针形，长1～2.3（～3）cm，宽（3～）5～9mm，先端钝，基部宽楔形或圆，无毛或沿脉被柔毛，侧脉3～5对；叶柄长1mm，被柔毛。总状花序与叶对生，或腋外生，最上花序低于茎顶；花梗长7mm，被柔毛；苞片1，早落；萼片宿存，外3枚披针形，被毛，内2枚花瓣状，卵形或长圆形；花瓣白或紫色，龙骨瓣舟状，具流苏状附属物，侧瓣长圆形，基部合生，内侧被柔毛；花丝全部合生成鞘，1/2与花瓣贴生。蒴果球形，径6mm，具宽翅。种子密被白色柔毛，种阜2裂下延，疏被柔毛。花期4—5月，果期5—8月。

【生境与发生频率】生于丘陵果茶园潮湿处。发生频率：橘园0.02。

438 紫金牛 *Ardisia japonica* (Thunb.) Bl.

【分类地位】紫金牛科

【形态特征】小灌木或亚灌木，近蔓生。茎幼时被细微柔毛，后无毛。叶对生或轮生，椭圆形或椭圆状倒卵形，先端尖，基部楔形，长4～7（～12）cm，宽1.5～3（4.5）cm，具细齿，稍具腺点，两面无毛或下面仅中脉被微柔毛，侧脉5～8对；叶柄长0.6～1cm，被微柔毛。亚伞形花序，腋生或生于近茎顶叶腋，花序梗长约5mm；花梗长0.7～1cm，常下弯，均被微柔毛；花长4～5mm，有时6数，萼片卵形，无毛，具缘毛，有时具腺点；花瓣粉红或白色，无毛，具密腺点；花药背部具腺点。果径5～6mm，鲜红至黑色，稍具腺点。花期5—6月，果期11—12月。

【生境与发生频率】生于丘陵果茶园中。发生频率：茶园0.05。

439 **夏天无** *Corydalis decumbens* (Thunb.) Pers.

【分类地位】禾本科

【形态特征】多年生草本。株高达25cm。块茎近球形或稍长，具匍匐茎，无鳞叶。茎多数，不分枝，具2～3叶。叶2回3出，小叶倒卵圆形，全缘或深裂，裂片卵圆形或披针形。总状花序具3～10花；苞片卵圆形，全缘，长5～8mm；花梗长1～2cm；花冠近白、淡粉红或淡蓝色，外花瓣先端凹缺，具窄鸡冠状突起，上花瓣长1.4～1.7cm，瓣片稍上弯，距稍短于瓣片，渐窄，直伸或稍上弯，蜜腺为距长1/3～1/2，下花瓣宽匙形，无基生小囊，内花瓣鸡冠状突起伸出顶端。蒴果线形，稍扭曲，长1.3～1.8cm，种子6～14。种子具龙骨及泡状小突起。

【生境与发生频率】生于丘陵果茶园中。发生频率：茶园0.05。

第三节 棉油作物田主要杂草

1 **纤毛马唐** *Digitaria ciliaris* (Retz.) Koeler

【分类地位】禾本科

【形态特征】1年生草本。秆基部横卧地面，节上生根，具分枝，高30～90cm。叶鞘常短于节间，多少具柔毛；叶舌长约2mm；叶片线形或披针形，长5～20cm，宽3～10mm，上面散生柔毛，边缘稍厚，微粗糙。总状花序5～8，呈指状排列于茎顶；小穗披针形；第1颖小，三角形；第2颖披针形，具3脉，脉间及边缘生柔毛；第1外稃具7脉，脉平滑，中脉两侧脉间较宽而无毛，其他脉间贴生柔毛，边缘具长柔毛；第2外稃椭圆状披针形，革质。花果期5—10月。

【生境与发生频率】旱地主要恶性杂草之一，生于各类旱地作物田及稻田田埂。发生频率：棉田0.97，梨园0.79，稻田0.75，橘园0.72，茶园0.64，油菜田0.36。

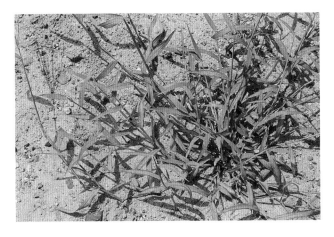

2　　狗牙根　　*Cynodon dactylon* (Linn.) Pers.

【分类地位】禾本科

【形态特征】多年生低矮草本。秆匍匐地面，长可达1m，直立部分高10～30cm。叶鞘有脊，无毛或疏生柔毛，鞘口通常有柔毛；叶舌退化为一圈白毛；叶片线形，在下部者因节间短缩似对生，长1～6cm，宽1～3mm。穗状花序3～5，长2～5cm；小穗灰绿色或带紫色，长2～2.5mm，仅含1小花；颖长1.5～2mm，第2颖稍长，均具1脉，背部成脊而边缘膜质；外稃舟形，具3脉，背部明显成脊，脊上被柔毛；内稃与外稃近等长，具2脉。鳞被上缘近截平；花药淡紫色；子房无毛，柱头紫红色。颖果长圆柱形。花果期5—10月。

【生境与发生频率】江西省旱地主要恶性杂草之一，生于管理粗放地、田埂和田边。发生频率：棉田0.8，橘园0.68，梨园0.64，稻田0.62，油菜田0.61，茶园0.27。

3　　空心莲子草　　*Alternanthera philoxeroides* (Mart.) Griseb.

【分类地位】苋科

【形态特征】多年生草本。茎基部匍匐，上部上升，管状，不明显4棱，长55～120cm，具分枝，幼茎及叶腋有白色或锈色柔毛，茎老时无毛，仅在两侧纵沟内保留。叶片矩圆形、矩圆状倒卵形或倒卵状披针形，长2.5～5cm，宽7～20mm，顶端急尖或圆钝，具短尖，基部渐狭，全缘，两面无毛或上面有贴生毛及缘毛，下面有颗粒状突起；叶柄长3～10mm，无毛或微有柔毛。花密生，成具总花梗的头状花序，单生在叶腋，球形，直径8～15mm；苞片及小苞片白色，顶端渐尖，具1脉；苞片卵形，长2～2.5mm，小苞片披针形，长2mm；花被片矩圆形，长5～6mm，白色，光亮，无毛，顶端急尖，背部侧扁；雄蕊花丝长2.5～3mm，基部联合成杯状；退化雄蕊矩圆状条形，和雄蕊约等长，顶端裂成窄条；子房倒卵形，具短柄，背面侧扁，顶端圆形。果实未见。花期5—10月。

【生境与发生频率】江西农田主要恶性杂草，生于各类旱地作物田及水中。发生频率：棉田0.71，稻田0.66，油菜田0.64，橘园0.48，梨园0.14，茶园0.14。

4 鳢肠 *Eclipta prostrata* (Linn.) Linn.

【分类地位】菊科

【形态特征】1年生草本。茎直立，斜升或平卧，高达60cm。叶对生，长圆状披针形或披针形，两面被密硬糙毛。头状花序腋生或顶生；总苞球状钟形，总苞片绿色，草质，5～6排成2层；外围的雌花2层，舌状，舌片短，中央两性花多数，花冠管状，白色，顶端4齿裂。瘦果暗褐色，雌花的瘦果三棱形，两性花的瘦果扁四棱形，顶端截形，具1～3细齿。花果期6—10月。

【生境与发生频率】生于河边、田边或路旁，在管理粗放地和田埂是常见杂草。发生频率：棉田0.86，稻田0.64，梨园0.43，橘园0.32，油菜田0.21，茶园0.14。

5 牛筋草 *Eleusine indica* (Linn.) Gaertn.

【分类地位】禾本科

【形态特征】1年生草本。秆丛生，基部倾斜，高10～90cm。叶鞘压扁而具脊，松弛，无毛或疏生疣毛；叶舌短；叶片线形。穗状花序2～7指状着生于秆顶，很少单生；小穗含3～6小花；颖披针形，具脊，脊粗糙；第1颖短于第2颖；第1外稃卵形，膜质，具脊，脊上有狭翼，内稃短于外稃，具2脊，脊上具狭翼。囊果卵形，基部下凹，具明显的波状皱纹。花果期6—10月。

【生境与发生频率】多生于荒芜之地及道路旁，是旱地主要恶性杂草之一。发生频率：棉田0.83，橘园0.68，梨园0.5，稻田0.25，茶园0.23，油菜田0.11。

6　龙葵　*Solanum nigrum* Linn.

【分类地位】茄科

【形态特征】1年生直立草本。高0.25～1m。茎无棱或棱不明显，绿色或紫色，近无毛或被微柔毛。叶卵形，长2.5～10cm，宽1.5～5.5cm，先端短尖，基部楔形至阔楔形而下延至叶柄，全缘或每边具不规则的波状粗齿，光滑或两面均被稀疏短柔毛，叶脉每边5～6条，叶柄长1～2cm。腋外生蝎尾状花序，由3～6花组成，总花梗长1～2.5cm，花梗长约5mm，近无毛或具短柔毛；萼小，浅杯状，齿卵圆形，先端圆，基部两齿间连接处成角度；花冠白色，筒部隐于萼内，5深裂，裂片卵圆形；花丝短，花药黄色，顶孔向内；子房卵形，花柱中部以下被白色茸毛，柱头小，头状。浆果球形，直径约8mm，熟时黑色。种子多数，近卵形，两侧压扁。花期6—9月，果期7—11月。

【生境与发生频率】喜生于田边、荒地及村庄附近，在路边田埂及管理粗放地有大量分布，是江西常见杂草。发生频率：棉田0.77，橘园0.7，茶园0.5，梨园0.5，油菜田0.36，稻田0.05。

7　白花蛇舌草　*Hedyotis diffusa* Willd.

【分类地位】茜草科

【形态特征】1年生无毛纤细草本。株高20～50cm。茎稍扁，从基部开始分枝。叶对生，无柄，膜质，线形，长1～3cm，宽1～3mm，顶端短尖，边缘干后常背卷，上面光滑，下面有时粗糙；中脉在上面下陷，侧脉不明显；托叶基部合生，顶部芒尖。花4数，单生或双生于叶腋；花梗略粗壮；萼管球形，萼檐裂片长圆状披针形，顶部渐尖，具缘毛；花冠白色，管形，喉部无毛，花冠裂片卵状长圆形，顶端钝；雄蕊生于冠管喉部，花药突出，长圆形，与花丝等长或略长；花柱柱头2裂，裂片广展，有乳头状凸点。蒴果膜质，扁球形，成熟时顶部室背开裂。种子每室约10粒，具棱，干后深褐色，有深而粗的窝孔。花期春季。

【生境与发生频率】多见于水田、田埂和湿润的旷地。发生频率：棉田0.83，稻田0.7，橘园0.26，梨园0.14，茶园0.09。

8　铁苋菜　*Acalypha australis* Linn.

【分类地位】大戟科

【形态特征】1年生草本。高30～60cm。茎直立，自基部分枝，伏生上向的白色硬毛。叶互生，叶片卵形至椭圆状披针形，长3～9cm，宽1～4cm，先端渐尖或钝尖，基部渐狭或宽楔形，上面被疏柔毛或近无毛，下面毛稍密，沿叶脉伏生硬毛；叶柄细长，长1～5cm，伏生硬毛。雌雄花同序，花序腋生，稀顶生，长1.5～5cm，花序梗长0.5～3cm，花序轴具短毛，雌花苞片1～2枚，卵状心形，花后增大，长1.4～2.5cm，宽1～2cm，边缘具三角形齿，外面沿掌状脉具疏柔毛，苞腋具雌花1～3朵；花梗无；雄花生于花序上部，排列呈穗状或头状，雄花苞片卵形，长约0.5mm，苞腋具雄花5～7朵，簇生；花梗长0.5mm；雄花：花蕾时近球形，无毛，花萼裂片4枚，卵形；雄蕊7～8枚；雌花：萼片3枚，长卵形，具疏毛；子房具疏毛，花柱3枚。蒴果直径4mm，具3个分果爿，果皮具疏生毛和毛基变厚的小瘤体。种子近卵状，长1.5～2mm，种皮平滑，假种阜细长。花果期4—12月。

【生境与发生频率】生于平原或山坡较湿润耕地和空旷草地。发生频率：棉田0.89，橘园0.54，梨园0.5，茶园0.32，油菜田0.11，稻田0.1。

9　鸡眼草　*Kummerowia striata* (Thunb.) Schindl.

【分类地位】蝶形花科

【形态特征】1年生草本。披散或平卧，多分枝，高10～45cm。茎和枝上被倒生的白色细毛。羽状三出复叶互生；叶柄长2～4cm；托叶淡褐色，干膜质，狭卵形，长4～7mm，有明显脉纹，宿存；小叶片倒卵状长椭圆形或长椭圆形，有时倒卵形，长5～15mm，宽3～8mm，先端圆钝，有小尖头，基部楔形，两面沿中脉及叶缘被长柔毛，侧脉密而平行；小叶柄短，被毛。花小，单生或2～3朵簇生于叶腋；花梗下端具2枚大小不等的苞片，萼基部具4枚小苞片，其中1枚极小，位于花梗关节处，小苞片常具5～7条纵脉；花萼钟状，带紫色，5裂，裂片宽卵形，具网状脉，外面及边缘具白毛；花冠粉红色或紫色，长5～6mm，较萼约长1倍，旗瓣椭圆形，下部渐狭成瓣柄，具耳，龙骨瓣比旗瓣稍长或近等长，翼瓣比龙骨瓣稍短。荚果圆形或倒卵形，稍侧扁，长3.5～5mm，较萼稍长或长达1倍，先端短尖，被小柔毛。花期7—9月，果期8—10月。

【生境与发生频率】生于路旁、田边、溪旁、沙质地或缓山坡草地。发生频率：棉田0.79，橘园0.6，梨园0.4，茶园0.32，稻田0.2，油菜田0.14。

10　禺毛茛　*Ranunculus cantoniensis* DC.

【分类地位】 毛茛科

【形态特征】 多年生草本。茎直立，高25～80cm，上部有分枝，与叶柄均密生开展的黄白色糙毛。叶为三出复叶，基生叶和下部叶有长达15cm的叶柄；叶片宽卵形至肾圆形，长3～6cm，宽3～9cm；小叶卵形至宽卵形，宽2～4cm，2～3中裂，边缘密生锯齿或齿牙，顶端稍尖，两面贴生糙毛；小叶柄长1～2cm，侧生小叶柄较短，生开展糙毛，基部有膜质耳状宽鞘；上部叶渐小，3全裂，有短柄至无柄。疏散的聚伞花序有较多花；花梗长2～5cm，与萼片均生糙毛；花生茎顶和分枝顶端；萼片卵形，开展；花瓣5，椭圆形，基部狭窄成爪，蜜槽上有倒卵形小鳞片。聚合果近球形；瘦果扁平，无毛，边缘有棱翼，喙基部宽扁，顶端弯钩状。花果期4—7月。

【生境与发生频率】 生于平原或丘陵田边、沟旁湿地。发生频率：油菜田0.71，稻田0.43，橘园0.3，茶园0.27，棉田0.23，梨园0.07。

11　看麦娘　*Alopecurus aequalis* Sobol.

【分类地位】 禾本科

【形态特征】 越年生草本。须根细弱。秆细弱光滑，高15～40cm，通常具3～5节，节部常膝曲。叶鞘疏松抱茎，短于节间，其内常有分枝；叶舌薄膜质，长2～5mm；叶片薄而柔软，长3～10cm，宽2～6mm。圆锥花序圆柱状，灰绿色；小穗椭圆形或卵状长圆形；颖膜质，基部互相联合，具3脉，脊上有细纤毛，侧脉下部有短毛；外稃膜质，先端钝，等大或稍长于颖，下部边缘互相联合，芒长1.5～3.5mm，约于稃体下部1/4处伸出，隐藏或稍外露；花药橙黄色。颖果长约1mm。花果期4—8月。

【生境与发生频率】 生于海拔较低之田边及潮湿之地，在冬春作物田和田埂有较多分布。发生频率：油菜田0.93，茶园0.36，橘园0.36，梨园0.21，棉田0.11，稻田0.11。

12 　**狗尾草**　　*Setaria viridis* (Linn.) Beauv.

【分类地位】禾本科

【形态特征】1年生草本。根为须状，高大株具支持根。秆直立或基部膝曲，高10～100cm，基部径达3～7mm。叶鞘松弛，无毛或疏具柔毛或疣毛，边缘具较长的密绵毛状纤毛；叶舌极短，缘有长1～2mm的纤毛；叶片扁平，长三角状狭披针形或线状披针形，先端长渐尖或渐尖，基部钝圆形，几呈截状或渐窄，长4～30cm，宽2～18mm，通常无毛或疏被疣毛，边缘粗糙。圆锥花序紧密呈圆柱状或基部稍疏离，直立或稍弯垂，主轴被较长柔毛，长2～15cm，宽4～13mm（除刚毛外），刚毛长4～12mm，粗糙或微粗糙，直或稍扭曲，通常绿色或褐黄到紫红或紫色；小穗2～5簇生于主轴上或更多的小穗着生在短小枝上，椭圆形，先端钝，长2～2.5mm，铅绿色；第1颖卵形、宽卵形，长约为小穗的1/3，先端钝或稍尖，具3脉；第2颖几与小穗等长，椭圆形，具5～7脉；第1外稃与小穗等长，具5～7脉，先端钝，其内稃短小狭窄；第2外稃椭圆形，顶端钝，具细点状皱纹，边缘内卷，狭窄；鳞被楔形，顶端微凹；花柱基分离。颖果灰白色。花果期5—10月。

【生境与发生频率】生于荒野、道旁，为旱地作物常见杂草。发生频率：棉田0.80，梨园0.43，茶园0.41，橘园0.34，油菜田0.18，稻田0.02。

13 　**爵床**　　*Justicia procumbens* L.

【分类地位】爵床科

【形态特征】1年生草本。茎基部匍匐，通常有短硬毛，高20～50cm。叶椭圆形至椭圆状长圆形，长1.5～3.5cm，宽1.3～2cm，先端锐尖或钝，基部宽楔形或近圆形，两面常被短硬毛；叶柄短，被短硬毛。穗状花序顶生或生上部叶腋，长1～3cm，宽6～12mm；苞片1，小苞片2，均为披针形，有缘毛；花萼裂片4，线形，约与苞片等长，有膜质边缘和缘毛；花冠粉红色，2唇形，下唇3浅裂；雄蕊2。蒴果上部具4粒种子，下部实心似柄状。种子表面有瘤状皱纹。花果期8—11月。

【生境与发生频率】生于山坡林间草丛中。发生频率：棉田0.49，橘园0.4，梨园0.36，茶园0.32，稻田0.16，油菜田0.14。

14　　鼠曲草　　*Pseudognaphalium affine* (D. Don) Anderb.

【分类地位】菊科

【形态特征】越年生草本。茎直立，高10～50cm，常簇生，不分枝或少分枝，密生白色绵毛。叶互生，无柄，基生叶花期枯萎，下部和中部叶倒披针形或匙形，顶端急尖或钝，两面被白色绵毛。头状花序多数，在茎端密集成伞房花序，花黄色至淡黄色；总苞钟形；总苞片3层，金黄色或柠檬黄色，膜质，具光泽，由内向外渐短；花黄色或浅黄色，花冠长2～3mm，均结实。瘦果倒卵形，冠毛污白色。花果期3—8月。

【生境与发生频率】生于低海拔的荒地、山坡、旷野、路边。发生频率：油菜田0.64，茶园0.45，橘园0.3，梨园0.29，棉田0.17，稻田0.1。

15　　匙叶合冠鼠曲草　　*Gamochaeta pensylvanica* (Willd.) Cabrera

【分类地位】菊科

【形态特征】越年生草本。茎直立或斜升，高30～45cm，基部斜倾分枝或不分枝，有沟纹，被白色绵毛。中下部叶倒披针形、匙形或匙状长圆形，顶端钝、圆，全缘或微波状，上面被疏毛，下面密被灰白色绵毛；上部叶小。头状花序多数，数个成束簇生，再排列成顶生或腋生、紧密的穗状花序；总苞卵形，总苞片2层，污黄色或麦秆黄色；雌花多数，花冠丝状；两性花少数，花冠管状。瘦果长圆形。花期12月至翌年5月。

【生境与发生频率】生于新开垦山坡地和田埂。发生频率：棉田0.5，油菜田0.36，茶园0.36，梨园0.29，橘园0.29，稻田0.02。

16 雀舌草 *Stellaria alsine* Grimm

【分类地位】石竹科

【形态特征】2年生草本。株高15～25（35）cm，全株无毛。须根细。茎丛生，稍铺散，上升，多分枝。叶无柄，叶片披针形至长圆状披针形，长5～20mm，宽2～4mm，顶端渐尖，基部楔形，半抱茎，边缘软骨质，呈微波状，基部具疏缘毛，两面微显粉绿色。聚伞花序通常具3～5花，顶生或单生叶腋；花梗细，长5～20mm，无毛，果时稍下弯，基部有时具2披针形苞片；萼片5，披针形，长2～4mm，宽1mm，顶端渐尖，边缘膜质，中脉明显，无毛；花瓣5，白色，短于萼片或近等长，2深裂几达基部，裂片条形，钝头；雄蕊5（～10），有时6～7，微短于花瓣；子房卵形，花柱3（有时为2），短线形。蒴果卵圆形，与宿存萼等长或稍长，6齿裂，含多数种子。种子肾脏形，微扁，褐色，具皱纹状突起。花期5—6月，果期7—8月。

【生境与发生频率】生于田间、溪岸或潮湿地。发生频率：油菜田0.75，橘园0.38，茶园0.32，稻田0.11，梨园0.07，棉田0.06。

17 早熟禾 *Poa annua* L.

【分类地位】禾本科

【形态特征】越年生草本。秆直立或倾斜，质软，高6～30cm，全体平滑无毛。叶鞘稍压扁，中部以下闭合；叶舌圆头；叶片扁平或对折，长2～12cm，质地柔软。圆锥花序宽卵形，开展；分枝1～3；小穗卵形，含3～5小花；颖质薄，第1颖披针形，具1脉，第2颖具3脉；外稃卵圆形，顶端与边缘宽膜质，具明显的5脉，脊与边脉下部具柔毛，间脉近基部有柔毛，基盘无绵毛，第1外稃长3～4mm；内稃与外稃近等长，两脊密生丝状毛。颖果纺锤形，长约2mm。花期4—5月，果期6—7月。

【生境与发生频率】生于平原和丘陵的路旁草地、田野水沟或荫蔽荒坡湿地。发生频率：油菜田0.79，茶园0.41，橘园0.26，棉田0.14，梨园0.14。

18　球序卷耳　*Cerastium glomeratum* Thuill.

【分类地位】石竹科

【形态特征】1年生草本。株高可达20cm。茎密被长柔毛，上部兼有腺毛。下部叶匙形，上部叶倒卵状椭圆形，长1.5～2.5cm，基部渐窄成短柄，两面被长柔毛，具缘毛。聚伞花序密集成头状，花序梗密被腺柔毛；苞片卵状椭圆形，密被柔毛；花梗长1～3mm，密被柔毛；萼片5，披针形，长约4mm，密被长腺毛；花瓣5，白色，长圆形，先端2裂，基部疏被柔毛；花柱5。蒴果长圆筒形，长于宿萼，具10齿。种子褐色，扁三角形，具小疣。花期3—4月，果期5—6月。

【生境与发生频率】生于管理粗放地及田埂。发生频率：油菜田0.62，梨园0.36，橘园0.32，茶园0.32，棉田0.26。

19　碎米荠　*Cardamine hirsuta* L.

【分类地位】十字花科

【形态特征】1年生草本。株高6～25cm，无毛或疏生柔毛。茎1条或多条，不分枝或基部分枝。基生叶有柄，单数羽状复叶，小叶1～3对，顶生小叶圆卵形，长4～14mm，有3～5圆齿，侧生小叶较小，歪斜；茎生叶小叶2～3对，狭倒卵形至条形，所有小叶上面及边缘有疏柔毛。总状花序在花时成伞房状，后延长；花白色，长2.5～3mm；雄蕊4（～6）。长角果条形，长18～25mm，宽约1mm，近直展，裂瓣无脉，宿存花柱长约0.5mm；果梗长5～8mm。种子1行，长方形，褐色。

【生境与发生频率】生于草坡或路旁。发生频率：油菜田0.61，茶园0.36，橘园0.32，梨园0.14，棉田0.11，稻田0.11。

20　裸柱菊　*Soliva anthemifolia* (Juss.) R.Br.

【分类地位】菊科

【形态特征】1年生草本。茎极短，平卧。叶互生，有柄，长5～10cm，2全3回羽状分裂，裂片线形，全缘或3裂，被长柔毛或近于无毛。头状花序近球形，无梗，生于茎基部，径6～12mm；总苞片2层，矩圆形或披针形，边缘干膜质；边缘的雌花多数，无花冠；中央的两性花少数，花冠管状，黄色，顶端3裂齿，基部渐狭，常不结实。瘦果倒披针形，扁平，有厚翅，顶端圆形。花果期全年。

【生境与发生频率】生于荒地、田野，低洼地和田埂较多。发生频率：油菜田0.64，橘园0.3，茶园0.18，稻田0.11，棉田0.11，梨园0.07。

21　马齿苋　*Portulaca oleracea* Linn.

【分类地位】马齿苋科

【形态特征】1年生草本。茎平卧或斜倚，伏地铺散，多分枝，圆柱形，长10～15cm，淡绿色或带暗红色。叶互生，有时近对生，叶片扁平，肥厚，倒卵形，似马齿状，长1～3cm，宽0.6～1.5cm，顶端圆钝或平截，有时微凹，基部楔形，全缘，上面暗绿色，下面淡绿色或带暗红色，中脉微隆起；叶柄粗短。花无梗，常3～5簇生枝端，午时盛开；苞片2～6，叶状，膜质，近轮生；萼片2，对生，绿色，盔形，左右压扁，顶端急尖，背部具龙骨状突起，基部合生；花瓣5，稀4，黄色，倒卵形，顶端微凹，基部合生；雄蕊通常8，或更多，花药黄色；子房无毛，花柱比雄蕊稍长，柱头4～6裂，线形。蒴果卵球形，盖裂。种子细小，多数，偏斜球形，黑褐色，有光泽，具小疣状突起。花期5—8月，果期6—9月。

【生境与发生频率】生于菜园、农田、路旁。发生频率：棉田0.8，橘园0.34，梨园0.21。

22 **野老鹳草** *Geranium carolinianum* Linn.

【分类地位】牻牛儿苗科

【形态特征】1年生草本。株高20～60cm。茎直立或仰卧，单一或多数，具棱角，密被倒向短柔毛。基生叶早枯，茎生叶互生或最上部对生；托叶披针形或三角状披针形，外被短柔毛；茎下部叶具长柄，被倒向短柔毛，上部叶柄渐短；叶片圆肾形，长2～3cm，宽4～6cm，基部心形，掌状5～7裂，近基部裂片楔状倒卵形或菱形，下部楔形、全缘，上部羽状深裂，小裂片条状矩圆形，先端急尖，表面被短伏毛，背面主要沿脉被短伏毛。腋生和顶生伞形花序，被倒生短柔毛和开展的长腺毛，每总花梗具2花，顶生总花梗常数个集生，花梗与总花梗相似；苞片钻状，被短柔毛；萼片长卵形或近椭圆形，先端急尖，具长约1mm尖头，外被短柔毛或沿脉被开展的糙柔毛和腺毛；花瓣淡紫红色，倒卵形，稍长于萼，先端圆形，基部宽楔形；雄蕊稍短于萼片，中部以下被长糙柔毛；雌蕊稍长于雄蕊，密被糙柔毛。蒴果被短糙毛，果瓣由喙上部先裂向下卷曲。花期4—7月，果期5—9月。

【生境与发生频率】生于平原和低山荒坡杂草丛中。发生频率：油菜田0.54，橘园0.36，茶园0.36，梨园0.29，棉田0.09。

23 **羊蹄** *Rumex japonicus* Houtt.

【分类地位】蓼科

【形态特征】多年生草本。株高50～100cm。茎直立，上部分枝，具沟槽。基生叶长圆形或披针状长圆形，长8～25cm，宽3～10cm，顶端急尖，基部圆形或心形，边缘微波状，下面沿叶脉具小突起；茎上部叶狭长圆形；叶柄长2～12cm；托叶鞘膜质，易破裂。花序为狭长圆锥状；花两性，多花轮生；花梗细长，中下部具关节；花被片6，淡绿色；外花被片椭圆形，内花被片果时增大，宽心形，顶端渐尖，基部心形，边缘具不整齐的小齿，全部具小瘤，小瘤长卵形。瘦果宽卵形，具3锐棱，长约2.5mm，两端尖，暗褐色，有光泽。花期5—6月，果期6—7月。

【生境与发生频率】生于田边路旁、河滩、沟边湿地。发生频率：油菜田0.64，稻田田埂0.25，棉田0.23，橘园0.08，茶园0.05。

24 　　　**猪殃殃** 　　*Galium spurium* L.

【分类地位】茜草科

【形态特征】1年生或越年生蔓生或攀援草本。株高30～90cm。茎4棱，棱、叶缘及叶背中脉上生有倒钩刺。叶纸质或近膜质，6～8片轮生，带状倒披针形或长圆状倒披针形，长1～5.5cm，宽1～7mm，顶端有针状凸尖头，基部渐狭，两面常有紧贴的刺状毛；1脉，近无柄。腋生或顶生聚伞花序，花小，有纤细的花梗；花萼被钩毛，萼檐近平截；花冠黄绿色或白色，辐状，裂片长圆形，镊合状排列；子房被毛，花柱2裂至中部，柱头头状。果干燥，有1或2个近球状的分果爿，肿胀，密被钩毛，每一爿有1颗平凸的种子。花期3—7月，果期4—11月。

【生境与发生频率】生于山坡、旷野、沟边、湖边、林缘、草地等湿润地。发生频率：油菜田0.68，橘园0.24，茶园0.23，棉田0.2，梨园0.14，稻田0.02。

25 　　　**莲子草** 　　*Alternanthera sessilis* (L.) R. Br. ex DC.

【分类地位】苋科

【形态特征】多年生草本。株高10～45cm。圆锥根粗，直径可达3mm。茎上升或匍匐，绿色或稍带紫色，有条纹及纵沟，沟内有柔毛，在节处有一行横生柔毛。叶片形状及大小有变化，条状披针形、矩圆形、倒卵形、卵状矩圆形，长1～8cm，宽2～20mm，顶端急尖、圆形或圆钝，基部渐狭，全缘或有不明显锯齿，两面无毛或疏生柔毛；叶柄长1～4mm，无毛或有柔毛。头状花序1～4，腋生，无总花梗，初为球形，后渐成圆柱形，直径3～6mm；花密生，花轴密生白色柔毛；苞片及小苞片白色，顶端短渐尖，无毛；苞片卵状披针形，长约1mm，小苞片钻形，长1～1.5mm；花被片卵形，长2～3mm，白色，顶端渐尖或急尖，无毛，具1脉；雄蕊3，花丝长约0.7mm，基部联合成杯状，花药矩圆形；退化雄蕊三角状钻形，比雄蕊短，顶端渐尖，全缘；花柱极短，柱头短裂。胞果倒心形，长2～2.5mm，侧扁，翅状，深棕色，包在宿存花被片内。种子卵球形。花期5—7月，果期7—9月。

【生境与发生频率】生于草坡、水沟、田边或沼泽、海边潮湿处。发生频率：棉田0.44，稻田田埂0.29，油菜田0.25，梨园0.07，橘园0.02。

26　苦苣菜　*Sonchus oleraceus* (L.) L.

【分类地位】菊科

【形态特征】1年生或越年生草本。茎直立，高40～150cm。基生叶丛生，茎生叶互生；叶片柔软无毛，大头羽状全裂或羽状半裂，边缘有刺状尖齿，刺不棘手；下部的叶柄有翅，基部扩大抱茎，中上部的叶无柄，基部扩大成戟耳形。头状花序少数，在茎枝顶端排成紧密的伞房状或总状花序或单生茎枝顶端；总苞钟状，长1.5cm，宽1cm，下部常有疏腺毛；总苞片3～4层，覆瓦状排列，向内层渐长；舌状小花多数，黄色。瘦果褐色，长椭圆形或长椭圆状倒披针形，压扁，每面各有3条细脉，冠毛白色。花果期5—12月。

【生境与发生频率】生于山坡或山谷林缘、林下或平地田间、空旷处或近水处。发生频率：油菜田0.39，棉田0.26，茶园0.23，梨园0.21，橘园0.18，稻田田埂0.03。

27　荠　*Capsella bursa-pastoris* (Linn.) Medic.

【分类地位】十字花科

【形态特征】1年生或2年生草本。株高7～50cm，无毛、有单毛或分叉毛。茎直立，单一或从下部分枝。基生叶丛生呈莲座状，大头羽状分裂，长可达12cm，宽可达2.5cm，顶裂片卵形至长圆形，长5～30mm，宽2～20mm，侧裂片3～8对，长圆形至卵形，长5～15mm，顶端渐尖，浅裂，或有不规则粗锯齿或近全缘，叶柄长5～40mm；茎生叶窄披针形或披针形，长5～6.5mm，宽2～15mm，基部箭形，抱茎，边缘有缺刻或锯齿。总状花序顶生及腋生，果期延长达20cm；花梗长3～8mm；萼片长圆形，长1.5～2mm；花瓣白色，卵形，长2～3mm，有短爪。短角果倒三角形或倒心状三角形，长5～8mm，宽4～7mm，扁平，无毛，顶端微凹，裂瓣具网脉；花柱长约0.5mm；果梗长5～15mm。种子2行，长椭圆形，长约1mm，浅褐色。花果期4—6月。

【生境与发生频率】生于田边或路旁。发生频率：油菜田0.36，橘园0.34，梨园0.21，茶园0.18，棉田0.09。

28 薤白 *Allium macrostemon* Bunge

【分类地位】百合科

【形态特征】多年生草本。鳞茎近球状，粗0.7～1.5cm，基部常具小鳞茎；鳞茎外皮带黑色，纸质或膜质，不破裂。叶3～5，半圆柱状，或因背部纵棱发达而为三棱状半圆柱形，中空，上面具沟槽，比花葶短。伞形花序半球形或球形，密聚珠芽，间有数朵花或全为花；花梗等长，为花被的3～4倍长，具苞片；花被宽钟状，红色至粉红色；花被片具1深色脉，长4～5mm，矩圆形至矩圆状披针形，钝头；花丝比花被片长1/4～1/3，基部三角形向上渐狭成锥形，仅基部合生并与花被贴生，内轮基部比外轮基部略宽或宽为1.5倍；花柱伸出花被外。花期5—6月。

【生境与发生频率】生于山坡、丘陵、山谷或草地上。发生频率：油菜田0.5，茶园0.23，橘园0.22，棉田0.14，梨园0.07。

29 阿拉伯婆婆纳 *Veronica persica* Poir.

【分类地位】玄参科

【形态特征】越年生草本。铺散多分枝，高10～50cm。茎密生两列多细胞柔毛。叶2～4对，具短柄，卵形或圆形，长6～20mm，宽5～18mm，基部浅心形，平截或浑圆，边缘具钝齿，两面疏生柔毛。总状花序很长；苞片互生，与叶同形且几乎等大；花梗比苞片长，有的超过1倍；花萼花期长仅3～5mm，果期增大达8mm，裂片卵状披针形，有睫毛，三出脉；花冠蓝色、紫色或蓝紫色，长4～6mm，裂片卵形至圆形，喉部疏被毛；雄蕊短于花冠。蒴果肾形，长5mm，宽约7mm，被腺毛，成熟后几乎无毛，网脉明显，凹口角度超过90°，裂片钝，宿存的花柱长约2.5mm，超出凹口。种子背面具深的横纹，长约1.6mm。花期3—5月。

【生境与发生频率】生于路旁、荒地、田间。发生频率：油菜田0.39，梨园0.29，橘园0.22，茶园0.18，棉田0.17。

30 乱草 *Eragrostis japonica* (Thunb.) Trin.

【分类地位】禾本科

【形态特征】1年生草本。秆直立或膝曲丛生，高30～100cm。叶鞘松裹茎，无毛；叶舌甚短；叶片平展，长3～25cm，光滑无毛。圆锥花序长圆形，整个花序常超过植株一半以上，分枝纤细，簇生或轮生，腋间无毛；小穗卵圆形，有4～8小花，成熟后紫色；颖近等长；第1外稃长约1mm，广椭圆形，先端钝，具3脉，侧脉明显；内稃长约0.8mm，先端为3齿，具2脊，脊上疏生短纤毛；雄蕊2。颖果棕红色并透明，卵圆形。花果期6—11月。

【生境与发生频率】生于田野路旁、河边及潮湿地。发生频率：棉田0.46，梨园0.21，橘园0.12，稻田0.11，茶园0.09。

31 窃衣 *Torilis scabra* (Thunb.) DC.

【分类地位】伞形科

【形态特征】1年生或多年生草本。株高达70cm，全株被平伏硬毛。茎单生，有分枝，有细直纹和刺毛。叶卵形，1至2回羽状分裂，小叶片披针状卵形，羽状深裂，末回裂片披针形至长圆形，边缘有条裂状粗齿至缺刻或分裂。顶生和腋生复伞形花序，花序梗长2～8cm；总苞片通常无，很少有1钻形或线形的苞片；伞辐2～4，长1～5cm，粗壮，有纵棱及向上紧贴的硬毛；小总苞片5～8，钻形或线形；小伞形花序有花4～12；萼齿细小，三角状披针形，花瓣白色，倒圆卵形，先端内折；花柱基圆锥状，花柱向外反曲。果实长圆形，长4～7mm，宽2～3mm，有皮刺。花果期4—11月。

【生境与发生频率】生于山坡、林下、路旁、河边及空旷草地上。发生频率：油菜田0.36，梨园0.29，茶园0.27，橘园0.18，棉田0.09，稻田0.03。

32　泥胡菜　*Hemisteptia lyrata* (Bunge) Bunge

【分类地位】菊科

【形态特征】越年生草本。茎直立，高30～100cm。基生叶长椭圆形或倒披针形，茎生叶互生；全部叶大头羽状深裂或几全裂，侧裂片2～6对；全部茎叶上面绿色，无毛，下面灰白色，被厚或薄茸毛。头状花序在茎枝顶端排成疏松伞房花序；总苞宽钟状或半球形，总苞片多层，外层较短；小花紫色或红色。瘦果小，楔状。花果期3—8月。

【生境与发生频率】生于山坡、山谷、平原、丘陵、林缘、林下、草地、荒地、田间、河边、路旁等处。发生频率：油菜田0.43，茶园0.27，棉田0.14，橘园0.12，稻田田埂0.03。

33　野大豆　*Glycine soja* Sieb. et Zucc.

【分类地位】蝶形花科

【形态特征】1年生缠绕草本。藤蔓长1～4m。茎、小枝纤细，全体疏被褐色长硬毛。羽状3小叶；托叶宽披针形，被黄色硬毛；顶生小叶片卵形至线形，长2.5～8cm，宽1～3.5cm，先端急尖，基部圆形，两面密被伏毛；侧生小叶片较小，基部偏斜，小托叶狭披针形。总状花序通常短，稀长可达13cm；花小，长约5mm；花梗密生黄色长硬毛；苞片披针形；花萼钟状，密生长毛，裂片5，三角状披针形，先端锐尖；花冠淡红紫色或白色，旗瓣近圆形，先端微凹，基部具短瓣柄，翼瓣斜倒卵形，有明显的耳，龙骨瓣比旗瓣及翼瓣短小，密被长毛；花柱短而向一侧弯曲。荚果长圆形，稍弯，两侧稍扁，长17～23mm，宽4～5mm，密被长硬毛，种子间稍缢缩，干时易裂。种子2～3，椭圆形，稍扁，长2.5～4mm，宽1.8～2.5mm，褐色至黑色。花期7—8月，果期8—10月。

【生境与发生频率】生于潮湿的田边、园边、沟旁、河岸、湖边、沼泽、草甸。发生频率：棉田0.46，茶园0.23，橘园0.1，梨园0.07，稻田0.05。

34　地桃花　*Urena lobata* Linn.

【分类地位】锦葵科

【形态特征】亚灌木状草本。直立，高达1m。叶互生，具长柄；下部叶近圆形，中部叶卵形，上部叶长圆形至披针形；叶上面被柔毛，下面被灰白色星状茸毛；叶柄长1～4cm，被灰白色星状毛。花腋生，单生或稍丛生，淡红色；小苞片5，基部1/3合生；花萼杯状，裂片5；花瓣5，倒卵形。果扁球形，直径约1cm。花果期7—10月。

【生境与发生频率】生于干热的空旷地、草坡或疏林下。发生频率：棉田0.32，橘园0.23，茶园0.18，梨园0.07，稻田田埂0.07，油菜田0.04。

35　稻槎菜　*Lapsanastrum apogonoides* (Maxim.) J.-H. Pak et K. Breme

【分类地位】菊科

【形态特征】1年生草本。高7～20cm。茎细。基生叶丛生，有柄；叶片先端圆钝或短尖，顶端裂片较大，卵圆形，边缘羽状分裂，两侧裂片3～4对，短椭圆形；茎生叶少数，与基生叶同形并等样分裂，向上茎叶渐小，不裂。头状花序小，果期下垂或歪斜；总苞圆柱状钟形，外层总苞片小，卵状披针形，内层总苞片5～6，长椭圆状披针形；舌状花两性，黄色。瘦果椭圆状披针形，扁平，先端两侧各有1钩刺，无冠毛。花果期1—6月。

【生境与发生频率】生于田野、荒地及路边。发生频率：油菜田0.64，稻田0.11，橘园0.06，茶园0.05，棉田0.03。

36 繁缕 *Stellaria media* (L.) Vill.

【分类地位】石竹科

【形态特征】1年生或2年生草本。株高10～30cm。茎平卧或上升，基部多少分枝，常带淡紫红色，被1（～2）列毛。叶片宽卵形或卵形，长1.5～2.5cm，宽1～1.5cm，顶端渐尖或急尖，基部渐狭或近心形，全缘；基生叶具长柄，上部叶常无柄或具短柄。疏聚伞花序顶生；花梗细弱，具1列短毛，花后伸长，下垂，长7～14mm；萼片5，卵状披针形，长约4mm，顶端稍钝或近圆形，边缘宽膜质，外面被短腺毛；花瓣白色，长椭圆形，比萼片短，深2裂达基部，裂片近线形；雄蕊3～5，短于花瓣；花柱3，线形。蒴果卵形，稍长于宿存萼，顶端6裂，具多数种子。种子卵圆形至近圆形，稍扁，红褐色，直径1～1.2mm，表面具半球形瘤状突起，脊较显著。花期6—7月，果期7—8月。

【生境与发生频率】生于田间、路旁或溪边草地。发生频率：油菜田0.32，橘园0.26，棉田0.11，茶园0.09，梨园0.07。

37 北美车前 *Plantago virginica* Linn.

【分类地位】车前科

【形态特征】1年生或2年生草本。叶基生呈莲座状，平卧至直立；叶片倒披针形至倒卵状披针形，两面及叶柄散生白色柔毛，脉3～5。花葶3～9，直立或略呈弧形，长20～50cm，密被多细胞的白色长柔毛；穗状花序长为花葶总长的1/3～1/2，上部花密，下部花较疏；苞片狭三角形，内凹，长约1.5mm，果期增大，长达3mm，具绿色龙骨状突起，突起及边缘均具白色长柔毛；花萼4裂，长1.5～2.5mm，背面有龙骨状突起及长柔毛；花冠淡黄色，顶端4裂，裂片卵状披针形，长约2.5mm，顶端锐尖，直立，不反折。蒴果椭圆形，长约2mm，中部周裂，内有种子2粒。种子椭圆形，长约1.5mm，棕黑色，表面有细密的网纹。花果期4—7月。

【生境与发生频率】生于低海拔草地、路边、湖畔。发生频率：棉田0.29，橘园0.28，茶园0.27，梨园0.27，油菜田0.07。

38 风花菜 *Rorippa globosa* (Turcz. ex Fisch. & C.A. Mey.) Vassilcz.

【分类地位】十字花科

【形态特征】1年生或2年生直立粗壮草本。株高20～80cm，植株被白色硬毛或近无毛。茎单一，基部木质化，下部被白色长毛，上部近无毛，分枝或不分枝。茎下部叶具柄，上部叶无柄，叶片长圆形至倒卵状披针形，长5～15cm，宽1～2.5cm，基部渐狭，下延成短耳状而半抱茎，边缘具不整齐粗齿，两面被疏毛，尤以叶脉为显。总状花序多数，呈圆锥花序式排列，果期伸长；花小，黄色，具细梗；萼片4，长卵形，开展，基部等大，边缘膜质；花瓣4，倒卵形，与萼片等长或稍短，基部渐狭成短爪；雄蕊6，4强或近等长。短角果近球形，果瓣隆起，平滑无毛，有不明显网纹，顶端具宿存短花柱；果梗纤细，呈水平开展或稍向下弯。种子多数，淡褐色，极细小，扁卵形。花期4—6月，果期7—9月。

【生境与发生频率】生于路旁或沟边、河岸、湿地，较干旱地方也能生长。发生频率：棉田0.29，油菜田0.07。

39 纤毛披碱草 *Elymus ciliaris* (Trin. ex Bunge) Tzvelev

【分类地位】禾本科

【形态特征】越年生草本。秆单生或成疏丛，直立，高40～80cm，常被白粉。叶鞘无毛；叶片扁平，长10～20cm，两面均无毛。穗状花序直立或多少下垂；小穗通常绿色，含7～12小花；颖椭圆状披针形，具5～7脉，边缘与边脉上具有纤毛；外稃长圆状披针形，背部被粗毛，第1外稃顶端延伸成粗糙反曲的芒，长10～30mm；内稃长为外稃的2/3，先端钝头，脊的上部具少许短小纤毛。花果期4—7月。

【生境与发生频率】生于路旁或潮湿草地。发生频率：油菜田0.27，橘园0.2，茶园0.18，棉田0.11，稻田田埂0.03。

（田琴拍摄）　　　　　　　　　　　　　　　　　　　　（田琴拍摄）

40 愉悦蓼 *Polygonum jucundum* Meisn.

【分类地位】蓼科

【形态特征】1年生草本。株高60～90cm。茎直立，基部近平卧，多分枝，无毛。叶椭圆状披针形，长6～10cm，宽1.5～2.5cm，两面疏生硬伏毛或近无毛，顶端渐尖，基部楔形，边缘全缘，具短缘毛；叶柄长3～6mm；托叶鞘膜质，淡褐色，筒状，疏生硬伏毛，顶端截形。顶生或腋生总状花序呈穗状，长3～6cm，花排列紧密；苞片漏斗状，绿色，每苞内具3～5花；花梗长4～6mm，明显比苞片长；花被5深裂，花被片长圆形；雄蕊7～8；花柱3，下部合生，柱头头状。瘦果卵形，具3棱，黑色，有光泽，包于宿存花被内。花期8—9月，果期9—11月。

【生境与发生频率】生于山坡草地、山谷路旁及沟边湿地。发生频率：棉田0.29，茶园0.23，橘园0.12，梨园0.07，稻田0.07，油菜田0.04。

41 附地菜 *Trigonotis peduncularis* (Trev.) Benth. ex Baker et Moore

【分类地位】紫草科

【形态特征】1年生或2年生草本。茎通常多条丛生，稀单一，密集，铺散，高5～30cm，基部多分枝，被短糙伏毛。基生叶呈莲座状，有叶柄，叶片匙形，长2～5cm，先端圆钝，基部楔形或渐狭，两面被糙伏毛，茎上部叶长圆形或椭圆形，无叶柄或具短柄。花序生茎顶，幼时卷曲，后渐次伸长，长5～20cm，通常占全茎的1/2～4/5，只在基部具2～3叶状苞片，其余部分无苞片；花梗短，花后伸长，长3～5mm，顶端与花萼连接部分变粗呈棒状；花萼裂片卵形，长1～3mm，先端急尖；花冠淡蓝色或粉色，筒部甚短，檐部直径1.5～2.5mm，裂片平展，倒卵形，先端圆钝，喉部附属5，白色或带黄色；花药卵形，长0.3mm，先端具短尖。小坚果4，斜三棱锥状四面体形，长0.8～1mm，有短毛或平滑无毛，背面三角状卵形，具3锐棱，腹面的2个侧面近等大而基底面略小，突起，具短柄，柄长约1mm，向一侧弯曲。早春开花，花期甚长。

【生境与发生频率】生于平原、丘陵草地、林缘、田间及荒地。发生频率：油菜田0.43，茶园0.27，梨园0.14，橘园0.1，棉田0.06。

42 三裂叶薯 *Ipomoea triloba* Linn.

【分类地位】旋花科

【形态特征】多年生草本。茎缠绕或平卧，无毛或散生毛，且主要在节上。叶宽卵形至圆形，长2.5～7cm，宽2～6cm，全缘或有粗齿或深3裂，基部心形，两面无毛或散生疏柔毛；叶柄长2.5～6cm，无毛或有时有小疣。花序腋生，花序梗短于或长于叶柄，长2.5～5.5cm，较叶柄粗壮，无毛，明显有棱角，顶端具小疣，1朵花或少花至数朵花成伞形状聚伞花序；花梗多少具棱，有小瘤突，无毛，长5～7mm；苞片小，披针状长圆形；萼片近相等或稍不等，长5～8mm，外萼片稍短或近等长，长圆形，钝或锐尖，具小短尖头，背部散生疏柔毛，边缘明显有缘毛，内萼片有时稍宽，椭圆状长圆形，锐尖，具小短尖头，无毛或散生毛；花冠漏斗状，长约1.5cm，无毛，淡红色或淡紫红色，冠檐裂片短而钝，有小短尖头；雄蕊内藏，花丝基部有毛；子房有毛。蒴果近球形，高5～6mm，具花柱基形成的细尖，被细刚毛，2室，4瓣裂。种子4或较少，长3.5mm，无毛。花果期7—9月。

【生境与发生频率】外来杂草，荒地、路边及旱地作物田常见。发生频率：棉田0.29，橘园0.18，茶园0.14，梨园0.07，稻田田埂0.03。

43 藜 *Chenopodium album* L.

【分类地位】藜科

【形态特征】1年生草本。茎直立，粗壮，高30～150cm。具纵棱及紫红色条纹，多分枝。叶互生，叶片菱状卵形至宽披针形，先端急尖或微钝，基部楔形至宽楔形，边缘具不整齐锯齿；上面通常无粉，有时嫩叶的上面有紫红色粉，下面多少有粉；花两性，黄绿色，8～10聚成一簇，于枝的上部排列成穗状圆锥状或圆锥状花序；花被5，宽卵形至椭圆形，背面具纵隆脊，有粉；雄蕊5，柱头2。胞果稍扁，包于花被内，果皮与种子贴生。种子横生，双凸镜状，径2mm，黑色，有光泽，表面有浅沟纹。花期7—9月，果期9—10月。

【生境与发生频率】生于路旁、荒地及田间。发生频率：棉田0.34，梨园0.21，茶园0.09，油菜田0.07，橘园0.04，稻田田埂0.02。

44 苦蘵 *Physalis angulata* Linn.

【分类地位】茄科

【形态特征】1年生草本。株高30～50cm，被疏短柔毛或近无毛。茎多分枝，分枝纤细。叶柄长1～5cm，叶片卵形至卵状椭圆形，顶端渐尖或急尖，基部阔楔形或楔形，全缘或有不等大的齿，两面近无毛，长3～6cm，宽2～4cm。花梗长5～12mm，纤细。花萼钟状，密生短柔毛，5中裂，裂片披针形；花冠淡黄色，喉部常有紫色斑纹，钟状；花药蓝紫色或有时黄色。果萼卵球状，直径1.5～2.5cm，薄纸质，浆果直径约1.2cm。种子圆盘状，长约2mm。花果期5—12月。

【生境与发生频率】生于路边、田埂及田间。发生频率：棉田0.26，橘园0.2，梨园0.14，茶园0.05。

45 节节草 *Equisetum ramosissimum* Desf.

【分类地位】木贼科

【形态特征】多年生中小型草本。根茎直立，横走或斜升，黑棕色，节和根疏生黄棕色长毛或光滑无毛。地上枝多年生。枝一型，高20～60cm，中部直径1～3mm，节间长2～6cm，绿色，主枝多在下部分枝，常形成簇生状；主枝有脊5～14，脊的背部弧形，有一行小瘤或有浅色小横纹；鞘筒狭长达1cm，下部灰绿色，上部灰棕色；鞘齿5～12，三角形，灰白色或少数中央为黑棕色，边缘（有时上部）为膜质，背部弧形，宿存，齿上气孔带明显；侧枝较硬，圆柱状，有脊5～8，脊上平滑或有一行小瘤或有浅色小横纹；鞘齿5～8，披针形，革质但边缘膜质，上部棕色，宿存。孢子囊穗短棒状或椭圆形，长0.5～2.5cm，中部直径0.4～0.7cm，顶端有小尖突，无柄。

【生境与发生频率】生于湿地、溪边、湿沙地、路旁、果园、茶园。发生频率：棉田0.23，茶园0.14，橘园0.1，油菜田0.07，稻田田埂0.02。

46　珠芽景天　*Sedum bulbiferum* Makino

【分类地位】景天科

【形态特征】多年生草本。茎高7～22cm，茎下部常横卧。叶腋常有圆球形、肉质、小珠芽着生；基部叶常对生，上部的互生，下部叶卵状匙形，上部叶匙状倒披针形，长10～15mm，宽2～4mm，先端钝，基部渐狭。花序聚伞状，分枝3，常再二歧分枝；萼片5，披针形至倒披针形，有短距，先端钝；花瓣5，黄色，披针形，长4～5mm，宽1.25mm，先端有短尖。花期4—5月。

【生境与发生频率】生于低山、平地树荫下。发生频率：棉田0.16，橘园0.16，油菜田0.11，茶园0.09，稻田田埂0.05。

47　野燕麦　*Avena fatua* Linn.

【分类地位】禾本科

【形态特征】1年生草本。秆直立，高60～120cm，光滑，具2～4节。叶鞘光滑或基部有毛；叶舌透明，膜质，长1～5mm；叶片扁平，长10～30cm，宽4～12mm，微粗糙或上面及边缘疏生柔毛。圆锥花序开展，金字塔形，长10～25cm，分枝具棱角，粗糙；小穗含2～3小花，其柄弯曲下垂，顶端膨胀；颖草质，几相等，通常具9脉；外稃质地坚硬，第1外稃背面中部以下具淡棕色或白色硬毛，芒长2～4cm，膝曲，芒柱棕色。颖果被淡棕色柔毛，腹面具纵沟。花果期4—9月。

【生境与发生频率】生于荒芜田野或田间。发生频率：油菜田0.21，橘园0.12，梨园0.07，棉田0.06，茶园0.05。

48　漆姑草　*Sagina japonica* (Sw.) Ohwi

【分类地位】石竹科

【形态特征】1年生小草本。株高5～20cm，上部被稀疏腺柔毛。茎丛生，稍铺散。叶片线形，长5～20mm，宽0.8～1.5mm，顶端急尖，无毛。花小型，单生枝端；花梗细，长1～2cm，被稀疏短柔毛；萼片5，卵状椭圆形，长约2mm，顶端尖或钝，外面疏生短腺柔毛，边缘膜质；花瓣5，狭卵形，稍短于萼片，白色，顶端圆钝，全缘；雄蕊5，短于花瓣；子房卵圆形，花柱5，线形。蒴果卵圆形，微长于宿存萼，5瓣裂。种子细，圆肾形，微扁，褐色，表面具尖瘤状突起。花期3—5月，果期5—6月。

【生境与发生频率】生于山地或田间路旁草地。发生频率：油菜田0.18，棉田0.09，橘园0.08，梨园0.07，茶园0.05，稻田田埂0.02。

49　苘麻　*Abutilon theophrasti* Medicus

【分类地位】锦葵科

【形态特征】1年生亚灌木状草本。株高60～150cm。茎枝被柔毛。叶互生，圆心形，长3～12cm，先端长渐尖，基部心形，具细圆锯齿，两面密被星状柔毛；叶柄长3～12cm，被星状柔毛。花单生叶腋；花梗被柔毛，近顶端具节；花萼杯状，密被茸毛，裂片5，卵状披针形，长约6mm；花冠黄色，花瓣5，倒卵形，长约1cm；雄蕊柱无毛。蒴果半球形，分果片15～20，被粗毛，顶端具2长芒。花期6—8月，果期9—10月。

【生境与发生频率】生于路旁、荒地和田间。发生频率：棉田0.17，橘园0.12，梨园0.07，茶园0.05。

50 茵草 *Beckmannia syzigachne* (Steud.) Fern.

【分类地位】禾本科

【形态特征】1年生草本。秆直立，高15～90cm，具2～4节。叶鞘无毛，多长于节间；叶舌透明膜质，长3～8mm；叶片扁平，长5～20cm，宽3～10mm，粗糙或下面平滑。圆锥花序，长7～15cm，分枝稀疏，贴生或斜伸；小穗压扁，圆形，灰绿色，通常只有1小花（有时有2小花），长约3mm；颖草质，背部灰绿色，具淡色的横纹；外稃披针形，具5脉，常具小尖头。颖果。花果期5—8月。

【生境与发生频率】生于水湿处，在管理粗放洼地和田埂有分布。发生频率：油菜田0.11，棉田0.11，稻田0.07，橘园0.02。

51 小巢菜 *Vicia hirsuta* (L.) Gray

【分类地位】蝶形花科

【形态特征】1年生草本。株高15～90（～120）cm，攀援或蔓生。茎细柔有棱，近无毛。偶数羽状复叶末端卷须分枝；托叶线形，基部有2～3裂齿；小叶4～8对，线形或狭长圆形，长0.5～1.5cm，宽0.1～0.3cm，先端平截，具短尖头，基部渐狭，无毛。总状花序腋生，较叶短，有2～6花；花萼钟状，长约3mm，外面疏生短柔毛，萼齿5，线形，长约1.5mm；花冠淡紫色，稀白色，旗瓣椭圆形，长约3.5mm，先端截形，有小尖头，翼瓣与旗瓣近等长，先端圆钝，瓣柄长约1mm，无耳，龙骨瓣稍短，瓣柄长1mm；雄蕊二体；子房无柄，密生棕色长硬毛，花柱顶端周围有短毛。荚果扁平，长圆形，长7～10mm，宽3.5～4mm，外面被硬毛；有1～2粒种子。种子棕色，扁圆形。花果期2—7月。

【生境与发生频率】生于河滩、田边或路旁草丛。发生频率：油菜田0.25，梨园0.07，棉田0.06，橘园0.02。

52 蘡薁 *Vitis bryoniifolia* Bunge

【分类地位】葡萄科

【形态特征】多年生木质藤本。小枝圆柱形，有棱纹，嫩枝密被蛛丝状茸毛或柔毛，后脱落变稀疏。卷须2叉分枝，每隔2节间断与叶对生。叶长圆卵形，叶片3～7深裂或浅裂，边缘每侧有9～16缺刻粗齿或成羽状分裂，下面密被蛛丝状茸毛和柔毛，后脱落变稀疏；基生脉5出，中脉有侧脉4～6对，上面网脉不明显或微突出；叶柄初时密被蛛丝状茸毛或柔毛；托叶卵状长圆形或长圆状披针形，膜质，褐色，顶端钝，边缘全缘，无毛或近无毛。花杂性异株，圆锥花序与叶对生，基部分枝发达或有时退化成一卷须；花序梗初时被蛛丝状茸毛，花梗无毛；花蕾倒卵状椭圆形或近球形，顶端圆形；萼碟形，近全缘，无毛；花瓣5，呈帽状黏合脱落；雄蕊5，在雌花内雄蕊短而不发达，败育；花盘发达，5裂；雌蕊1，子房椭圆状卵形，花柱细短，柱头扩大。果实球形，成熟时紫红色。种子倒卵形。花期4—8月，果期6—10月。

【生境与发生频率】生于山谷林中、灌丛、沟边或田埂。发生频率：棉田0.17，茶园0.05，橘园0.05。

53 泽漆 *Euphorbia helioscopia* Linn.

【分类地位】大戟科

【形态特征】1年生或2年生草本。茎高20～30cm，基部多分枝，枝斜升，上部淡绿色，被疏长柔毛，下部带紫红色。叶互生，倒卵形或匙形，长1～3cm，宽0.5～1.5cm，先端圆或微凹，基部狭楔形或宽楔形，边缘中部以上有细锯齿；无叶柄或有极短的柄。茎顶端有5片轮生叶状苞，与下部叶相似而较大。总花序多歧聚伞状，顶生，有5伞梗，每伞梗生3小伞梗，每小伞梗又第3回分为2叉；杯状聚伞花序钟形，总苞顶端4裂，裂间腺体4，肾形；子房3室，花柱3。蒴果无毛。种子卵形，表面有突起的网纹。花期4—5月，果期6—7月。

【生境与发生频率】生于沟边、路旁、田野。发生频率：油菜田0.14，橘园0.14，茶园0.05。

54 棒头草 *Polypogon fugax* Nees ex Steud.

【分类地位】禾本科

【形态特征】1年生草本。秆丛生，基部膝曲，大都光滑，高10～75cm。叶鞘光滑无毛，大都短于或下部者长于节间；叶舌膜质，长圆形，长3～8mm，常2裂或顶端具不整齐的裂齿；叶片扁平，微粗糙或下面光滑，长2.5～15cm，宽3～4mm。圆锥花序穗状，长圆形或卵形，较疏松，具缺刻或有间断，分枝长可达4cm；小穗长约2.5mm（包括基盘），灰绿色或部分带紫色；颖长圆形，疏被短纤毛，先端2浅裂，芒从裂口处伸出，细直，微粗糙，长1～3mm；外稃光滑，长约1mm，先端具微齿，中脉延伸成长约2mm而易脱落的芒；雄蕊3，花药长0.7mm。颖果椭圆形，1面扁平，长约1mm。花果期4—9月。

【生境与发生频率】生于山坡、田边、潮湿处。发生频率：棉田0.06，茶园0.05，稻田田埂0.05，油菜田0.04，橘园0.04。

55 野胡萝卜 *Daucus carota* Linn.

【分类地位】伞形科

【形态特征】2年生草本。株高15～120cm。茎单生，全体有白色粗硬毛。基生叶薄膜质，长圆形，2至3回羽状全裂，末回裂片线形或披针形，顶端尖锐，有小尖头，光滑或有糙硬毛；叶柄长3～12cm；茎生叶近无柄，有叶鞘，末回裂片小或细长。复伞形花序，花序梗长10～55cm，有糙硬毛；总苞有多数苞片，呈叶状，羽状分裂，少有不裂的，裂片线形；伞辐多数，长2～7.5cm，结果时外缘的伞辐向内弯曲；小总苞片5～7，线形，不分裂或2～3裂，边缘膜质，具纤毛；花通常白色，有时带淡红色；花柄不等长，长3～10mm。果实圆卵形，长3～4mm，宽2mm，棱上有白色刺毛。花期5—8月，果期7—9月。

【生境与发生频率】生于路旁、原野、田间。发生频率：棉田0.14，梨园0.07，油菜田0.04，橘园0.02。

56 日本看麦娘 *Alopecurus japonicus* Steud.

【分类地位】禾本科

【形态特征】越年生草本。秆少数丛生，直立或基部膝曲，具3～4节，高20～50cm。叶鞘松弛；叶舌膜质；叶片上面粗糙，下面光滑，长3～12mm，宽3～7mm。圆锥花序圆柱形，长3～10cm，宽5～10mm；小穗长5～7mm；颖脊上具纤毛；外稃略长于颖，厚膜质，下部边缘合生，芒自近稃体基部伸出，长8～12mm，远伸出颖外，中部稍膝曲；花药淡黄色或白色，长约1mm。花果期2—5月。

【生境与发生频率】生于平原田边及湿地。发生频率：油菜田0.14，茶园0.09，棉田0.03。

57 广州蔊菜 *Rorippa cantoniensis* (Lour.) Ohwi

【分类地位】十字花科

【形态特征】1年生或2年生草本。株高10～30cm，植株无毛。茎直立或呈铺散状分枝。基生叶具柄，基部扩大贴茎，叶片羽状深裂或浅裂，长4～7cm，宽1～2cm，裂片4～6，边缘具2～3缺刻状齿，顶端裂片较大；茎生叶渐缩小，无柄，基部呈短耳状，抱茎，叶片倒卵状长圆形或匙形，边缘常呈不规则齿裂，向上渐小。总状花序顶生，花黄色，近无柄，每花生于叶状苞片腋部；萼片4，宽披针形，长1.5～2mm，宽约1mm；花瓣4，倒卵形，基部渐狭成爪，稍长于萼片；雄蕊6，近等长，花丝线形。短角果圆柱形，长6～8mm，宽1.5～2mm，柱头短，头状。种子极多数，细小，扁卵形，红褐色，表面具网纹，一端凹缺。花期3—4月，果期4—6月（有时秋季也有开花结实的）。

【生境与发生频率】生于路旁、农田。发生频率：棉田0.09，梨园0.07，油菜田0.04，稻田0.03。

58　紫云英　　*Astragalus sinicus* Linn.

【分类地位】蝶形花科

【形态特征】2年生草本。茎匍匐，多分枝，长10～30cm，疏被白色柔毛。羽状复叶，有7～13小叶；叶柄长2～5cm；托叶离生，卵形，长3～6mm；小叶片倒卵形或宽椭圆形，长6～15mm，先端圆，有时微凹，基部宽楔形，两面被伏毛，下面较密。总状花序有5～10花，花密集呈伞形；花序梗较叶长，苞片三角状卵形，长不及1mm，无小苞片；花萼钟状，长约4mm，被白色柔毛，萼齿披针形，长为萼筒的1/2；花冠紫红色，稀橙黄色，旗瓣倒卵形，长1～1.1cm，基部渐窄成瓣柄，翼瓣较旗瓣短，龙骨瓣与旗瓣近等长；子房无毛或疏被白色短柔毛，具短柄。荚果线状长圆形，稍弯曲，长1.2～2cm，具短喙，成熟时黑色，具隆起的网纹；果柄不伸出宿萼外。花期2—6月，果期3—7月。

【生境与发生频率】生于山坡、溪边及潮湿处。发生频率：油菜田0.21。

59　习见蓼　　*Polygonum plebeium* R. Br.

【分类地位】蓼科

【形态特征】1年生草本。茎平卧，自基部分枝，长10～40cm，具纵棱，沿棱具小突起，通常小枝的节间比叶片短。叶狭椭圆形或倒披针形，长0.5～1.5cm，宽2～4mm，顶端钝或急尖，基部狭楔形，两面无毛，侧脉不明显；叶柄极短或近无柄；托叶鞘膜质，白色，透明，顶端撕裂。花3～6，簇生于叶腋，遍布于全植株；苞片膜质；花梗中部具关节，比苞片短；花被5深裂，花被片长椭圆形，绿色，背部稍隆起，边缘白色或淡红色；雄蕊5，花丝基部稍扩展，比花被短；花柱3，稀2，极短，柱头头状。瘦果宽卵形，具3锐棱或双凸镜状，黑褐色，平滑，有光泽，包于宿存花被内。花期5—8月，果期6—9月。

【生境与发生频率】生于田边、路旁、水边湿地。发生频率：油菜田0.07，橘园0.06，稻田0.02。

60 **蚊母草** *Veronica peregrina* Linn.

【分类地位】玄参科

【形态特征】1年生或2年生草本。株高10～25cm，通常自基部多分枝。主茎直立，侧枝披散，全体无毛或疏生柔毛。叶无柄，下部的倒披针形，上部的长矩圆形，长1～2cm，宽2～6mm，全缘或中上端有三角状锯齿。总状花序长，果期达20cm；苞片与叶同形而略小；花梗极短；花萼裂片长矩圆形至宽条形，长3～4mm；花冠白色或浅蓝色，长2mm，裂片长矩圆形至卵形；雄蕊短于花冠。蒴果倒心形，明显侧扁，长3～4mm，宽略过之，边缘生短腺毛，宿存的花柱不超出凹口。种子矩圆形。花果期4—6月。

【生境与发生频率】生于潮湿荒地及农田。发生频率：油菜田0.07，梨园0.07，茶园0.05，橘园0.04。

61 **花叶滇苦菜** *Sonchus asper* Wulf. ex DC.

【分类地位】菊科

【形态特征】1年生或越年生草本。茎直立，高20～50cm，有纵纹或纵棱。下部叶有柄，柄上有翅，翅上有齿刺；中上部叶无柄，基部有扩大的圆耳；叶片长椭圆形或倒卵形，羽状全裂或缺刻状半裂，有时不分裂，边缘有不等长的齿状刺，棘手。头状花序少数（5）或较多（10），在茎枝顶端排成稠密的伞房花序；总苞宽钟状，长约1.5cm，宽1cm，总苞片3～4层，向内层渐长，覆瓦状排列，草质；全部苞片顶端急尖，外面光滑无毛；舌状小花黄色。瘦果倒披针状，压扁，两面各有3条细纵肋，肋间无横皱纹。花果期5—10月。

【生境与发生频率】生于田野、路旁及新开垦农田。发生频率：棉田0.11，梨园0.07。

62　蓝花琉璃繁缕　*Anagallis arvensis* f. *coerulea* (Schreb.) Baumg

【分类地位】报春花科

【形态特征】1年生匍匐柔弱草本。高10～30cm。枝条散生，茎有4棱，具短翅。叶对生，无柄；常向外反折；叶片卵形，有主脉5条，背面有紫色斑点。花单生叶腋；花梗长1～2cm；花萼裂片线状披针形，长4～5mm，先端长渐尖，边缘薄膜质；花冠蓝紫色，辐状，裂片倒卵圆形，长5mm，宽约3mm；雄蕊5，生于花冠基部，有纤毛。蒴果球形，果实盖裂。花果期3—5月。

【生境与发生频率】生于田野及荒地中。发生频率：油菜田0.07，橘园0.04。

63　小旱稗　*Echinochloa crusgalli* var. *austrojaponensis* Ohwi

【分类地位】禾本科

【形态特征】1年生草本。秆高20～40cm，光滑无毛，基部倾斜或膝曲。叶鞘疏松裹秆；叶舌缺；叶片扁平，线形，长10～40cm，边缘粗糙。圆锥花序较狭窄而细弱，长6～20cm；主轴具棱，粗糙或具疣基长刺毛；分枝斜上举或贴向主轴，有时再分小枝；小穗卵形，常带紫色；第1颖三角形，具3～5脉，脉上疏被硬刺毛；第2颖与小穗等长，具5脉；第1小花通常中性，其外稃草质，上部具7脉，有芒，内稃薄膜质，具2脊；第2外稃椭圆形。花果期夏秋季。

【生境与发生频率】多生于沼泽地、沟边。发生频率：棉田0.01，稻田田埂0.01。

64　猫爪草　*Ranunculus ternatus* Thunb.

【分类地位】毛茛科

【形态特征】多年生小草本。茎高5～17cm，无毛或几无毛，分枝。基生叶丛生，具长柄，无毛，或为三出复叶，或为单叶，3浅裂至3深裂或多次细裂；叶片长0.5～1.7cm，宽0.5～1.5cm，小叶或1回裂片浅裂或细裂成条形裂片；叶柄长达7cm；茎生叶多无柄，较小，细裂。花序具少数花；萼片5，绿色，外面疏生柔毛；花瓣5，黄色，倒卵形，长达8mm，基部具蜜槽；雄蕊和心皮均多数，无毛。花期3—6月，果期4—7月。

【生境与发生频率】生于湿草地或水田边。发生频率：棉田0.01，稻田田埂0.01。

65　望江南　*Senna occidentalis* (L.) Link

【分类地位】蝶形花科

【形态特征】直立亚灌木或灌木。植株无毛，高0.8～1.5m。枝带草质，有棱；根黑色。叶长约20cm，叶柄近基部有大而带褐色、圆锥形的腺体1枚；小叶4～5对，膜质，卵形至卵状披针形，长4～9cm，宽2～3.5cm，顶端渐尖，有小缘毛；小叶柄长1～1.5mm，揉之有腐败气味；托叶膜质，卵状披针形，早落。总状花序伞房状，顶生或腋生，有少数花；小花梗长约2cm；苞片线状披针形或卵形，长渐尖，早落；萼片不相等，外面的近圆形，内面的近卵形，长8～9mm；花瓣黄色，倒卵形，长10～12mm，宽约8mm，先端圆或微凹，基部具短瓣柄；雄蕊10，上方3枚匙形，无花药，能育花药卵形，长花丝，子房有柄，密生白色柔毛，花柱卷曲。荚果带状镰形，褐色，压扁，长10～13cm，宽8～9mm，稍弯曲，边较淡色，加厚，有尖头；果柄长1～1.5cm。种子30～40颗，种子间有薄隔膜。花期4—8月，果期6—10月。

【生境与发生频率】生于河边滩地、旷野或丘陵的灌木林或疏林中。发生频率：棉田0.03。

66 枸杞 *Lycium chinense* Mill.

【分类地位】茄科

【形态特征】多年生多分枝灌木。高0.5～1m，栽培时可达2m。枝条细弱，弓状弯曲或俯垂，淡灰色，具纵纹，棘刺长0.5～2cm，小枝顶端成棘刺状。叶纸质或栽培者质稍厚，单叶互生或2～4簇生，叶卵形、卵状菱形、长椭圆形或卵状披针形，长1.5～5cm，先端急尖，基部楔形。花在长枝上单生或双生于叶腋，在短枝上则同叶簇生；花梗长1～2cm，向顶端渐增粗；花萼长3～4mm，常3中裂或4～5齿裂，具缘毛；花冠漏斗状，淡紫色，冠筒向上骤然扩大，较冠檐裂片稍短或近等长，5深裂，裂片卵形，平展或稍反曲，具缘毛，基部耳片显著；雄蕊稍短于花冠，花丝近基部密被一圈茸毛并成椭圆状毛丛，与毛丛等高处花冠筒内壁密生一环茸毛；花柱稍伸出雄蕊，上端弓弯，柱头绿色。浆果红色，卵圆形，长0.7～1.5cm。种子扁肾形，长2.5～3mm，黄色。花果期6—11月。

【生境与发生频率】生于山坡、荒地、丘陵地及路旁。发生频率：棉田0.03，橘园0.02。

67 欧洲油菜 *Brassica napus* Linn.

【分类地位】十字花科

【形态特征】1年生或2年生草本。株高30～50cm，具粉霜。茎直立，有分枝。仅幼叶有少数散生刚毛；下部叶大头羽裂，长5～25cm，宽2～6cm，顶裂片卵形，长7～9cm，顶端圆形，基部近截平，边缘具钝齿，侧裂片约2对，卵形，长1.5～2.5cm；叶柄长2.5～6cm，基部有裂片；中部及上部茎生叶由长圆状椭圆形渐变成披针形，基部心形，抱茎。总状花序伞房状；花直径10～15mm；花梗长6～12mm；萼片卵形，长5～8mm；花瓣浅黄色，倒卵形，长10～15mm，爪长4～6mm。长角果线形，长40～80mm，果瓣具1中脉，喙细，长1～2cm；果梗长约2cm。种子球形，直径约1.5mm，黄棕色，近种脐处常带黑色，有网状窠穴。花期3—4月，果期4—5月。

【生境与发生频率】生于上茬为欧洲油菜的棉田中。在赣北往往对后茬棉花移栽田造成较大危害。发生频率：棉田0.34。

68　小叶冷水花　*Pilea microphylla* (Linn.) Liebm.

【分类地位】荨麻科

【形态特征】多年生纤细小草本，无毛，铺散。茎肉质，多分枝，高3～17cm，粗1～1.5mm，干时常变蓝绿色，密布条形钟乳体。叶很小，同对的不等大，倒卵形至匙形，先端钝，基部楔形或渐狭，边缘全缘，稍反曲，上面绿色，下面浅绿色，干时呈细蜂巢状；叶脉羽状，中脉稍明显，在近先端消失，侧脉数对，不明显；叶柄纤细；托叶不明显，三角形。雌雄同株，有时同序，聚伞花序密集成近头状，具梗；雄花具梗，花被片4，卵形，外面近先端有短角状突起，雄蕊4，退化雌蕊不明显；雌花更小，花被片3，退化雄蕊不明显。瘦果卵形，熟时变褐色，光滑。花期夏秋季，果期秋季。

【生境与发生频率】生于路边石缝和墙上阴湿处。在低洼阴湿地及田埂有分布。发生频率：油菜田0.07。

69　乳浆大戟　*Euphorbia esula* Linn.

【分类地位】大戟科

【形态特征】多年生草本。高15～40cm。根粗壮，有时具球形或纺锤状的块根。茎直立，无毛，自基部多分枝，下部常带紫红色。短枝和营养枝上的叶密集，叶片线形或线状倒披针形，长1.5～3cm，长枝或花茎上的叶互生，叶片披针形或倒披针形，先端钝、微凹或有细尖头，全缘，无柄。花序单生于二歧分枝的顶端，基部无柄；总苞钟状，高约3mm，直径2.5～3.0mm，边缘5裂，裂片半圆形至三角形，边缘及内侧被毛；雄花多枚，苞片宽线形，无毛；雌花1枚，子房柄明显伸出总苞之外；子房光滑无毛；花柱3，分离；柱头2裂。蒴果三棱状球形，长与直径均5～6mm，具3纵沟；花柱宿存；成熟时分裂为3个分果爿。种子卵球状，长2.5～3.0mm，直径2.0～2.5mm，成熟时黄褐色。花果期4—10月。

【生境与发生频率】生于路旁、杂草丛、山坡、林下、河沟边、荒山、沙丘及草地。发生频率：棉田0.03。

70　通奶草　*Euphorbia hypericifolia* Linn.

【分类地位】大戟科

【形态特征】1年生草本。根纤细，长10～15cm，直径2～3.5mm，常不分枝，少数由末端分枝。茎直立，自基部分枝或不分枝，高15～30cm，直径1～3mm，无毛或被少许短柔毛。叶对生，狭长圆形或倒卵形，长1～2.5cm，宽4～8mm，先端钝或圆，基部圆形，通常偏斜，不对称，边缘全缘或基部以上具细锯齿，上面深绿色，下面淡绿色，有时略带紫红色，两面被稀疏的柔毛，或上面的毛早脱落；叶柄极短，长1～2mm；托叶三角形，分离或合生。苞叶2枚，与茎生叶同形。花序数个簇生于叶腋或枝顶，每个花序基部具纤细的柄，柄长3～5mm；总苞陀螺状，高与直径各约1mm或稍大，边缘5裂，裂片卵状三角形；腺体4，边缘具白色或淡粉色附属物；雄花数枚，微伸出总苞外；雌花1枚，子房柄长于总苞；子房三棱状，无毛；花柱3，分离；柱头2浅裂。蒴果三棱状，长约1.5mm，直径约2mm，无毛，成熟时分裂为3个分果爿。种子卵棱状，长约1.2mm，直径约0.8mm，每个棱面具数个皱纹，无种阜。花果期8—12月。

【生境与发生频率】生于旷野荒地、路旁、灌丛及田间。发生频率：棉田0.03。

71　光头稗　*Echinochloa colona* (Linn.) Link

【分类地位】禾本科

【形态特征】1年生草本。秆直立，基部各节有分枝，高15～50cm，无毛。叶鞘具脊，无毛；叶舌缺；叶片线形，平展，长5～20cm，宽3～7mm，无毛，边缘稍粗糙。圆锥花序狭窄，长5～10cm；主轴具棱，通常无疣基长毛，棱边上粗糙；花序分枝长1～2cm，排列稀疏，直立上升或贴向主轴，穗轴无疣基长毛或仅基部被1～2疣基长毛；小穗卵圆形，长2～2.5mm，具小硬毛，无芒，较规则地成4行排列于穗轴的一侧；第1颖三角形，长约为小穗的1/2，具3脉；第2颖与第1外稃等长而同形，顶端具小尖头，具5～7脉，间脉常不达基部；第1小花常中性，其外稃具7脉，内稃膜质，稍短于外稃，脊上被短纤毛；第2外稃椭圆形，平滑，光亮，边缘内卷，包着同质的内稃；鳞被2，膜质。花果期夏秋季。

【生境与发生频率】多生于田野、园圃、路边湿润地。发生频率：棉田0.03。

72 丝毛雀稗 *Paspalum urvillei* Steud.

【分类地位】禾本科

【形态特征】多年生草本。具短根状茎。秆丛生，高50～150cm。叶鞘密生糙毛，鞘口具长柔毛；叶舌长3～5mm；叶片长15～30cm，宽5～15mm，无毛或基部生毛。总状花序10～20，长8～15cm，组成长20～40cm的大型总状圆锥花序；小穗卵形，顶端尖，长2～3mm，稍带紫色，边缘密生丝状柔毛；第2颖与第1外稃等长、同形，具3脉，侧脉位于边缘；第2外稃椭圆形，革质，平滑。花果期5—10月。

【生境与发生频率】生于村旁、路边和荒地。发生频率：棉田0.03，橘园0.02。

73 虾须草 *Sheareria nana* S. Moore

【分类地位】菊科

【形态特征】1年生草本。茎直立，高15～40cm；茎下部分枝，绿或稍带紫色。叶互生，线形或倒披针形，全缘，无柄；上部叶小，鳞片状。头状花序顶生或腋生，径2～4mm；花托稍平，无托片；雌花舌状，白或淡红色，舌片宽卵状长圆形，先端全缘或有5钝齿；两性花管状，上部钟形，有5齿。瘦果长椭圆形，褐色，有3翅棱，翅缘具细齿。花果期8—9月。

【生境与发生频率】生于山坡、稻田边或河边草地。发生频率：棉田0.02。

74　丝毛飞廉　*Carduus crispus* L.

【分类地位】菊科

【形态特征】2年生或多年生草本。茎直立，高70～100cm，具条棱，有绿色翅，翅有齿刺。叶互生，下部叶椭圆状披针形，羽状深裂，裂片边缘具刺；上部叶渐小。头状花序2～3，生枝端；总苞钟状；总苞片多层，外层较内层逐渐变短，中层条状披针形，顶端长尖，成刺状，向外反曲，内层条形，膜质，稍带紫色；花筒状，紫红色。瘦果长椭圆形，顶端平截，基部收缩；冠毛白色或灰白色，刺毛状，稍粗糙。花果期4—10月。

【生境与发生频率】生于山坡草地、田间、荒地河边及林下。发生频率：棉田0.03。

75　刺儿菜　*Cirsium arvense* var. *integrifolium* C. Wimm. et Grabowski

【分类地位】菊科

【形态特征】多年生草本。茎直立，高20～50cm。叶互生，无柄；叶片椭圆形或长椭圆状披针形，全缘或有齿裂，有刺，两面蛛丝状毛。头状花序单生茎顶，雌雄异株，雄株花序较小，总苞长约18mm，雌株花序较大，总苞长约23mm，总苞片约6层，先端有刺尖；小花紫红或白色，雌花花冠长2.4cm。瘦果淡黄色，椭圆形或偏斜椭圆形。花果期5—9月。

【生境与发生频率】生于山坡、路旁或荒地、田间。发生频率：油菜田0.04。

76 蒲公英 *Taraxacum mongolicum* Hand.– Mazz.

【分类地位】菊科

【形态特征】多年生草本。叶莲座状平展，矩圆状倒披针形或倒披针形，长5～15cm，宽1～5.5cm，羽状深裂，侧裂片4～5对，矩圆状披针形或三角形，具齿，顶裂片较大，戟状矩圆形，羽状浅裂或仅具波状齿。花葶1至数个，与叶多少等长，上端被密蛛丝状毛；头状花序单生于梗顶；总苞淡绿色，外层总苞片卵状披针形至披针形，内层条状披针形；舌状花黄色。瘦果褐色，上半部有尖小瘤，喙长6～8mm；冠毛白色。花期4—9月，果期5—10月。

【生境与发生频率】生于田野、路旁及农田。发生频率：棉田0.03。

77 单叶蔓荆 *Vitex rotundifolia* L. f.

【分类地位】马鞭草科

【形态特征】多年生落叶灌木。株高1.5～5m。茎匍匐，节处常生不定根。单叶对生，叶片倒卵形或近圆形，顶端通常钝圆或有短尖头，基部楔形，全缘，长2.5～5cm，宽1.5～3cm。顶生圆锥花序，长3～15cm，花序梗密被灰白色茸毛；花萼钟形，顶端5浅裂，外面有茸毛；花冠淡紫色或蓝紫色，长6～10mm，外面及喉部有毛，花冠管内有较密的长柔毛，顶端5裂，二唇形，下唇中间裂片较大；雄蕊4；子房无毛，密生腺点；花柱无毛，柱头2裂。核果近圆形，径约5mm，成熟时黑色；果萼宿存，外被灰白色茸毛。花期7—8月，果期9—10月。

【生境与发生频率】生于沙滩及湖畔。发生频率：棉田0.03。

78　　蛇床　　*Cnidium monnieri* (Linn.) Cuss.

【分类地位】伞形科

【形态特征】1年生草本。株高达60cm。茎直立或斜上，多分枝，中空，表面具深条棱，粗糙。下部叶具短柄，叶鞘宽短，边缘膜质，上部叶柄鞘状；叶卵形或三角状卵形，长3～8cm，宽2～5cm，2至3回羽裂，裂片线形或线状披针形。复伞形花序直径2～3cm；总苞片6～10，线形，边缘具细睫毛；伞辐8～20，长0.5～2cm，小总苞片多数，线形，边缘具细睫毛；伞形花序有15～20花；花瓣白色；花柱基垫状，花柱稍弯曲。果长圆形，长1.5～3mm，径1～2mm，横剖面近五边形，5棱均成宽翅。花期4—7月，果期6—10月。

【生境与发生频率】生于田边、路旁、草地及河边湿地。发生频率：棉田0.03。

79　　鼠耳芥　　*Arabidopsis thaliana* (Linn.) Heynh.

【分类地位】十字花科

【形态特征】1年生细弱草本。株高20～35cm，被单毛与分枝毛。茎不分枝或自中上部分枝，下部有时为淡紫白色，茎上常有纵槽。基生叶莲座状，倒卵形或匙形，长1～5cm，宽3～15mm，顶端钝圆或略急尖，基部渐窄成柄，边缘有少数不明显的齿，两面均有2～3叉毛；茎生叶无柄，披针形、条形、长圆形或椭圆形，长5～15（～50）mm，宽1～2（～10）mm。花序为疏松的总状花序，结果时可伸长达20cm；萼片长圆卵形，长约1.5mm，顶端钝，外轮的基部成囊状，外面无毛或有少数单毛；花瓣白色，长圆条形，长2～3mm，先端钝圆，基部线形。角果长10～14mm，宽不到1mm，果瓣两端钝或钝圆，有1中脉与稀疏的网状脉，多为橘黄色或淡紫色；果梗伸展，长3～6mm。种子每室1行，种子卵形、小、红褐色。花果期3—6月。

【生境与发生频率】生于平地或山坡。发生频率：油菜田0.04。

80　篱栏网　*Merremia hederacea* (Burm. f.) Hall. f.

【分类地位】旋花科

【形态特征】1年生草本。植株缠绕或匍匐，匍匐时下部茎上生须根。茎细长，有细棱，无毛或疏生长硬毛，有时仅于节上有毛，有时散生小疣状突起。叶心状卵形，长1.5～7.5cm，宽1～5cm，顶端钝，渐尖或长渐尖，具小短尖头，基部心形或深凹，全缘或通常具不规则的粗齿或锐裂齿，有时为深或浅3裂，两面近无毛或疏生微柔毛；叶柄细长，长1～5cm，无毛或被短柔毛，具小疣状突起。聚伞花序腋生，有3～5花，有时更多或偶为单生，花序梗比叶柄粗，长0.8～5cm，第1次分枝为二歧聚伞式，以后为单歧式；花梗长2～5mm，连同花序梗均具小疣状突起；小苞片早落；萼片宽倒卵状匙形，或近于长方形，外方2片长3.5mm，内方3片长5mm，无毛，顶端截形，明显具外倾的凸尖；花冠黄色，钟状，长0.8cm，外面无毛，内面近基部具长柔毛；雄蕊与花冠近等长，花丝下部扩大，疏生长柔毛；子房球形，花柱与花冠近等长，柱头球形。蒴果扁球形或宽圆锥形，4瓣裂，果瓣有皱纹，内含种子4粒。种子三棱状球形。花果期9—11月。

【生境与发生频率】生于灌丛或路旁及农田。发生频率：棉田0.03。

参 考 文 献

《江西植保志》编纂委员会，2001.江西植保志[M].南昌：江西科学技术出版社.

《江西植物志》编辑委员会，2004.江西植物志[M].北京：中国科学技术出版社.

中国科学院植物研究所，1972.中国高等植物图鉴[M].北京：科学出版社.

中国科学院中国植物志编辑委员会，1959—2005.中国植物志[M].北京：科学出版社.

附录1　杂草中文名称索引

附录2 杂草拉丁学名索引

图书在版编目（CIP）数据

江西农田杂草原色图谱/黄向阳，舒宽义主编. —
北京：中国农业出版社，2022.7
　ISBN 978-7-109-29536-0

　Ⅰ.①江…　Ⅱ.①黄…②舒…　Ⅲ.①农田-杂草-
江西-图谱　Ⅳ.①S451-64

中国版本图书馆CIP数据核字（2022）第100048号

中国农业出版社出版

地址：北京市朝阳区麦子店街18号楼
邮编：100125
责任编辑：张洪光　阎莎莎
版式设计：杨　婧　责任校对：沙凯霖　责任印制：王　宏
印刷：北京通州皇家印刷厂
版次：2022年7月第1版
印次：2022年7月北京第1次印刷
发行：新华书店北京发行所
开本：889mm×1194mm　1/16
印张：22.5
字数：680千字
定价：328.00元